面向新工科普通高等教育系列教材

数据结构与算法（Java版）

第2版

王思乐　石　强　罗文劼　等编著

机械工业出版社

本书详细介绍了线性结构、树结构和图结构中的数据表示及数据处理的方法，并对查找和排序两种重要的数据处理技术做了详细的探讨。书中对每一类数据结构的分析均按照“逻辑结构—存储结构—基本运算的实现—时空性分析—典型例题—知识点小结—练习题—实验题”的顺序来进行，算法全部采用 Java 语言描述，全部程序均经过调试。本书语言叙述通俗易懂，由浅入深，算法可读性好，应用性强。书中还配有大量算法设计的例子，便于读者理解和掌握数据结构中数据表示和数据处理的方法。

本书可作为高等院校计算机和信息类相关专业“数据结构”课程的教材，也可作为高职高专同类专业的教学用书及各类工程技术人员的参考书。

本书配有授课电子课件，需要的教师可登录 www.cmpedu.com 免费注册，审核通过后下载，或联系编辑索取（微信：13146070618；电话：010-88379739）。

图书在版编目（CIP）数据

数据结构与算法：Java 版 / 王思乐等编著. —2 版. —北京：机械工业出版社，2024.1（2024.9 重印）

面向新工科普通高等教育系列教材

ISBN 978-7-111-73014-9

Ⅰ. ①数… Ⅱ. ①王… Ⅲ. ①数据结构-高等学校-教材 ②算法分析-高等学校-教材 ③JAVA 语言-程序设计-高等学校-教材 Ⅳ. ①TP311.12 ②TP312.8

中国国家版本馆 CIP 数据核字（2023）第 067102 号

机械工业出版社（北京市百万庄大街 22 号 邮政编码 100037）
策划编辑：胡 静 责任编辑：胡 静 侯 颖
责任校对：牟丽英 张 薇 责任印制：任维东

河北鑫兆源印刷有限公司印刷

2024 年 9 月第 2 版 • 第 2 次印刷
184mm×260mm • 15.5 印张 • 397 千字
标准书号：ISBN 978-7-111-73014-9
定价：69.00 元

电话服务	网络服务
客服电话：010-88361066	机 工 官 网：www.cmpbook.com
010-88379833	机 工 官 博：weibo.com/cmp1952
010-68326294	金 书 网：www.golden-book.com
封底无防伪标均为盗版	机工教育服务网：www.cmpedu.com

第 2 版前言

“数据结构”是计算机及相关专业的一门重要的专业基础课，是介于“数学”“计算机硬件”和“计算机软件”之间的一门计算机科学与技术领域的核心课程，同时数据结构技术也被广泛应用于信息科学、系统工程、应用数学及各种工程技术领域。该课程主要介绍如何合理地组织和表示数据、如何有效地存储和处理数据、如何正确地设计算法，以及对算法的优劣进行分析和评价。

本书结合编者多年教学经验，在第 1 版《数据结构与算法（Java 版）》（下面简称第 1 版）的基础上进行了修订，定位于应用研究型本科层次，坚持以“面向应用，易教易学”为目标，数据结构与算法设计得简单明了，语言叙述通俗易懂，讲解由浅入深，并在以下几方面进行了改进。

1）修订了第 1 版中的代码演示部分，在尽量符合现代程序设计理念的前提下强调数据结构的知识要点，知识点清晰、程序内容设计合理。

2）融合成熟的教学理论与最新的专业研究成果，搭建沉浸式学习场景与即时获得的体验式学习环境，便于教师打造视频讲解、课堂学习、课下练习一体化的学习框架。

3）继承第 1 版的章节顺序排布，对知识点进行了仔细梳理。第 1 章提纲挈领，讲述数据结构与算法课程的来源及基础知识，第 2 至 4 章讲述了线性结构、树结构和图结构等传统算法及应用场景，第 5、6 章讨论了数据结构的关键知识——查找与排序，第 7 章对当前算法的深入应用进行拓展讨论。每章不仅深入讨论了知识体系，在章节结束时还做了详细的总结，为学生的学习进行纲领性引导，并辅助大量的练习帮助学生巩固所学知识。本书为相关知识要点提供了视频讲解，方便学生自学。

4）补充了配套的程序资源，提供了一些典型算法和实验题目的实现程序，方便学生在实践中掌握数据结构的应用。

本书由王思乐副教授组织编写并统稿，罗文劼教授负责审稿，并与石强、苗秀芬、赵红等多位从事“数据结构”教学的老师一同参与了本书的编写工作。河北大学教务处为本书的编写给予了大力支持，在此表示感谢。

由于编者水平有限，书中难免存在疏漏之处，恳请各位读者批评指正。

编　者

第 1 版前言

“数据结构”是计算机及相关专业的一门重要的专业基础课，是介于“数学”“计算机硬件”和“计算机软件”之间的一门计算机科学与技术领域的核心课程，同时数据结构技术也被广泛应用于信息科学、系统工程、应用数学以及各种工程技术领域。该课程主要介绍如何合理地组织和表示数据、如何有效地存储和处理数据、如何正确地设计算法及对算法的优劣进行分析和评价。

在数据结构的教材中，对算法的描述采用 C 语言和 C++的较多，而采用 Java 语言描述的较少。随着软件开发技术的发展，Java 语言作为完全面向对象的语言，已成为当前应用开发中使用最广泛的语言之一。因此，采用 Java 语言描述数据结构会为 Java 语言编程人员提供更实用的参考。

为了适应一些高校对数据结构 Java 版的需求，我们在机械工业出版社《数据结构与算法》（第 2 版）C 语言版的基础上编写了本书。本书以“面向应用，易教易学”为目标，并在以下几方面有所改进。

1）章节结构的调整。将线性表、栈和队列、串、数组和广义表等与线性结构相关的内容编写在线性结构一章中，本书按照绪论、算法设计用到的递归技术、线性结构、树结构、图结构、查找技术、排序技术以及扩展应用划分章节，组织教材内容，内容规整，简洁明了。

2）应用性强的内容。将基础性、实用性的软件开发技术写入教材，略去一些理论推导和烦琐的数学证明，同时也删掉了平时讲不到、难度较大或应用性差的一些问题，增加了部分更基础、更常用的或应用性强的内容。

3）问题引入的方式。主要章节的开始采用问题驱动引入，从常识性或典型问题入手，引导读者思考，使读者更快、更自然地进入到内容的学习中。

4）有针对性的示例。在每一章讲解基本知识之后，都列举一些对应的应用问题，给出典型例题的分析与解决，帮助读者理解和掌握本章节的知识点在实践中的运用方法。

5）丰富的配套练习。每章除了理论课教学内容外，还包括练习题、实验题，帮助学生全面掌握所要求的知识点。本书最后还给出实验要求、模拟试卷、部分参考书目和参考网站，为读者提供实验课程的指导和辅助学习的资料。另外，在每一章的结尾有对本章知识点的总结和扩展学习的阐述，既能帮助读者回顾本章的内容，掌握学习重点，又能为有需要进一步提高的读者提供相关的学习索引。

本书由河北大学的罗文劼教授组织并统稿，张小莉教授审稿。其中第 1、3 章由张小莉和罗文劼共同编写，第 4、5、8 章由罗文劼编写，第 2、6、7 章由王苗编写。

在本书的编写过程中，刘宇对 Java 语言描述算法的规范性给出了有益的建议，石强、苗秀芬、王硕等对此书的编写提出了有益的意见和建议，在此一并表示感谢。

由于编者水平有限，书中难免存在疏漏之处，恳请读者批评指正。

编　者

目　录

第1章　绪　论

内容导读

在运用程序设计语言编写程序解决实际问题的时候，计算机所处理的数据并不是简单地堆积在一起，而是存在着某种内在的联系，因此，为了更有效地处理数据，编写出结构清晰而且运行效率高的程序，必须研究数据的特性、数据间的相互关系，以及其对应的存储表示，并利用这些特性和关系进行问题的计算机求解。

【主要内容提示】

- 数据结构课程的内容
- 数据结构的概念
- 数据结构与程序设计语言的关系
- 算法与数据结构的关系
- 递归算法与数据结构

【学习目标】

- 准确描述数据结构的概念并能用形式化的方式表达数据结构
- 能够举例说明数据结构与程序设计语言的关系
- 准确描述算法的概念并能举例说明算法的特性
- 了解算法的要求并能够规范地描述算法
- 能够举例说明算法的时间复杂度和空间复杂度的概念
- 能够举例说明算法与数据结构的关系
- 能够举例说明递归算法与数据结构的关系

1.1　引言

数据结构是计算机相关专业的核心课程。数据结构的知识为后续专业课程的学习提供了必要的知识基础和技能准备，打好“数据结构”这门课程的基础，对于学习计算机专业的其他课程，如操作系统、编译原理、数据库管理系统、软件工程、人工智能等都是十分有益的。而且，所有的计算机系统软件和应用软件都要用到各种类型的数据结构，因此要想更好地运用计算机来解决实际问题，仅掌握几种计算机程序设计语言是远远不够的，要想有效地使用计算机、充分发挥计算机的性能，还必须学习和掌握好数据结构的有关知识。

1.1.1　学习数据结构的原因

在计算机发展的初期，人们使用计算机的目的主要是处理数值计算问题。使用计算机来解决一个具体问题时，一般需要经过下列几个步骤：首先要从该具体问题抽象出一个适当的数学模型，然后设计或选择一个解此数学模型的算法，最后编写出程序进行调试和测试，直至得到最终的解答。由于当时所涉及的运算对象是简单的整型、实型或布尔类型数据，数据量小而且结构简单，所以程序设计者的主要精力集中于程序设计的技巧上，而无须重视如何组织数据。

随着计算机应用领域日益广泛和软/硬件技术的发展，非数值计算问题越来越重要。据资料统计，目前处理非数值计算性问题占用了 90%以上的机器时间。这类问题涉及的数据结构更为复杂，数据元素之间的相互关系一般无法用数学方程式加以描述。因此，解决这类问题的关键不再是数学分析和计算方法的应用，而是要设计出合适的数据结构，才能有效解决问题。下面就是这一类问题的几个具体事例。

【例 1-1】 成绩检索系统。要求计算机提供自动查询的功能，如查找某个学生的单科成绩或平均成绩，查询某门课程的最高分等。

实现这个系统首先需要考虑如何组织数据，然后按照相应的算法编写程序以便实现计算机自动检索功能。例如，可以将每个学生的各项信息（学号、姓名、各项成绩等）用某种构造的数据类型表示，全部学生信息按学号次序排列，组织成一个线性表格（见表 1-1）。根据查询需要可以设计出各种查询算法。

表 1-1 学生成绩表

学号	姓名	考试成绩			平均成绩
		高等数学	C 语言	英语	
20221801	吴承志	90	95	85	90
20221802	李淑芳	88	76	91	85
20221803	刘　丽	92	78	82	84
20221804	张会友	81	78	72	77
20221805	石宝国	76	82	79	79
20221806	何文颖	86	90	91	89
20221807	赵胜利	76	78	80	78
20221808	崔文靖	82	93	86	87
20221809	刘　丽	80	85	81	82
…	…	…	…	…	…

类似的计算机应用还有电话号码自动查询系统、图书信息检索系统、仓库库存管理系统等。在这类文档管理的数学模型中，计算机处理对象之间通常存在着一种简单的线性关系，这类数学模型可称为线性数据结构。

【例 1-2】 教学计划编排问题。一个教学计划包含许多课程，课程之间，有些必须按规定的先后次序进行，有些则没有次序要求。也就是说，有些课程之间有先修和后续的关系，有些课程可以任意安排次序，见表 1-2。

表 1-2 计算机专业的课程设置

课程编号	课程名称	先修课程
c_1	计算机导论	无
c_2	数据结构	c_1，c_4
c_3	汇编语言	c_1
c_4	C 程序设计语言	c_1
c_5	计算机图形学	c_2，c_3，c_4
c_6	接口技术	c_3
c_7	数据库原理	c_2，c_9
c_8	编译原理	c_4
c_9	操作系统	c_2

【例 1-3】 棋盘布局问题。要求将 4 个棋子布在 4×4 的棋盘上，任意两个棋子既不在同一行或同一列，也不在同一对角线上。

此问题的处理过程不是根据某种确定的计算法则，而是利用试探和回溯的探索技术求解。为了求得合理布局，在计算机中要存储布局的当前状态。从最初的布局状态开始，一步步地进行试探，每试探一步形成一个新的状态，整个试探过程形成了一棵隐含的状态树，如图 1-1 所示。回溯法求解过程实质上就是一个遍历状态树的过程。在这个问题中所出现的树也是一种数据结构，它可以应用在许多非数值计算问题中。

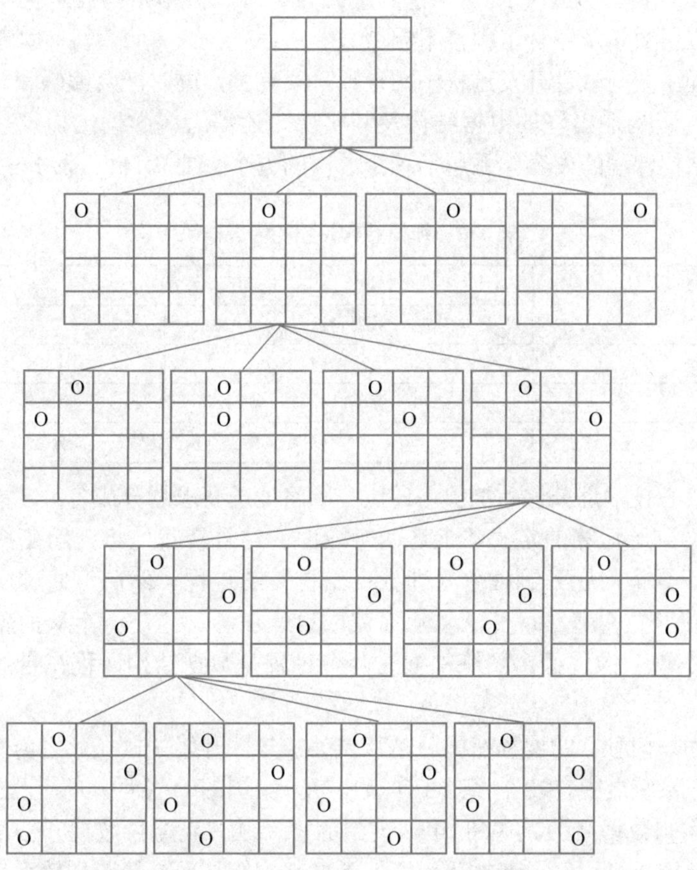

图 1-1　棋盘布局问题中隐含的状态树

计算机专业各门课程之间的次序关系可用一个称作图的数据结构来表示。如图 1-2 所示，有向图中的每个顶点表示一门课程，如果从顶点 c_i 到 c_j 之间存在有向边 $<c_i, c_j>$，则表示课程 c_i 必须先于课程 c_j 进行。

由以上三个例子可见，描述这类非数值计算问题的数学模型不再是数学方程，而是诸如表、树、图之类的数据结构。非数值计算问题在计算机应用中体现出越来越重要的价值。数据结构即为主要研究非数值计算的程序设计问题中所出现的操作对象及它们之间存在关系和操作的一门学科。

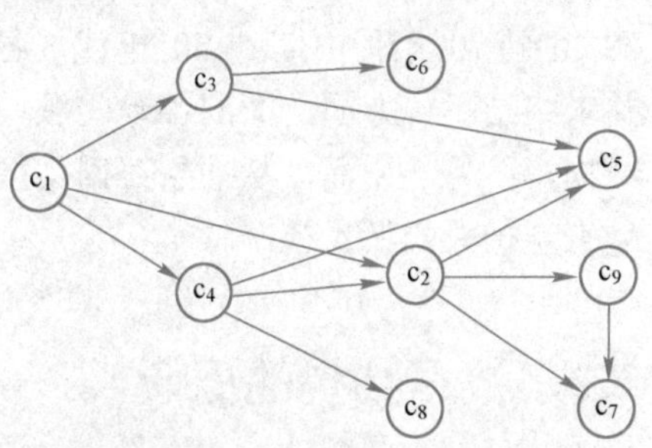

图 1-2　表示课程之间优先关系的有向图

学习数据结构是为了了解计算机处理对象的特性，能将实际问题中所涉及的处理对象在计算机中表示出来并对它们进行处理。与此同时，通过算法训练来提高逻辑思维能力，通过程序设计的技能训练来提高综合应用能力和专业素质。

1.1.2 数据结构课程的内容

数据结构与数学、计算机硬件和软件有十分密切的关系。数据结构是介于数学、计算机硬件和计算机软件之间的一门计算机科学与技术专业的核心课程，是高级程序设计语言、编译原理、操作系统、数据库、人工智能等课程的基础。同时，数据结构技术也广泛应用于信息科学、系统工程、应用数学及各种工程技术领域。

数据结构课程主要与软件开发过程中的设计阶段有关，同时涉及编码和分析阶段的若干基本问题。此外，为了构造出好的数据结构及其实现，还需考虑数据结构及其实现的评价与选择。因此，数据结构课程的内容体系包括三个层次的五个“要素”，见表 1-3。

表 1-3 数据结构课程的内容体系

层次	方面	
	数据表示	数据处理
抽象	逻辑结构	基本运算
实现	存储结构	算法
评价	不同数据结构的比较及算法分析	

数据结构的核心技术是分解与抽象。通过分解将处理要求划分成各种功能，再通过抽象舍弃实现细节，就得到了运算的定义。上述两个方面的结合使我们将问题变换为数据结构。这是一个从具体（即具体问题）到抽象（即数据结构）的过程。然后，通过增加对实现细节的考虑进一步得到存储结构和实现算法，从而完成设计任务。这是一个从抽象（即数据结构）到具体（即具体实现）的过程。熟练掌握这两个过程是数据结构课程在专业技能培养方面的基本目标。

数据结构作为一门独立的课程在国外是从 1968 年才开始的，在此之前其有关内容已散见于编译原理及操作系统之中。20 世纪 60 年代中期，美国的一些大学开始设立相关课程，但当时的课程名称并不叫数据结构。1968 年，美国的唐・欧・克努特教授开创了数据结构的最初体系，他所著的《计算机程序设计技巧》第一卷《基本算法》是第一本较系统地阐述数据的逻辑结构和存储结构及其操作的著作。从 20 世纪 60 年代末到 70 年代初，出现了大型程序，软件也相对独立，结构程序设计成为程序设计方法学的主要内容，人们越来越重视数据结构。从 20 世纪 70 年代中期到 80 年代，各种版本的数据结构著作相继出现。目前，数据结构的发展并未终结：一方面，面向各专门领域中特殊问题的数据结构得到研究和发展，如多维图形数据结构等；另一方面，从抽象数据类型和面向对象的观点来讨论数据结构已成为一种新的趋势，越来越被人们所重视。

1.2 数据结构的概念

在系统地学习数据结构知识之前，需要先了解一些概念和术语。

1.2.1　基本概念和术语

1．数据（Data）

数据是信息的载体，是所有能够被计算机识别、存储和加工处理的符号的总称。它是计算机程序加工的原料，应用程序可以处理各种各样的数据。在计算机科学中，数据是计算机加工处理的对象，它可以是数值数据，也可以是非数值数据。数值数据是一些整数、实数和复数，主要用于工程计算、科学计算和商务处理等；非数值数据包括字符、文字、图形、图像和语音等。

2．数据项（Data Item）

数据项是具有独立含义的标识单位，是数据不可分割的最小单位。例如，学生成绩表中的“学号”和“姓名”等。数据项有名和值之分，数据项名是一个数据项的标识，用变量定义，而数据项值是它的一个可能取值，表中“20221801”是数据项“学号”的一个取值。数据项具有一定的类型，依数据项的取值类型而定。

3．数据元素（Data Element）

数据元素是数据的基本单位。在不同的条件下，数据元素又可称为元素、结点、顶点、记录等。例如，考试查分系统的学生成绩表中的一个记录、棋盘布局问题中状态树的一个状态、教学计划编排问题中的一个顶点等，都被称为一个数据元素。

有时，一个数据元素可由若干个数据项组成。例如，学籍管理系统中学生信息表的每一个数据元素就是一个学生记录。它包括学生的学号、姓名、性别、籍贯、出生年月、成绩等数据项。这些数据项可以分为两种：一种叫作初等项，如学生的性别、籍贯等，这些数据项是在数据处理时不能再分割的最小单位；另一种叫作组合项，如学生的成绩，它可以再划分为数学、物理、化学等更小的项。通常，在解决实际应用问题时每个学生记录是被当作一个基本单位进行访问和处理的。

4．数据对象（Data Object）

数据对象或数据元素类（Data Element Class）是具有相同性质的数据元素的集合。在某个具体问题中，数据元素都具有相同的性质（元素值不一定相等），属于同一数据对象（数据元素类），数据元素是数据元素类的一个实例。例如，在交通咨询系统的交通网中，所有的顶点是一个数据元素类，顶点 A 和顶点 B 各代表一个城市，是该数据元素类中的两个实例，其数据元素的值分别为 A 和 B。

5．数据结构（Data Structure）

数据结构是指互相之间存在着一种或多种关系的数据元素的集合。数据结构涉及数据元素之间的逻辑关系，数据在计算机中的存储方式和在这些数据上定义的一组运算，一般称这三个方面为数据的逻辑结构、数据的存储结构和数据的运算。

（1）数据的逻辑结构

在任何问题中，数据元素之间都不会是孤立的，在它们之间都存在着这样或那样的逻辑关系，这种数据元素之间的关系称为逻辑结构。数据的逻辑结构包含两个要素：一个是数据元素的集合，另一个是关系的集合。

在形式上，数据的逻辑结构通常可以采用一个二元组来表示：

Data_Structure =(D, R)

其中，D 是数据元素的有限集，R 是 D 上关系的有限集。

根据数据元素间关系的不同特性，数据的逻辑结构通常分为以下四类。

1）集合。在集合中，数据元素间的关系是“属于同一个集合”。集合是元素关系极为松散的一种结构。

2）线性结构。该结构的数据元素之间存在着一对一的关系。

3）树形结构。该结构的数据元素之间存在着一对多的关系。

4）图形结构。该结构的数据元素之间存在着多对多的关系。图形结构也称作网状结构。

图 1-3 所示为上述四类基本逻辑结构的示意图。

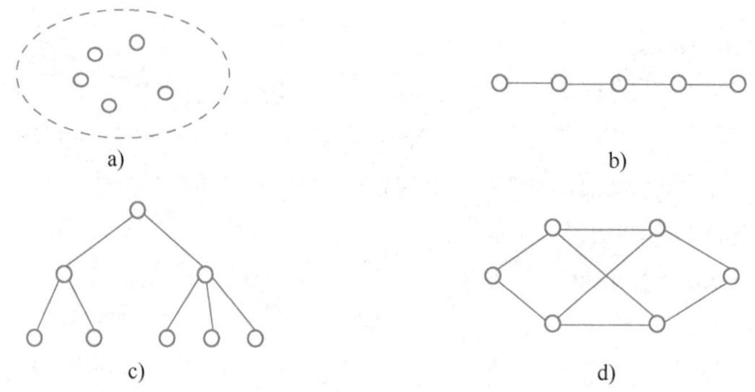

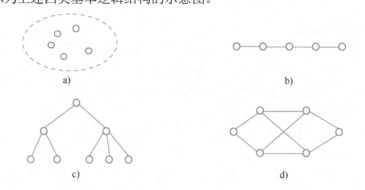

图 1-3　四类基本逻辑结构

a) 集合　b) 线性结构　c) 树形结构　d) 图形结构

由于集合是数据元素之间关系极为松散的一种结构，因此也可用其他结构来表示它。

数据的逻辑结构可以看作是从具体问题抽象出来的数学模型，它与数据的存储结构无关。人们研究数据结构的目的是为了在计算机中实现对它的操作，为此还需要研究如何在计算机中表示一个数据结构。数据结构在计算机中的标识（又称映像）称为数据的物理结构，又称存储结构。它所研究的是数据的逻辑结构在计算机中的实现方法，包括数据结构中元素的表示及元素间关系的表示。

（2）数据的存储结构

数据的存储结构最常用的是顺序存储和链式存储两种方法。

1）顺序存储方法是把逻辑上相邻的元素存储在物理位置相邻的存储单元中，结点间的逻辑关系由存储单元的邻接关系来体现，由此得到的存储表示称为顺序存储结构。顺序存储结构是一种最基本的存储表示方法，通常借助程序设计语言中的数组来实现。

2）链式存储方法对逻辑上相邻的元素不要求其物理位置相邻，元素间的逻辑关系通过相关联的指示来表示，由此得到的存储表示称为链式存储结构。链式存储结构通常借助程序设计语言中的指针或引用来实现。

除了顺序存储方法和链式存储方法外，有时为了查找方便还采用索引存储方法和散列存储方法。

3）索引存储方法是在存储结点信息的同时，还建立附加的索引表。索引表中的每一项包含关键字和地址，关键字是能够唯一标识一个数据元素的数据项，地址指示出数据元素所在的存储位置。索引存储主要是针对数据内容的存储，而不强调关系的存储。索引存储方法主要面向查找操作。

4）散列存储方法是以数据元素的关键字的值为自变量，通过某个函数（散列函数）计算出该元素的存储位置。索引存储也是针对数据内容的存储方式。

以上四种存储方法中，顺序存储方法和链式存储方法是最基本和最常用的，索引存储方法和散列存储方法在具体实现时需要用到前两种方法。在实际应用中，一种逻辑结构可以有不同的存储方法，选用何种存储结构来表示相应的逻辑结构要视具体情况而定，主要考虑运算的实现及算法的时空要求。

（3）数据的运算

运算是对数据的处理。运算与逻辑结构紧密相连，每种逻辑结构都有一个运算的集合。运算的种类很多，根据操作的结果，可将运算分为两种类型。

1）引用型运算。这类运算不改变数据结构中原有数据元素的状态，只根据需要读取某些信息。

2）加工型运算。这类运算的结果会改变数据结构中原有数据的状态，如数据元素的内容和个数等。

数据的运算是定义在数据的逻辑结构上的，但运算的具体实现是在数据的存储结构上进行的。数据的运算是数据结构不可分割的一个方面，在数据的逻辑结构和存储结构给定之后，如果定义的运算集及运算的性质不同，也会导致完全不同的数据结构，如后面章节中将要介绍的线性表、栈和队列等。

1.2.2　抽象数据类型

1．数据类型（Data Type）

数据类型是和数据结构密切相关的一个概念。它最早出现在高级程序设计语言中，用以刻画程序中操作对象的特性。在用高级语言编写的程序中，每个变量、常量或表达式都有一个它所属的确定的数据类型。类型显式地或隐含地规定了在程序执行期间变量或表达式所有可能的取值范围，以及在这些值上允许进行的操作。因此，数据类型是一个值的集合和定义在这个值集上的一组操作的总称。

在高级程序设计语言中，数据类型可分为两类：一类是原子类型，另一类则是结构类型。原子类型的值是不可分解的。例如，Java 语言中的整型、字符型、浮点型、双精度型、布尔型等基本类型，分别用保留字 int、char、float、double、boolean 标识。而结构类型的值是由若干成分按某种结构组成的，因此是可分解的，并且它的成分可以是非结构的，也可以是结构的。例如，数组的值由若干分量组成，每个分量可以是整数，也可以是数组等。在某种意义上，数据结构可以看成是“一组具有相同结构的值”，而数据类型则可被看成是由一种数据结构和定义在其上的一组操作所组成的。

2．抽象数据类型（Abstract Data Type，ADT）

抽象数据类型是指一个数学模型及定义在该模型上的一组操作。抽象数据类型的定义取决于它的一组逻辑特性，而与其在计算机内部如何表示和实现无关。也就是说，不论其内部结构如何变化，只要它的数学特性不变，都不会影响其外部的使用。

抽象数据类型和数据类型实质上是一个概念。例如，各种计算机都拥有的整数类型就是一个抽象数据类型，尽管它们在不同处理器上占用的字节数不尽相同，整数运算的实现方法也可以不同，但由于其定义的数学特性相同，在用户看来都是相同的。因此，“抽象”的意义在于数据类型的数学抽象特性。

此外，抽象数据类型的范畴更广，它不再局限于前述各处理器中已定义并实现的数据类型，还包括用户在设计软件系统时自己定义的数据类型。为了提高软件的重用性，在近代程序设计方法学中，要求在构成软件系统的每个相对独立的模块上，定义一组数据和作用于这些数据上的一组操作，并在模块的内部给出这些数据的表示及其操作的细节，而在模块的外部使用的只是抽象的数据及抽象的操作。这就是面向对象的程序设计方法。

抽象数据类型可定义为由一种数据结构和定义在其上的一组操作组成，而数据结构又包括数据元素及元素间的关系。因此，抽象数据类型一般可以由元素、关系及操作三种要素来定义。

抽象数据类型的特征是使用与实现相分离，实行封装和信息隐蔽。也就是说，在抽象数据类型设计时，把类型的定义与其实现分离开来。

根据抽象数据类型的构成，可采用如下的形式对其进行定义。

```
ADT 抽象数据类型名
{
    数据对象：<数据对象集合 D 的定义>
    数据关系：<数据对象关系的集合 R 的定义>
    基本操作：
        <操作列表>
}
```

【例 1-4】 抽象数据类型“矩阵”的定义。

```
ADT_Matrix
{
    数据对象：D={a_ij | i=1,2,3,…,m; j=1,2,3,…,n; a_ij 为矩阵中的元素，m 和 n 为矩阵的
              行数和列数}
    数据关系：R={Row, Col}
              Row={<a_ij, a_i j+1> | 1≤i≤m, 1≤j≤n-1 }
              Col={<a_ij, a_i+1 j> | 1≤i≤m-1, 1≤j≤n }
    基本操作：
      ADT_Matrix CreateMatrix();                //创建矩阵
      void DeleteMatrix(ADT_Matrix M);          //删除矩阵
      ADT_Matrix TransposeMatrix(ADT_Matrix M); //求矩阵转置
      ADT_Matrix AddMatrix(ADT_Matrix M, ADT_Matrix N); //求矩阵 M 和矩阵 N 之和
      ADT_Matrix MulMatrix(ADT_Matrix M, ADT_Matrix N); //求矩阵 M 和矩阵 N 之积
}
```

1.3 数据结构的表示方法

授课视频

1-1 数据结构的表示方法

根据数据结构的概念，在计算机中表示用户自定义的数据结构，实现数据结构上的操作及应用，需要描述三方面的内容：数据对象的类型、数据对象的关系和对数据对象的操作。下面介绍常用的四种描述数据结构的方法：C 语言描述、C++ 语言描述、Java 语言描述和 Python 语言描述。本书采用的数据结构描述方法是完全的面向对象语言——Java 语言描述。读者可参考本节内容，很方便地将书中的算法描述转换为 C 语言描述、C++语言描述或 Python 语言描述。

1.3.1 数据结构的 C 语言描述

C 语言不是面向对象的程序设计语言，因此不具有将数据结构三方面的内容封装的功能，必须分别描述。

数据对象的类型可以是 C 语言提供的 int、char、float、double 等基本数据类型，也可以是用户自定义的数组、结构体、共用体等数据类型。为了表示方便，将数据对象的类型抽象地表示为 DataType，在针对具体数据对象的数据结构实现时，可通过下面的形式指定 DataType。

```
typedef  [基本数据类型|用户自定义数据类型] DataType
```

数据对象的关系体现了数据的逻辑结构，可以采用顺序存储表示，也可以采用链式存储表示。一般顺序存储采用数组类型表示，链式存储采用指针类型表示。

例如，顺序存放 $a_1,a_2,\cdots,a_n$ 的存储定义为

```
DataType s[n];  //定义长度为n的数组s，用以存放a1,a2,…,an
```

链式存放 $a_1,a_2,\cdots,a_n$ 的存储定义为

```
struct node
{
   DataType data;          //数据域data用于存放数据元素ai
   struct node *next;      //指针域next用于存放该元素逻辑后继元素ai+1的结点地址
};
```

数据对象的操作在 C 语言中被描述为独立的函数。

1.3.2　数据结构的 C++语言描述

C++是对 C 语言的改进和扩充，它以 C 语言为基础，包含了整个 C 语言，具备 C 语言的全部特性、属性和优点，同时，添加了对面向对象编程的完全支持。因此，采用 C++描述数据结构，可以仍采用和 C 语言描述一样的方式，也可以采用面向对象的方式描述。

采用面向对象的方式描述时，数据对象的类型可被描述成一个类，如

```
class DataType
{
   public:
       [数据成员列表]
};
```

对数据对象的关系和操作的描述也是通过定义类的形式，将对数据对象关系的存储与对数据对象操作的定义封装到一个类中。数据对象的关系通过类的私有数据描述体现，数据对象的操作被描述成类的成员函数，较好地保证了数据结构的抽象和独立。

例如，对于顺序存储 $a_1,a_2,\cdots,a_n$ 的数据结构，描述如下：

```
class SeqList
{
   private:
       DataType data[n];
           int last;
   public:
       [成员函数]
};
```

对于链式存放 $a_1,a_2,\cdots,a_n$ 的数据结构，存放每个数据元素的结点可以定义为结点类：

```
class ListNode
{
   private:
       DataType data;
       ListNode *next;
   public:
       [构造函数]
       [析构函数]
       [成员函数]
};
```

链式存放 $a_1,a_2,\cdots,a_n$ 的链表可描述为由上述结点类构成的链表类：

```
class LinkList
{
   private:
```

```
        ListNode *head;
    public:
        [成员函数]
};
```

1.3.3 数据结构的 Java 语言描述

Java 语言是完全的面向对象语言。与 C/C++语言相比，Java 语言具有以下优点：

1）给开发人员提供了更为简洁的语法。

2）取消指针虽然损失了一些编程的灵活性，但带来的却是更高的代码质量。

3）完全的面向对象使得开发人员从设计开始就必须采用面向对象的软件设计方法。

4）独特的运行机制使得 Java 语言具有天然的可移植性。

Java 语言的这些优点使得它成为当前应用开发中使用较广泛的语言之一，采用 Java 语言描述数据结构会为采用 Java 语言编程的人员提供更实用的参考。

Java 语言的数据类型分为两大类：基本数据类型和引用数据类型。其中，基本数据类型有八种，即四种整型类型、两种浮点类型、一种字符类型和一种布尔类型；没有前面在 C 语言、C++语言中描述数据结构时用到的结构体类型和指针类型。Java 语言类似 C++语言，仍然采用类定义数据对象，并将对数据对象的关系的存储描述与数据对象的操作封装到类的定义中，最大的不同是使用引用类型代替指针类型。不用指针类型描述数据结构，使得数据结构的描述中没有了与地址相关的运算*和&，更易于对数据结构的理解。

数据对象的类型可被描述成一个类，如

```
class DataType
{
   public   [数据成员 1]
   Public   [数据成员 2]
     …
}
```

对于顺序存储 $a_1,a_2,\cdots,a_n$ 的数据结构，描述如下：

```
class SeqList
{
   private DataType[] data;
   private int last;
    [成员函数]
}
```

对于链式存放 $a_1,a_2,\cdots,a_n$ 的数据结构，存放每个数据元素的结点可以定义为结点类：

```
class Linknode
{
   private DataType data;
   private LinkNode next;
    [构造函数]
    [成员函数]
}
```

链式存放 $a_1,a_2,\cdots,a_n$ 的链表可描述为由上述结点类构成的链表类：

```
class LinkList
{
   private LinkNode head;
    [成员函数]
}
```

本书采用类 Java 语言描述数据结构及操作的实现算法。

1.3.4 数据结构的 Python 语言描述

Python 是一门强大而且应用广泛的动态语言，语法自然而易于使用，与 Java 语言一样有广泛的平台支持，大量应用在 Web 和 Internet 开发、科学计算和统计、人工智能、教育、商业桌面应用等各个领域。

作为面向对象的语言，Python 和 Java 在语法上有一定的相似性，在此特给出 Python 语言的描述结构以作参考。

下面是一个典型的 Python 面向对象程序。

```
class Data:
    def __init__(self):
        self.data1 = 1
        self.data2 = 2

    def __str__(self):
        return "%d %d" % (self.data1, self.data2)
```

下面是类 Data 的使用方式

```
a = Data()
print(a)
a.data1 = 11
print(a)
```

有以下几点需要注意：

1）Python 没有明确的数据类型，所以也不需要进行类型声明，变量随使用而定义。

2）Python 类变量作用域默认为 public，类属变量使用[self.变量名]定义和使用。

3）类变量的初始化方式为直接以函数形式调用类名。

4）类的构造函数统一以__init__为名。

5）类方法必须包含代表本类对象的 self 关键字。

6）Python 使用缩进区分代码结构。

与 Java 语言类似，Python 对于链式存放 $a_1,a_2,\cdots,a_n$ 的数据结构，存放每个数据元素的结点可以定义为结点类：

```
class Linknode:
    def __init__(self,data,nextNode=None):
        self.data = data
        self.nextNode= nextNode
    [其他成员函数]
```

1.4 算法

数据的运算是通过算法来描述的。算法与数据结构的关系紧密，在算法设计时先要确定相应的数据结构，而在讨论某一种数据结构时也必然会涉及相应的算法。下面就从算法及其特性、算法的描述、算法的性能分析与度量三个方面对算法进行介绍。

1.4.1 算法及其特性

算法（Algorithm）是对特定问题求解步骤的一种描述，是指令的有限序列。其中每一条指令表示一个或多个操作。

一个算法应该具有下列特性。

1）有穷性：一个算法必须在有穷步之后结束，即必须在有限时间内完成。

2）确定性：算法的每一步必须有确切的定义，无二义性。算法的执行对应着相同的输入仅有唯一的一条路径，即相同的输入必然有相同的输出。

3）可行性：算法中的每一步都可以通过已经实现的基本运算的有限次执行得以实现。

4）输入：一个算法具有零个或多个输入，这些输入取自特定的数据对象集合。

5）输出：一个算法具有一个或多个输出，这些输出同输入之间存在某种特定的关系。

算法的含义与程序十分相似，但又有区别。一个程序不一定满足有穷性。例如，操作系统，只要整个系统不遭破坏，它将永远不会停止，即使没有作业需要处理，它仍处于动态等待中。因此，操作系统不是一个算法。此外，程序中的指令必须是计算机可执行的，而算法中的指令则无此限制。算法代表了对问题的解，而程序则是算法在计算机上的特定实现。一个算法若用程序设计语言来描述，则它就是一个程序。

算法与数据结构是相辅相成的。解决某一特定类型问题的算法可以选择不同的数据结构，且选择恰当与否直接影响算法的效率。反之，一种数据结构的优劣由各种算法的执行来体现。

要设计一个好的算法通常要考虑以下要求。

1）正确：算法的执行结果应当满足预先规定的功能和性能要求。

2）可读：一个算法应当思路清晰、层次分明、简单明了、易读易懂。算法不仅仅是让计算机来执行的，更重要的是便于人的阅读和交流。

3）健壮：当输入不合法数据时，算法能够做适当处理，而不会产生莫名其妙的输出或引起其他严重的后果。

4）高效：算法应具有较好的时空性能。

这些指标一般很难做到十全十美，因为它们常常相互矛盾，在实际的算法评价中应根据需要有所侧重。

1.4.2 算法的描述

算法可以使用各种不同的方法来描述，最简单的方法是使用自然语言。用自然语言来描述算法的优点是简单且便于人们对算法的阅读，缺点是不够严谨。可以使用程序流程图、N-S 图等算法描述工具，特点是描述过程简洁、明了。

用以上两种方法描述的算法不能直接在计算机上执行，若要将它转换成可执行的程序还有一个编程的问题。也可以直接使用某种程序设计语言来描述算法，不过直接使用程序设计语言并不容易，而且也不太直观，常常需要借助注释才能使人看明白。

为了解决理解与执行这两者之间的矛盾，人们使用一种称为伪码语言的描述方法来进行算法描述。伪码语言介于高级程序设计语言和自然语言之间，它忽略高级程序设计语言中一些严格的语法规则与描述细节，因此它比程序设计语言更容易描述和被人理解，而比自然语言更接近程序设计语言。它虽然不能直接在计算机上执行，但很容易被转换成高级语言。

本书采用类 Java 语言作为算法的描述工具，这使得算法的描述简洁、清晰，不拘泥于 Java 语言的细节，又容易转换成 Java 语言或 C++语言的程序。

1.4.3 算法的性能分析与度量

在程序设计中，对算法进行分析是非常重要的。解决一个具体的应用实例，常常有若干算法可以选用，因此程序设计者要判断哪一个算法在现实的计算机环境中对于解决该问题是最优

的。在计算机科学中，一般从算法的计算时间与所需存储空间两方面来评价一个算法的优劣。

1. 时间复杂度

将一个算法转换成程序并在计算机上执行时，其运行所需要的时间取决于下列因素。

1）硬件的速度。主要指机器的指令性能和速度，例如，64 位机一般要比 32 位机快，主频 2GHz 的机器一般比 1GHz 的机器快。

2）书写程序的语言。实现语言的级别越低，其执行效率就越高，如汇编语言的执行效率一般高于高级语言，C/C++语言的执行效率一般高于 Java 语言等。

3）编译程序所生成目标代码的质量。对于代码优化较好的编译程序其所生成的目标代码的质量较高。

4）问题的规模。例如，求 100 以内的素数与求 1000 以内的素数其执行时间必然是不同的。

显然，在各种因素都不能确定的情况下，很难比较出算法的执行时间。也就是说，使用执行算法的绝对时间来衡量算法的效率是不合适的。因此，为了突出算法本身的性能，可以将上述各种与计算机相关的软、硬件因素都确定下来，这样一个特定算法的运行工作量的大小就只依赖于问题的规模（通常用正整数 n 表示），或者说它是问题规模的函数。

一个算法的时间复杂度（Time Complexity）就是指算法的时间耗费，这里用 T(n)表示。

一个算法执行所耗费的时间是算法中所有语句执行时间之和，而每条语句的执行时间是该语句执行一次所用时间与该语句重复执行次数的乘积。一条语句重复执行的次数称为语句的频度（Frequency Count）。

算法的时间复杂度 T(n)表示为

$$T(n) = \sum_{\text{语句}i} (t_i \times c_i)$$

其中，t_i 表示语句 i 执行一次的时间；c_i 表示语句 i 的频度。

假设每条语句执行一次的时间均为一个单位时间，那么算法的时间耗费可简单地表示为各语句的频度之和，即

$$T(n) = \sum_{\text{语句}i} c_i$$

【例 1-5】 下面的程序段用来求两个 n 阶方阵 A 和 B 的乘积 C。

```
for(i=0;i<n;i++)                        //n+1
  for(j=0;j<n;j++)                      //n(n+1)
  {
    C[i][j]=0;                          //n^2
    for(k=0;k<n;k++)                    //n^2(n+1)
      C[i][j]+=A[i][k]*B[k][j];         //n^3
  }
```

右边注释列出了各语句的频度，因而算法的时间复杂度为

$$T(n) = (n+1)+n(n+1)+n^2+n^2(n+1)+n^3 = 2n^3+3n^2+2n+1$$

可见，T(n)是矩阵阶数 n 的函数。

许多时候要精确地计算 T(n)是困难的，很多算法的时间复杂度难以给出解析形式，或者是非常复杂的。而且当问题的规模较大时，T(n)表达式中有些项占主导地位，其他项可忽略不计。例如，在例 1-5 中，当 n 很大时，T(n)中起主导作用的是高次项“$2n^3$”，显然

$$\lim_{n\to\infty}\frac{T(n)}{n^3} = \lim_{n\to\infty}\frac{2n^3+3n^2+2n+1}{n^3} = 2$$

$T(n)$与n^3是同数量级的，$T(n)$可近似地用n^3来表示。

因此，在实际应用中，往往放弃用复杂的函数来表示确切的时间复杂度，而采用一些简单的函数来近似表示时间性能，这就是时间渐进复杂度。

定义（大O记号）：设$T(n)$是问题规模n的函数$f(n)$，若存在两个正常数c和n_0，使得对所有的n，$n \geqslant n_0$，有$T(n) \leqslant cf(n)$，则记为$T(n) = O(f(n))$。

例如，一个程序的实际执行时间为$T(n)=20n^3+25n^2+9$，则$T(n)=O(n^3)$。

使用大O记号表示的算法的时间复杂度，称为算法的渐进时间复杂度（Asymptotic Complexity），简称时间复杂度。

通常用O(1)表示常数计算时间。常见的渐进时间复杂度按数量级递增排列为

$$O(1)<O(\log_2 n)<O(n)<O(n\log_2 n)<O(n^2)<O(n^3)<O(2^n)$$

一个算法是由控制结构和基本语句构成的，其执行时间取决于两者的综合效果。为了便于比较同一问题的不同算法，通常的做法是：从算法中选取一种对于所研究的问题来说是基本运算的语句，以该基本语句重复执行的次数作为算法的时间度量。基本运算一般应选取频度最高的语句，如最深层循环体内的语句。例如，在例1-5的算法中应选取“C[i][j]+=A[i][k]* B[k][j];”作为基本操作来近似计算时间复杂度。

在有些算法中，时间复杂度不仅与问题规模相关，还与输入数据集的状态有关。对于这类问题，需要从概率的角度出发讨论。也可根据数据集可能的最好或最坏情况，估算算法的最好时间复杂度或最坏时间复杂度；或者在对数据集做某种假定的情况下，讨论算法的平均时间复杂度。

【例1-6】 冒泡排序法。

```
public static int[] BubbleSort(int[] data){
        boolean swapped=true;
        for(int i=0;i<data.length-1&&swapped;i++){
            swapped=false;
            for(int j=0;j<data.length-1-i;j++){
                if(data[j]>data[j+1]){
                    data[j]⇔data[j+1];//交换数据元素
                    swapped=true;
                }
            }
        }
        return data;
}
```

例1-6中选取交换相邻的两个元素“data[j]⇔data[j+1];”作为基本操作。当data中序列自小到大有序时，基本操作的执行次数是0；当data中序列自大到小有序时，基本操作的执行次数是$n(n+1)/2$。而n个元素组成的输入集可能有n!种排列情况，若各种情况等概率，则冒泡排序法的平均时间复杂度$T(n)=O(n^2)$。

在很多情况下，输入数据集的分布概率是难以确定的，常用的方法是讨论算法在最坏情况下的复杂度，即分析算法执行时间的一个上界。因此以后的章节中，如不作特别说明时，时间复杂度是指最坏情况下的时间复杂度。

2. 空间复杂度

一个算法的空间复杂度（Space Complexity）是指算法运行从开始到结束所需的存储空间。

算法的一次运行是针对所求解的问题的某一特定实例而言的。例如，求解排序问题的排序算法的每次执行是对一组特定个数的元素进行排序。对该组元素的排序是排序问题的一个实

例。元素个数可视为该实例的特征。

算法运行所需的存储空间包括以下两部分。

1）固定部分：这部分空间与要处理数据的大小和个数无关，或者说与问题的实例的特征无关。固定部分主要包括程序代码、常量、简单变量、定长成分的结构变量所占的空间。

2）可变部分：这部分空间大小与算法在某次执行中处理的特定数据的大小和规模有关。例如，100 个数据元素的排序算法与 1000 个数据元素的排序算法所需的存储空间显然是不同的。

当问题的规模较大时，可变部分可能会远大于固定部分，所以一般讨论算法的渐进空间复杂度。空间复杂度的分析与时间复杂度类似，也是问题复杂度 n 的函数 S(n)，相对于渐进时间复杂度，空间复杂度也有渐进空间复杂度的概念，采用同样的大 O 记号，这里不再赘述。

1.5 递归

递归是计算机科学中的一个重要概念，是程序设计中的一个强有力的方法，它使得程序设计和算法描述形式简洁且易于理解。在本书的后续章节中，一些重要算法都是采用递归方法实现的。

1.5.1 递归的概念

在现实生活中，有些问题可以化为一个或多个子问题来求解，而这些子问题的求解方法与原来的问题完全相同，只是在数量规模上不同。

例如，一个人要搬走 10 块石头，怎么搬呢？他可以这样考虑，只要先搬走 9 块，那剩下的 1 块就能搬完了；然后考虑那 9 块怎么搬？只要先搬走 8 块，那剩下的一块就能搬完了……直到只剩下 1 块石头，直接搬走。

在这种情况下，递归的方法可以从思路上使许多问题的解决方法得以简化。

在数学上，有些概念的定义方式是递归的，即用一个概念本身直接或者间接地定义它自身。

例如，计算 1～100 的累加和，可以表示为：计算 1～99 的累加和，再加上 100；1～99 的累加和又可以表示为 1～98 的累加和，再加上 99……以此类推。

再如，计算 2^n，可以演变为先计算 2^{n-1}，再乘以 2；而 2^{n-1} 的计算又可演变为先计算 2^{n-2}，再乘以 2……直到计算 $2^0=1$。

这种定义方式体现了一种逻辑思想，同时又是一种解决问题的方案。递归定义的问题可以用递归算法来求解。

递归是一个过程或函数直接或间接调用自身的一种方法，它可以把一个大型的问题层层转化为一个与原问题相似、但规模较小的问题来求解。

递归是数学中一种非常重要的方法。

例如，数学中阶乘的定义，n 的阶乘可以表示为

$$n! = \begin{cases} 1 & n = 0 \\ n*(n-1) & n > 0 \end{cases}$$

再如，斐波那契（Fibonacci）数列指的是这样一个数列：

1,1,2,3,5,8,13,21,34⋯

这个数列从第三项开始，每一项都等于前两项之和，数列的第 n 项 Fib(n)可定义为

$$\text{Fib}(n)=\begin{cases} n & n=0,1 \\ \text{Fib}(n-1)+\text{Fib}(n-2) & n\geqslant 2 \end{cases}$$

可以看出，递归实质上也是一种循环结构，它把“较复杂”情况的计算归结为“较简单”情况的计算，一直归结到“最简单”情况的计算为止。

直接或间接调用自身的程序称为递归程序。

递归是一种特殊的嵌套调用，是某个函数调用自己，而不是调用另外一个函数。这是一种方法（函数）直接或者间接调用自身的编程技术。

有些问题采用循环的方法解决，执行的速度比递归方法快，但是为什么采用递归算法呢？这是因为递归概念上简化了问题，而不是因为它提高了效率。

在程序设计中，递归算法是一个强有力的工具。有很多问题不使用递归算法是很难解决的。当然，也有些递归问题可以转换成非递归问题求解。

1.5.2 递归调用的实现原理

1. 递归算法的构成

在数值计算领域可以采用递归算法，在非数值领域递归的应用也非常广泛。可以说，递归算法就是程序设计中的数学归纳法。

一般来说，能够用递归算法解决的问题应该满足以下三个条件。

1）需要解决的问题可以化为一个或多个子问题来求解，而这些子问题的求解方法与原来的问题完全相同，只是在数量规模上不同。

2）递归调用的次数必须是有限的。

3）必须有结束递归的条件（边界条件）来终止递归。

例如，在第 1.5.1 小节提到的计算 n 的阶乘的数学公式中，求 n 的阶乘被转化为求（n−1）的阶乘，仍然是计算阶乘的问题，但问题的规模由 n 变成了（n−1）。在计算 n 的阶乘的过程中，会递归调用自身多次：n!,(n−1)!,…,1!,0!。但调用次数是有限的，递归结束的条件是 0!的值为 1。

一般，递归算法的设计一般分为两步。

1）将规模较大的原问题分解为一个或多个规模较小的而又类似于原问题特性的子问题，即将较大的问题递归地用较小的子问题来描述，解原问题的方法同样可以用来解决子问题。

2）确定一个或多个不需要分解、可直接求解的最小子问题。

第 1）步是递归的步骤，第 2）步中的最小子问题是递归的终结条件。

根据 n! 的定义，可以很自然地写出相应的递归函数。

【例 1-7】 计算 n! 的递归方法。

```
public static int fact(int n) {
    int temp;
    if (n = = 0) //递归的终结条件
        return 1;
    else {
        temp = n * fact(n - 1); //递归调用
        return temp;
    }
}
```

递归函数都有一个递归的终结条件，在本例中，当 n 等于 0 时，将不再继续递归。递归函数的调用类似于多层函数的嵌套调用，只是调用单位和被调用单位是同一个函数而已。

【例 1-8】 计算斐波那契（Fibonacci）数列第 n 项的递归方法。

```
public static int fibonacci(int n) {
    if (n = = 0 || n = = 1) //递归的终结条件
        return 1;
    else
        return (fibonacci(n - 2) + fibonacci(n - 1)); //递归调用
}
```

递归的方法只需少量的程序代码就可描述出解题过程所需要的多次重复计算，大大地减少了程序的代码量。

2．递归调用的内部过程

递归函数的调用类似于多层函数的嵌套调用，只是调用单位和被调用单位是同一个函数而已。对于例1-7 中求阶乘的问题，假设程序运行时，输入 4，那么程序的执行过程如图 1-4 所示。

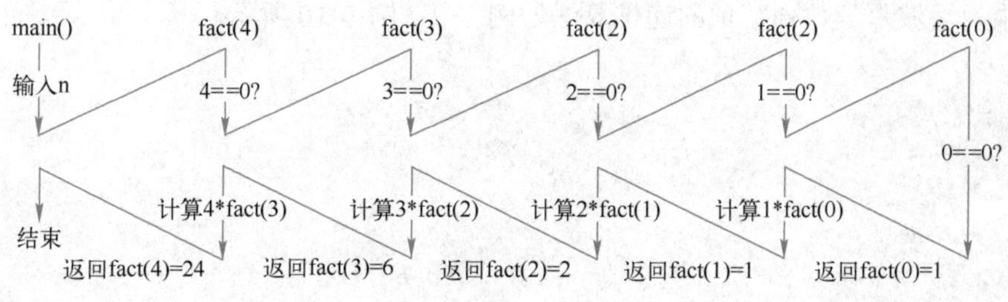

图 1-4　例 1-7 中 n=4 时程序的执行过程

可以看出，递归调用的过程分为两个阶段。

1）递归过程：将原始问题不断转化为规模小一级的新问题，从求 4！变成求 3!，变成求 2!，最终达到递归终结条件，求 1!。

2）回溯过程：从已知条件出发，沿递归的逆过程，逐一求值返回，直至递归初始处，完成递归调用。

在这两个阶段中，系统会分别完成一系列的操作。在递归调用之前，系统需完成以下三件事。

1）为被调用过程的局部变量分配存储区。

2）将所有的实参、返回地址等信息传递给被调用过程保存。

3）将控制转移到被调过程的入口。

从被调用过程返回调用过程之前，系统也应完成三件工作。

1）保存被调过程的计算结果。

2）释放被调过程的数据区。

3）依照被调过程保存的返回地址将控制转移到调用过程。

在计算机中，是通过使用系统栈（后面的章节会介绍“栈”）来完成上述操作的。

递归算法解决问题的方式和特点：将初始问题转化为解决方法相同的新问题，而新问题的规模要比原始问题小，新问题又可以转化为规模更小的问题，直至最终归结到最基本的情况（可以简单解决的问题）——递归的终结条件。

递归方法有许多不利之处，例如，递归调用会占用大量的内存和消耗大量的时间，造成执行效率低。但有时采用递归方法编写的程序简洁、清晰，可读性好。递归方法成为有些问题的最佳解决方法，典型的应用除了例 1-7 求 n！和例 1-8 计算斐波那契数列，以及将要在第 1.5.4 小节介绍的汉诺塔问题外，还有后续章节中的二叉树的遍历、图的遍历、二分查找、快速排序和归并排序等。

1.5.3 递归转换为非递归

有些递归问题可以转化为采用非递归的方法实现，例如，伪递归可以用递推的方法实现，有些递归的问题可以用回溯法解决。

1．递归转换为递推

当递归算法所涉及的数据定义形式是递归的情况下，通常可以将递归算法转换为递推算法，用递归的边界条件作为递推的边界条件。例如，求阶乘、斐波那契数列等。

递推也是一种从已知条件出发，用一种具体的算法，一步一步接近未知，一般采用循环结构，经常和枚举配合使用。递推算法在求解的过程中，每一个中间量都是已知的，而且没有重复计算，运算简洁，但是书写代码和理解代码比较难。

求阶乘及斐波那契数列某项的递推算法如例 1-9、例 1-10 所示。

【例 1-9】 阶乘的递推算法。

```
public static int fact2(int n) {
    int s = 1;
    for (int i = 1; i <= n; i++)
        s = s * i;
    return s;
}
```

【例 1-10】 斐波那契数列的递推算法。

```
public static int fibonacci2(int n) {
    int f0 = 1, f1 = 1, f=1;
    if (n < 2)
        return 1;
    for (int i = 0; i < n - 1; i++) {
        f = f0 + f1;
        f0 = f1;
        f1 = f;
    }
    return f;
}
```

递归是从未知到已知，再从已知返回未知，利用子问题与父问题的关系，进而构造成有递归性的函数。而递推与此相反，从已知到未知。类似于一般解数学题的思路，从未知与已知的顺序上来看，它们好像是互逆过程，其实不然。递归把问题简单化，抓的是问题与子问题的联系；而递推是把中间解推进，抓的是中间量与更靠近未知的中间量的联系。两者是不同的，不能简单地看成是互逆过程。

2．递归转换为回溯

回溯算法的步骤如下：

1）定义一个解空间，它包含问题的解。

2）用适于搜索的方式组织该空间。

3）用深度优先法搜索该空间，利用限界函数避免移动到不可能产生解的子空间。

回溯算法的一个有趣的特性是在搜索执行的同时产生解空间。在搜索期间的任何时刻，仅保留从开始节点到当前节点的路径。因此，回溯算法的空间需求为 O（从开始节点起最长路径

的长度）。这个特性非常重要，因为解空间的大小通常是最长路径长度的指数或阶乘。所以如果要存储全部解空间的话，再多的空间也不够用。

递归算法简单直观，是整个计算机算法和程序设计领域中一个非常重要的方面，必须熟练掌握并能应用它。递归算法在计算机中的执行过程比较复杂，需要用系统栈进行频繁的进出栈操作和转移操作。递归转化为非递归后，可以解决一些空间上不够的问题，但程序太复杂。所以，并不是一切递归问题都要设计成非递归算法。实际上，很多稍微复杂一点的问题（如汉诺塔问题、二叉树的遍历、图的遍历、快速排序等），不仅很难写出它们的非递归过程，而且即使写出来也非常累赘和难懂。在这种情况下，编写递归算法是最佳选择。

1.5.4　递归应用举例

汉诺塔问题可简要描述如下：有 a、b、c 三个底座，上面可以放盘子，如图 1-5 所示。初始 a 底座上有 n 个盘子，这些盘子大小各不相同，大盘子在下，小盘子在上，依次排列。要求将 a 底座上的 n 个盘子移至 c 底座上，每次只能移动一个，并要求移动过程中保持小盘子在上大盘子在下，可借助 b 底座实现移动。编写程序输出移动步骤。

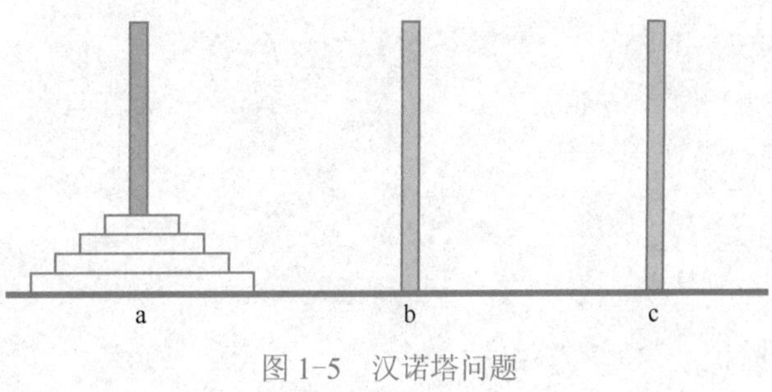

图 1-5　汉诺塔问题

这个问题可用递归思想来分析，将 n 个盘子由 a 底座移动到 c 底座可分为如下三个过程。

1）先将 a 底座上 n-1 个盘子借助 c 底座移至 b 底座。

2）再将 a 底座上最下面一个盘子移至 c 底座。

3）最后将 b 底座上 n-1 个盘子借助 a 底座移至 c 底座。

上述过程是把移动 n 个盘子的问题转化为移动 n-1 个盘子的问题，按这种思路，再将移动 n-1 个盘子的问题转化为移动 n-2 个盘子的问题，直至移动 1 个盘子。

可以用两个函数来描述上述移动过程。

1）从一个底座上移动 n 个盘子到另一底座。

2）从一个底座上移动 1 个盘子到另一底座。

【例 1-11】 采用递归的方法解决汉诺塔问题。

```
public class Hanoi {//汉诺塔问题
    private void move(char chSour, char chDest) {
        System.out.println("Move the top plate of " + chSour + "-->" + chDest);
    }

    public void moving(int n, char A, char B, char C) {
        if (n == 1)
            move(A, C);
        else {
            moving(n - 1, A, C, B);
            move(A, C);
            moving(n - 1, B, A, C);
        }
    }

    public static void main(String[] args) {
        Scanner sc = new Scanner(System.in);
        System.out.print("请输入需要移动的盘子数：");
```

```
        int n=sc.nextInt();
        Hanoi han = new Hanoi();
        han.moving(n, 'a', 'b', 'c');
    }
}
```

程序运行时，假设输入 4，那么程序运行结果如下。

```
Move the top plate of a-->c
a->b
a->c
b->c
a->b
c->a
c->b
a->b
a->c
b->c
b->a
c->a
b->c
a->b
a->c
b->c
```

1.6 本章小结

知识点	描述	学习要求
数据结构	数据结构是相互之间存在着一种或多种关系的数据元素的集合，是数据元素之间的相互关系。数据结构的实现涉及三方面的内容：逻辑结构、存储结构和数据的运算。 注意：勿将数据结构单纯地理解为数据的逻辑结构，从应用层面看它还包含存储结构和数据运算的内容	掌握有关数据结构的术语及概念；理解数据结构概念中逻辑结构、存储结构和数据的运算三方面的含义及相互之间的关系；了解数据结构课程要解决的问题和内容
数据类型	数据类型是一个值的集合以及在这些值上定义的一组操作的集合；每种数据类型都可看作是一种数据结构。 注意：理解高级语言中为什么提供一些数据类型的定义，以及作为某种数据结构的数据类型体现了怎样的逻辑结构、存储结构和数据运算。	理解数据类型与数据结构的关系
抽象数据类型	抽象数据类型是抽象数据的组织和与之相关的操作，可被看作是数据的逻辑结构及其在逻辑结构上定义的操作	理解数据类型、抽象数据类型与数据结构的关系
数据结构的表示方法	常用的数据结构表示方法有 C 语言、C++语言、Java 语言和 Python 语言	了解常用的程序设计语言表示数据结构的各自特点，重点掌握 Java 语言的表示
数据结构的存储结构	顺序存储、链式存储、索引存储、散列存储	掌握各个存储方法的特点，以及它们与数据结构的关系
算法的概念及特性	算法是对特定问题求解步骤的一种描述，是指令的有限序列。算法具有有穷性、确定性、可行性、有输入和输出的特性	掌握算法的概念，理解算法与程序的区别
算法的设计要求	正确性、可读性、健壮性、高效性 注意：算法不同于程序，算法是给人看的，程序是计算机要执行的，因此要使算法的可读性好，应加适当注释	理解各个算法设计要求的含义，知道如何在算法设计中达到要求 拓展目标：使学习者认识到规范代码的作用，增强职业责任感
算法描述	自然语言、流程图、盒图、类高级程序设计语言	了解不同方式描述算法的特点
算法的时间复杂度	算法执行所耗费的时间，通常表示为问题规模 n 的函数 T(n)，并用大 O 记法表示算法的渐进时间复杂度	掌握算法时间复杂度的估算方法，对特定算法能够按照最好、最坏和平均的情况进行算法时间复杂度的分析，并用大 O 记法表示算法的渐进时间复杂度
算法的空间复杂度	算法所耗费的存储空间，通常表示为问题规模 n 的函数 S(n)	掌握算法空间复杂度的估算方法，并用大 O 记法表示算法的渐进空间复杂度
递归算法	递归算法是一种直接或者间接地调用自身算法的过程。在程序设计中，递归算法对解决一大类问题是十分有效的，它往往使算法的描述简洁而且易于理解	理解递归的特点，会分析什么样的问题适合用递归算法解决

（续）

知识点	描述	学习要求
递归调用的特点	每次调用在规模上都有所缩小；相邻两次调用之间有紧密的联系，前一次要为后一次做准备；在问题的规模极小时，必须用直接给出解答而不再进行递归；递归调用都是有结束的条件的	领会递归调用的执行过程和特点
递归的优点	结构清晰，可读性强，而且容易用数学归纳法来证明算法的正确性	了解递归的优点
递归的缺点	递归算法的运行效率较低，无论是耗费的计算时间还是占用的存储空间都比非递归算法要多	了解递归的缺点

练习题

一、简答题

1．常见的逻辑结构有哪几种？各自的特点是什么？常用的存储结构有哪几种？各自的特点是什么？

2．简述算法和程序的区别。

3．试举一个数据结构的例子，叙述其逻辑结构、存储结构、数据运算这三方面的内容。

4．运算是数据结构的一个重要方面。试举例说明两个数据结构的逻辑结构和存储结构完全相同，只是对于运算的定义不同，使得两个结构具有显著不同的特性。

5．写出下列各程序段关于 n 的时间复杂度。

（1）

```
a=1; m=1
while(a<n)
{
   m+=a;
   a*=3;
}
```

（2）设 n 是偶数。

```
for(i=1,s=0; i<=n; i++)
    for(j=2*i; j<=n; j++)
        s++;
```

（3）

```
for (i=1; i<=n-1; i++)
{
    k=i;
    for(j=i+1;j<=n;j++)
        if(R[j]>R[j+1]) k=j;
        t=R[k]; R[k]=R[i]; R[i]=t;
}
```

6．什么是递归？递归程序有什么优缺点？

7．任何一个递归过程都可以转换成非递归过程吗？

8．递归、迭代、回溯有何区别？

二、算法设计题

1．计算一元 n 次多项式的值。$P(x,n)=a_0+a_1x+a_2x^2+\cdots+a_nx^n$，输入 $x,n,a_0,a_1,\cdots,a_n$，输出多项式 P(x,n)的值。设计算法求解，请选择合适的输入、输出格式，要求算法具有较好的时间性能。

2．若某人第一个月的工资是 1500 元，以后每一年的工资都在原基础上增加 10%，那么第 n 年他的工资是多少？请分别用递归和递推两种方法编写算法实现。

3．请编写程序用递归算法实现数组中元素的逆置。

授课视频

1-2 比较算法复杂性描述函数的增长

实验题

题目 1 比较算法复杂性描述函数的增长

一、问题描述

常用到的描述算法复杂度的函数有 n，logn，n^2，n^3，nlogn，n!，2^n。比较随 n 的增大，这些函数的增长情况。

二、要求

1．分别求出 n 取值为 1、5、10、15、20、25、30 时七种函数的值，并按照增长速度排序。

2．若在每秒执行 10 亿次指令的计算机上运行，分别计算出 n 取值为 1、5、10、15、20、25、30 时七种函数的运行时间。

题目 2 矩阵连乘算法的时间和空间复杂性

一、问题描述

已知有三个整数矩阵 $A_{100\times1000}$、$B_{1000\times50}$ 和 $C_{50\times500}$，分别按照方案(AB)C 和方案 A(BC)，求这三个矩阵的连乘积。

二、要求

1．通过采用对核心运算执行频度和对占用数据空间的统计的方式，比较两种方案的时间复杂度和空间复杂度。

2．编写程序记录根据这两种方案所编写的程序的执行时间，输出结果。

题目 3 全排列的递归实现

一、问题描述

全排列是指一个数列的不同顺序的所有组合方式。

用 1、2、3 来举例，123 的全排列有 123、132、213、231、312、321 这六种。

首先考虑 213 和 321 这两个数是如何得出的。显然这两个都是 123 中的 1 与后面两数交换得到的。然后，可以将 123 的第二个数和第三个数交换得到 132。同理，可以根据 213 和 321 来得 231 和 312。因此可以知道，全排列就是从第一个数字起每个数分别与它后面的数字交换。

二、提示与分析

N 个互不相同的元素的全排列一共有 N! 种。实现 N 个互不相同的元素的全排列可以用递归的方法来实现。

用递归实现全排列的思路：每次将当前元素与后面的元素进行一次交换，可以生成新的排

列，当然，交换完的排列全部生成完后要恢复原样。每个元素第一次交换都是跟自己，然后与它后面的交换。

三、选作内容

1. 去掉重复的全排列的递归实现。

2. 全排列的非递归实现。

题目 4　皇后问题

一、问题描述

在一个 8×8 的棋盘里放置 8 个皇后，要求每个皇后两两之间不冲突，即在每一横列、竖列和斜列只有一个皇后。

二、提示与分析

数据表示：用一个 8 位的八进制数表示棋盘上皇后的位置。

例如 45615353 表示：

第 0 列皇后在第 4 个位置

第 1 列皇后在第 5 个位置

第 2 列皇后在第 6 个位置

⋮

第 7 列皇后在第 3 个位置

三、选作内容

对于八皇后问题的实现，如果结合动态的图形演示，则可以使算法的描述更形象、更生动，能产生良好的效果。

授课视频

1-3　比较递归和非递归算法的时空效率

题目 5　比较递归和非递归算法的时空效率

一、问题描述

给定正整数 N，分别采用循环和递归两种方法实现输出 1,2,⋯,N 的 N 个整数。

二、要求

1. 分别取 N 值为 100、1000、10000 和 100000，比较循环方法和递归方法的时间复杂度。

2. 分别取 N 值为 100、1000、10000 和 100000，比较循环方法和递归方法的空间复杂度。

3. 分析时间复杂度和空间复杂度产生差别的原因。

第2章 线 性 结 构

内容导读

线性结构的特点是数据元素之间是一种线性关系，数据元素“一个接一个地排列”。在线性结构中，有且仅有一个元素被称为“第一个”，除第一个元素之外的其他元素均有唯一一个“前驱”；有且仅有一个元素被称为“最后一个”，除最后一个元素之外的其他元素均有唯一一个“后继”。具有这种结构特征的数据在日常生活中有很多，本章将详细讲述基本线性结构的存储表示及其操作实现，以及字符串、特殊矩阵和广义表等扩展线性结构的存储表示和相关操作的实现。

【主要内容提示】

- 线性表的顺序存储与实现
- 线性表的链式存储与实现
- 具有特殊操作规则的线性结构——堆栈的实现及其应用
- 具有特殊操作规则的线性结构——队列的实现及其应用
- 字符串的基本概念、运算和存储
- 字符串模式匹配算法及其改进
- 多维数组与特殊矩阵的存储
- 稀疏矩阵的存储与运算实现
- 广义表的概念及其存储表示

【学习目标】

- 定义线性表的顺序存储并写出其基本操作的实现
- 定义线性表的链式存储并写出其基本操作的实现
- 定义顺序栈和链式栈并写出其基本操作的实现
- 举例说明栈的应用求解过程
- 定义循环队列和链式队列并写出其基本操作的实现
- 举例说明队列的应用求解过程
- 定义字符串的存储并写出其基本操作的实现
- 熟练写出字符串模式匹配的 BF 算法并能进行时空效率分析
- 能够描述字符串匹配的 KMP 算法的改进思路并会求 next 数组的值
- 能够将多维数组和特殊矩阵映射到一维
- 定义稀疏矩阵的三元组表存储并实现矩阵运算
- 描述广义表的概念并定义广义表的存储

2.1 引言

本节将通过大家熟悉的问题引出线性结构的概念及线性结构要解决的问题。

2.1.1　问题提出

线性结构是一种简单的数据。线性结构，常见于日常生活中以及一些数学抽象中。下面来看一些常见问题，思考其所涉及的数据具有怎样的特征，可以采用什么样的数据存储方式，以及需要进行哪些数据处理。

问题 1：日常生活中常见学生的成绩单、通讯录、单位的职工工资表以及图书馆的图书书目等，这些表单具有一个共同的特点，就是由一行行结构相同的数据构成。对这些表单经常进行的操作是修改、查找、插入和删除。

问题 2：日常生活中，将洗好的盘子由下往上摆放起来，使用的时候再从上至下依次取出，如果用计算机模拟这一过程，盘子之间的逻辑关系是线性结构，处理盘子的取出顺序需要遵循“后摆放先取出”的原则。

问题 3：日常生活中排队购物、汽车进出站、到银行办理业务等事务处理过程，如果用计算机来模拟，一般需要遵循“先来先服务”的处理原则。

问题 4：程序设计语言对函数嵌套调用的实现，需要保存调用点的数据，并按照调用的顺序后调用先返回。调用的过程是线性的，返回的过程也是线性的，只是返回的过程与调用的过程正好相反。

问题 5：实现一元多项式的存储表示及加、减、乘等运算。由于一元多项式的每一项都是由系数和指数构成的，因此可将一元多项式抽象地表示为由系数和指数构成的序偶序列，各个序偶之间的逻辑关系是线性的。为便于运算，可以约定按照指数递增的顺序排列。

问题 6：计算机的存储单元是线性结构的，程序设计语言如何将多维数组存储到线性结构的存储空间中？

问题 7：文本编辑软件如何实现对文本的处理。该处理实际上是对一个大字符串进行建立、插入、删除、取字符串、字符串匹配，以及对字符串中的字符做标记等操作。而字符串的逻辑结构是以字符为元素的线性结构。

上述所有问题所涉及的数据元素的逻辑关系都属于线性结构，即元素之间至多有唯一前驱或唯一后继的数据关系，所不同的是，这种结构中数据元素的类型或需要进行的操作等方面有所区别，本章将详细介绍常用线性结构数据的存储表示以及常用操作的实现。

2.1.2　线性表的定义

在一个线性表中数据元素的类型是相同的，或者说线性表是由同一类型的数据元素构成的线性结构。线性表是具有相同数据类型的 n（n≥0）个数据元素的有限序列，通常记为

$$(a_1,a_2,\cdots,a_{i-1},a_i,a_{i+1},\cdots,a_n) \tag{2-1}$$

其中，n 为表长，n=0 时称为空表。

表中相邻元素之间存在着次序关系。a_{i-1} 称为 a_i 的直接前驱，a_{i+1} 称为 a_i 的直接后继。也就是说，对于 a_i，当 $i=2,\cdots,n$ 时，有且仅有一个直接前驱 a_{i-1}；当 $i=1,2,\cdots,n-1$ 时，有且仅有一个直接后继 a_{i+1}；而 a_1 是表中的第一个元素，它没有前驱，a_n 是最后一个元素，它没有后继。

需要说明的是，a_i 为序号为 i 的数据元素（$i=1,2,\cdots,n$），通常将它的数据类型抽象为 DataType，DataType 的具体结构由具体问题而定。例如，在学生成绩表中，它是用户自定义的学生类型；在棋盘布局问题中，它是矩阵类型；在表示字符串时，它是字符型；等等。为了方便数据处理，假设 DataType 中总包含整型字段 key。

2.1.3 线性表的基本运算

在第 1 章中提到过，数据的运算是定义在逻辑结构层次上的，而运算的具体实现是建立在存储结构上的，因此下面定义线性表的基本运算作为逻辑结构的一部分，每一个运算的具体实现只有在确定了线性表的存储结构之后才能完成。

线性表的基本运算主要有以下几种。

1）线性表的初始化：Init_List(L)。运算结果是构造一个空的线性表。

2）求线性表的长度：Length_List(L)。运算结果是返回线性表中所含元素的个数。

3）取表元：GetList(L,i)。若表 L 存在且 1≤i≤Length_List(L)，运算结果是返回线性表 L 中的第 i 个元素的值或地址。

4）按值查找：Locate_List(L,x)，x 是给定的一个数据元素。若线性表 L 存在，运算结果是在表 L 中查找值为 x 的数据元素。若结果返回为 L 中首次出现的值为 x 的那个元素的序号或地址，称为查找成功；否则，在 L 中未找到值为 x 的数据元素，返回一特殊值表示查找失败。

5）插入：InsertList(L,i,x)。若线性表 L 存在，插入位置 1≤i≤n+1（n 为插入前的表长），运算结果是在线性表 L 的第 i 个位置上插入一个值为 x 的新元素，这样使原序号为 i,i+1,…,n 的数据元素的序号变为 i+1,i+2,…,n+1，插入后，新表长=原表长+1。

6）删除：DeleteList(L,i)。若线性表 L 存在，删除位置 1≤i≤n（n 为删除前的表长），运算结果是在线性表 L 中删除序号为 i 的数据元素，删除后原序号为 i+1,i+2,…,n 的元素的序号变为 i,i+1,…,n−1，新表长=原表长−1。

说明：

1）某数据结构上的基本运算，不是它的全部运算，而是一些基础运算，而每一个基本运算在实现时也可能根据不同的存储结构派生出一系列相关的运算。例如，线性表的删除运算还会有删除某个特定值的元素；插入运算也可能是将新元素 x 插入到适当位置上。不可能也没有必要定义出它的全部运算，读者掌握了某一数据结构上的基本运算后，其他的运算可以通过基本运算来实现，也可以直接实现。

2）在上面各运算中定义的线性表 L 仅仅是一个抽象在逻辑结构层次的线性表，尚未涉及它的存储结构，因此，每个运算在逻辑结构层次上尚不能用具体的某种程序设计语言写出具体的算法，而算法只有在存储结构确立之后才能实现。

在 Java 语言中可以用接口（Interface）的形式定义线性表的 ADT 中的公有方法。

```
public interface IList {                  //线性结构的 ADT
    void init();                          //初始线性表，数据存于类中，不必指明线性表变量
    int length();                         //求线性表 L 当前的长度
    DataType get(int i);                  //查找线性表 L 中的第 i 个元素
    int locate(DataType x);               //查找给定元素 x 在线性表 L 中的位置
    int insert(int i, DataType x);        //在线性表 L 中插入值为 x 的元素作为第 i 个元素
    int delete(int i);                    //删除线性表中第 i 个元素
}
```

2.2 线性表的顺序存储与实现

授课视频

2-1 线性表的顺序存储与实现

线性表中基本运算的具体实现依赖于所采用的对数据的存储方式。本节将详细讨论线性表的顺序存储与其基本运算的实现。

2.2.1　顺序表

线性表的顺序存储是指在内存中用地址连续的一块存储空间顺序存放线性表的各元素，采用这种存储形式的线性表称为顺序表。因为内存中的地址空间是线性的，故而用物理上的相邻实现数据元素之间的逻辑相邻关系，既简单又自然。线性表的顺序存储如图 2-1 所示。

设 a_1 的存储地址为 $Loc(a_1)$，每个数据元素占 d 个存储单元，则第 i 个数据元素的地址为

$$Loc(a_i)=Loc(a_1)+(i-1)\times d \qquad (1\leqslant i\leqslant n) \tag{2-2}$$

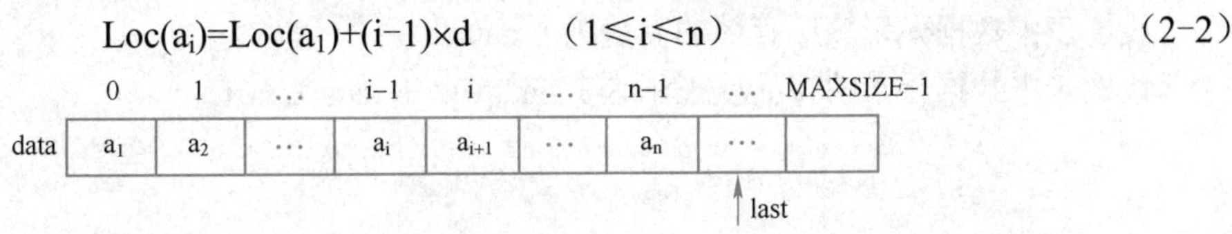

图 2-1　线性表的顺序存储

这就是说，只要知道顺序表的首地址和每个数据元素所占地址单元的个数就可求出第 i 个数据元素的地址，即顺序表具有按数据元素的序号存取的特点。

在程序设计语言中，一维数组在内存中占用的存储空间就是一组连续的存储区域，因此，用一维数组来表示顺序表的数据存储区域是再合适不过的。考虑到线性表的运算有插入、删除等，即表长是可变的，因此，数组的容量需设计得足够大。设用 data[MAXSIZE]来表示数组，其中 MAXSIZE 是一个根据实际问题定义的足够大的整数，线性表中的数据从 data[0]开始依次存放，但当前线性表中的实际元素个数可能未达到 MAXSIZE 个，因此需用一个变量 last 来记录当前线性表中最后一个元素在数组中的位置，即 last 起一个指示作用，始终指向线性表中最后一个元素的位置，因此，表空时 last=−1。这种存储思想的具体描述可以是多样的。例如，可以是

```
DataType[] data;
int last;
```

这样表示的顺序表如图 2-1 所示。表长为 last+1，第 1 个到第 n 个数据元素分别存放在 data[0]到 data[last]中。这样使用简单方便，但有时不便管理，信息的隐蔽性不好。在 Java 语言中可以定义一个顺序表类 SeqList，将数据存储区 data、位置 last 与顺序表中的基本运算封装在一起，作为对抽象数据类型接口 IList 的实现。

```
class SeqList implements IList {
    private static final int MAXSIZE = 100;          //定义数组的最大容量
    private int last;                                //用于存储顺序表最后一个元素的存储位置
    private DataType[] data;                         //顺序表的存储空间
    SeqList() {//构造函数，调用顺序表初始函数，建立存储空间为 MAXSIZE 的空表
        init();
    };
    @Override
    public void init() {...}
    @Override
    public int length() {...}                        //求顺序表的长度
    @Override
    public DataType get(int i) {...}                 //获取顺序表第 i 个元素
    @Override
    public int locate(DataType x) {...}              //在顺序表中查找元素 x
    @Override
    public int insert(int i, DataType x) {...}       //将元素 x 插入顺序表中作为第 i 个元素
    @Override
    public int delete(int i) {...}                   //删除顺序表中的第 i 个元素
    ...                                              //其他成员函数
}
```

在图 2-2 所示的顺序表中，L 是一个引用类型的变量，是顺序表类 SeqList 的一个实例，通

过“SeqListL=newSeqList();”操作来获得顺序表的存储空间，L 代表着一个具体的顺序表。

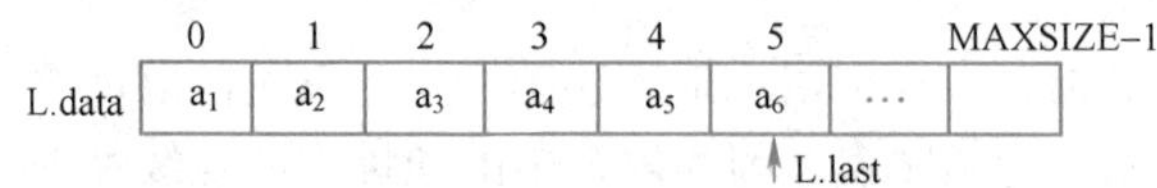

图 2-2 顺序表的存储表示方式

线性表的表长表示为 L.last+1。

线性表中数据元素顺序存储的基址为 L.data。

线性表中数据元素的存储或表示为 L.data[0]～L.data[L.last]。

2.2.2 顺序表上基本运算的实现

1．顺序表的初始化

顺序表的初始化即构造一个空表，首先动态分配存储空间，然后将 last 置为-1，表示表中没有数据元素。

【算法 2-1】 顺序表的初始化。

```
public void init() {
    data = new DataType[MAXSIZE];
    last = -1;
}
```

2．求顺序表的长度

由于在顺序表类的定义中 last 代表顺序表中最后一个元素的存储下标，而 Java 语言数组的下标是从 0 开始，因此顺序表中的元素个数为 last+1。

【算法 2-2】 求顺序表的长度。

```
public int length() {                    //求顺序表的长度
    return last + 1;
}
```

3．插入运算

线性表的插入是指在表的第 i 个位置上插入一个值为 x 的新元素，插入后使原表长 n 变为 n+1。

插入前：$(a_1,a_2,\cdots,a_{i-1},a_i,a_{i+1},\cdots,a_n)$。

插入后：$(a_1,a_2,\cdots,a_{i-1},x,a_i,a_{i+1},\cdots,a_n)$，其中 $1\leqslant i\leqslant n+1$。

插入过程如图 2-3 所示。

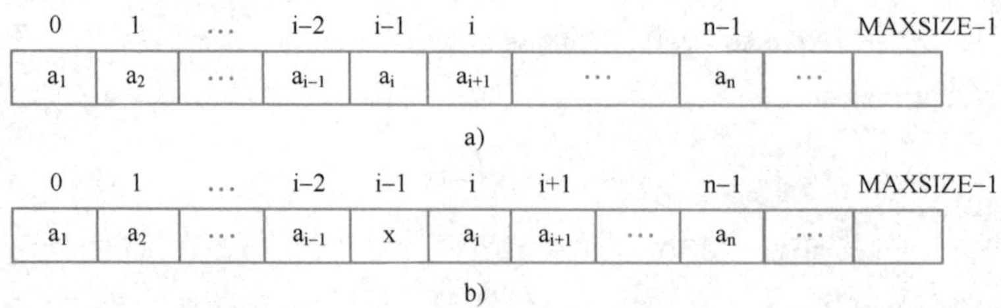

图 2-3 顺序表中的插入过程

a) 插入前 b) 插入后

顺序表上完成这一运算需通过以下步骤进行。

1）将 a_i～a_n 顺序向后移动，为新元素让出位置。

2）将 x 置入空出的第 i 个位置。

3）修改 last 的位置（相当于修改表长），使之仍指向最后一个元素。

【算法 2-3】 顺序表的插入运算。

```
public boolean insert(int i, DataType x) throws Exception {
//将元素 x 插入顺序表中作为第 i 个元素
    int j;
    if (last == MAXSIZE - 1)                          //表空间已满，不能插入
    {
        throw new Exception("表空间已满");
    }
    if (i < 1 || i > last + 2)                        //检查插入位置的正确性
    {
        throw new Exception("插入位置错");
    }
    for (j = last; j >= i - 1; j--)
        data[j + 1] = data[j];                        //结点移动
    data[i - 1] = x;                                  //新元素插入
    last++;                                           //last 仍指向最后元素
    return true;                                      //插入成功，返回
}
```

性能分析：顺序表的插入运算，时间主要消耗在数据的移动上，在第 i 个位置上插入 x，从 a_i～a_n 都要向后移动一个位置，共需要移动 n-i+1 个元素，i 的取值范围为 1≤i≤n+1，即有 n+1 个位置可以插入。设在第 i 个位置上做插入的概率为 p_i，则平均移动数据元素的次数为

$$E_{in}=\sum_{i=1}^{n+1}p_i(n-i+1) \tag{2-3}$$

设 $p_i=\dfrac{1}{n+1}$，即为等概率的情况下，则

$$E_{in}=\sum_{i=1}^{n+1}p_i(n-i+1)=\frac{1}{n+1}\sum_{i=1}^{n+1}(n-i+1)\frac{n}{2} \tag{2-4}$$

这说明顺序表的插入运算需移动表中一半的数据元素，算法的时间复杂度为 O(n)。

本算法注意以下问题。

1）顺序表中数据区域有 MAXSIZE 个存储单元，所以在向顺序表中做插入时先检查表空间是否满了，在表满的情况下不能再做插入，否则产生溢出错误。

2）要检验插入位置的有效性，这里 i 的有效范围是 1≤i≤n+1，其中 n 为原表长。

3）注意数据的移动方向。

4．删除运算

线性表的删除运算是指将表中第 i 个元素从线性表中去掉，删除后使原表长 n 变为 n–1。

删除前：$(a_1,a_2,\cdots,a_{i-1},a_i,a_{i+1},\cdots,a_n)$。

删除后：$(a_1,a_2,\cdots,a_{i-1},a_{i+1},\cdots,a_n)$，其中 1≤i≤n。

删除过程如图 2-4 所示。

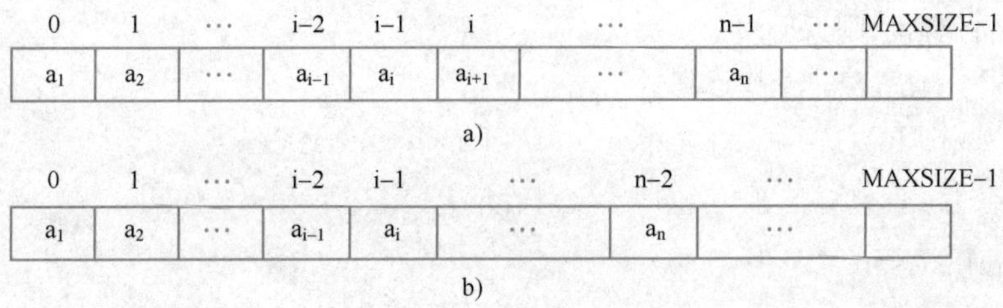

图 2-4　顺序表的删除过程

a) 删除前　b) 删除后

顺序表的删除运算需要通过以下步骤。

1）将 a_{i+1}～a_n 顺序向前移动。

2）修改 last 的位置（相当于修改表长），使之仍指向最后一个元素。

【算法 2-4】 顺序表的删除运算。

```
public boolean delete(int i) throws Exception { //删除顺序表中的第 i 个元素
    int j;
    if (i < 1 || i > last + 1)                   //检查是否为空表及删除位置的合法性
    {
        throw new Exception("不存在第 i 个元素");
    }
    for (j = i; j <= last; j++)
        data[j - 1] = data[j];                   //向上移动
    last--;
    return true;                                 //删除成功
}
```

性能分析：与插入运算相同，删除运算的时间主要消耗在移动表中元素上，删除第 i 个元素时，其后的元素 a_{i+1}～a_n 都要向前移动一个位置，共移动了 n–i 个元素，所以平均移动数据元素的次数为

$$E_{de}=\sum_{i=1}^{n}p_i(n-i) \tag{2-5}$$

在等概率情况下，$p_i=\dfrac{1}{n}$，则

$$E_{de}=\sum_{i=1}^{n}p_i(n-1)=\frac{1}{n}\sum_{i=1}^{n+1}(n-i)=\frac{n-1}{2} \tag{2-6}$$

这说明在顺序表上做删除运算时大约需要移动表中一半的元素，显然该算法的时间复杂度为 O(n)。

删除算法中需注意以下问题。

1）删除第 i 个元素，i 的取值为 1≤i≤n，否则第 i 个元素不存在，因此，要检查删除位置的有效性。

2）当表空时不能做删除运算，因表空时 last 的值为-1，条件（i<<1||i>last+1）也包括了对表空的检查。

3）删除 a_i 之后，该数据就不存在了，如果需要此数据，先取出 a_i，再做删除运算。

5．按值查找

线性表中的按值查找是指在线性表中查找与给定值 x 相等的数据元素。在顺序表中完成该运算最简单的方法是：从第一个元素 a_1 起依次和 x 做比较，直到找到一个与 x 相等的数据元素，返回它在顺序表中的存储下标或序号（二者差 1，即序号=下标+1）；若查遍整个表都没有找到与 x 相等的元素，则返回−1。

【算法 2-5】 顺序表的查找运算。

```
public int locate(DataType x) {          //在顺序表中查找元素 x
    int i = 0;
    while (i <= last && data[i].equals(x))
        i++;
    if(i > last)
        return -1;                       //查找失败，返回-1
    else
        return i;                        //查找成功，返回的是存储位置
}
```

查找算法主要是给定值 x 与表中元素做比较。显然比较的次数与 x 在表中的位置有关，也与表长有关。当 a_1=x 时，比较一次即成功；当 a_n=x 时，比较 n 次才成功。等概率情况下，查找成功的平均比较次数为

$$E_{lo} = \frac{1}{n}\sum_{i=1}^{n} i = \frac{n+1}{2} \tag{2-7}$$

在查找失败的情况下，需要比较 n 次。显然，按值查找算法的时间性复杂度为 O(n)。

2.2.3　顺序表应用举例

【例 2-1】 将顺序表($a_1,a_2,\cdots,a_n$)重新排列为以 a_1 为界的两部分：a_1 前面的值均比 a_1 小，a_1 后面的值都比 a_1 大（这里假设数据元素的类型具有可比性，不妨设为整型）。操作前后如图 2-5 所示。这一操作称为划分，a_1 称为基准。

25	30	20	60	10	35	15

a)

15	10	20	25	30	60	35

b)

图 2-5　顺序表的划分

a) 划分前　b) 划分后

划分的方法有多种，下面介绍的划分算法思路简单，但性能较差。

基本思路：从第二个元素开始到最后一个元素逐一向后扫描。

1）当前数据元素 a_i 比 a_1 大时，表明它已经在 a_1 的后面，不必改变它与 a_1 之间的位置，继续比较下一个。

2）若前数据元素比 a_1 小，说明它应该在 a_1 的前面，此时将它上面的元素都依次向后移动一个位置，然后将它置入最前方。

【算法 2-6】 划分算法。

```
public void part() {
        int i, j;
        DataType x, y;
        x = data[0];                              //将基准置入 x 中
        for(i = 1; i <= last; i++)
            if(data[i].compareTo(x) < 0)          //当前元素小于基准
            {
                y = data[i];
                for(j = i - 1; j >= 0; j--)       //移动
                {
                    data[j + 1] = data[j];
                    data[0] = y;
                }
            }
}
```

本算法中有两重循环，外循环执行 n-1 次，内循环中移动元素的次数与当前数据的大小有关，当第 i 个元素小于 a_1 时，要移动它前面的 i-1 个元素，再加上当前结点的保存及置入，所以移动 i-1+2 次。在最坏情况下，a_1 后面的结点都小于 a_1，故总的移动次数为

$$\sum_{i=2}^{n}(i-1+2) = \sum_{i=2}^{n}(i+1) = \frac{(n-1)\times(n+4)}{2} \tag{2-8}$$

也就是说，最坏情况下移动数据的时间复杂度为 $O(n^2)$。

这个算法简单但效率低，在第 7 章的快速排序中将介绍另一种划分算法，它的时间复杂度为 $O(n^2)$。

【例 2-2】 有顺序表 A 和 B，其元素均按从小到大的升序排列，编写一个算法将它们合并成一个新的顺序表 C，要求 C 的元素也是从小到大升序排列。

算法思路：依次扫描顺序表 A 和 B 的元素，比较当前元素的值，将较小值的元素赋给 C，如此直到一个线性表扫描完毕，然后将未扫描完的那个顺序表中的余下部分赋给 C 即可。C 的大小要能够容纳 A、B 两个线性表相加的长度。

【算法 2-7】 顺序表的合并。

```
public static void merge(SeqList A, SeqList B, SeqList C) throws Exception {
    int i, j;
    i = j = 0;
    while(i < A.length() && j < B.length()) {//将A和B的当前元素较小者复制到C
        DataType oa = A.get(i), ob = B.get(j);
        if(oa.compareTo(ob) < 0) {
            C.insert(C.length() + 1, oa);
            i++;
        } else {
            C.insert(C.length() + 1, ob);
            j++;
        }
    }
    while(i < A.length()) {                    //将A中剩余元素复制到表C
        C.insert(C.length() + 1, A.get(i));
        i++;
    }
    while(j < B.length()) {                    //将B中剩余元素复制到表C
        C.insert(C.length() + 1, B.get(j));
        j++;
    }
}
```

该算法的时间复杂度是 $O(m+n)$，其中 m 是 A 的表长，n 是 B 的表长。

2.3 线性表的链式存储与实现

由于顺序表的存储特点是用存储下标的相邻实现了逻辑上的相邻，它要求用下标连续的存储单元顺序存储线性表中的各元素，因此，对顺序表进行插入、删除时需要通过移动数据元素来实现，影响了运行效率。本节介绍线性表的链式存储结构，它不需要用下标连续的存储单元来实现，因为它不要求逻辑上相邻的两个数据元素在存储位置上也相邻，它是通过“链”来表示数据元素之间的逻辑关系，因此对线性表进行插入、删除时不需要移动数据元素。

授课视频

2-2 线性表的链式存储与实现

2.3.1 单链表

链表是通过一组任意的存储单元来存储线性表中的数据元素。那么怎样表示数据元素之间的线性关系呢？为建立起数据元素之间的线性关系，对每个数据元素 a_i，除了存放数据元素自身的信息之外，还需要存放其后继元素 a_{i+1} 所在的存储单元的地址，这两部分信息组成一个“结点”。单链表结点结构如图 2-6 所

data	next

图 2-6 单链表结点结构

示，每个结点都如此。data 域称为数据域，用来存放数据元素的信息；next 域称为引用域，用来存放其后继元素对象的地址信息。

因此，n 个元素的线性表可以通过每个结点的引用域连成了一个“链”，称之为链表。因为每个结点中只有一个指向后继的引用，所以又称其为单链表。

链表是由一个个结点构成的，结点可被定义成如下的结点类。

```
class LinkNode {
   private DataType data;
   private LinkNode next;
   LinkNode(DataType elem) {
      data = elem;
      next = null;
   }
   public DataType getData() {
      return data;
   }
   public void setNext(LinkNode nextVal) {
      next = nextVal;
   }
   public LinkNode getNext() {            //取得下一个
      return next;
   }
}
```

线性表($a_1,a_2,a_3,a_4,a_5,a_6,a_7,a_8$)对应的链式存储结构如图 2-7 所示。当然，必须将第一个结点的地址 160 放到一个引用变量如 H 中，最后一个结点没有后继，其引用域必须置空，表明此表到此结束。这样就可以从第一个结点的地址开始“顺藤摸瓜”地找到每个结点。

作为线性表的一种存储结构，人们关心的是结点间的逻辑结构，而不是每个结点的实际地址，所以通常的单链表用图 2-8 所示的形式表示，而不用图 2-7 所示的形式表示。

通常，用“表头引用”来标识一个单链表。如单链表 L、单链表 H 等，是指某链表的第一个结点的地址被记录在引用变量 L、H 中，当其为“NULL”时，则表示一个空表。

在 Java 语言中可以定义一个链表类 LinkList，将链表中结点的存储与链表的基本运算封装在一起，作为对抽象数据类型接口 IList 的实现。

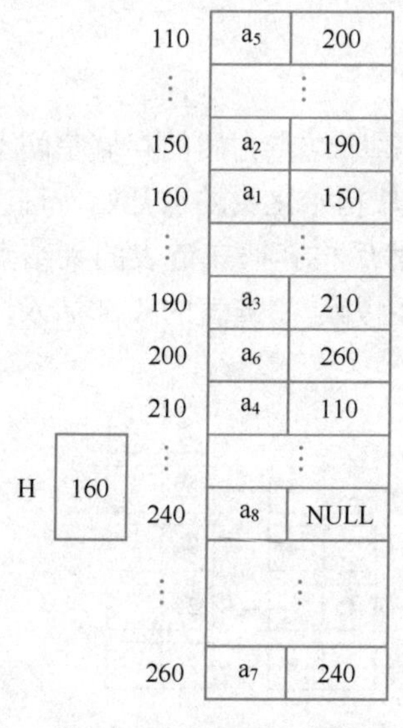

图 2-7　链式存储结构

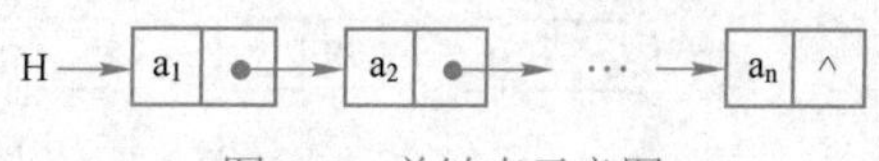

图 2-8　单链表示意图

```
public class LinkList implements IList {
private LinkNode head=null;
   public LinkList(){              //构造函数，调用链表初始化函数，建立链表的头结点
      init();
   }
   @Override
   public void init() {            //初始化链表}
   @Override
   public int length() {           //求链表的长度}
   @Override
   public DataType get(int i) {    //在链表中查找第 i 个元素的位置}
   @Override
   public int locate(DataType x) {//在链表中查找元素 x}
   @Override
   public boolean insert(int i, DataType x) throws Exception
      {                            //将元素 x 插入链表中作为第 i 个元素}
   @Override

   public boolean delete(int i) throws Exception {         //删除链表中的第 i 个元素}
   ...                             //其他成员函数
}
```

申请一个 LinkNode 类的实例的语句如下：

```
LinkNode p=new LinkNode();
```

p.data p.next

p ^

图 2-9 申请一个结点

执行的结果是将一个 LinkNode 类的实例地址赋值给变量 p，如图 2-9 所示。p 所指的结点的数据域为 p.data，引用域为 p.next。

2.3.2 单链表上基本运算的实现

1. 链表的初始化

顺序表的初始化即构造一个空表，首先动态分配存储空间，然后将表中 last 的值置为–1，表示表中没有数据元素。

【算法 2-8】 链表的初始化。

```
public void init() {
   head = new LinkNode(null);
}
```

2. 建立单链表

（1）在链表的头部插入结点建立单链表

链表与顺序表不同，它是一种动态的存储结构，链表中每个结点占用的存储空间不是预先分配的，而是运行时系统根据需求生成的，因此建立单链表从初始化头结点开始，每读入一个数据元素则获取一个 LinkNode 类的实例存放元素的值，然后将其插在链表的头结点后面。图 2-10 展现了线性表(25,45,18,76,29)的链表的建立过程，因为是在链表的头部插入，读入数据的顺序和线性表中的逻辑顺序是相反的。

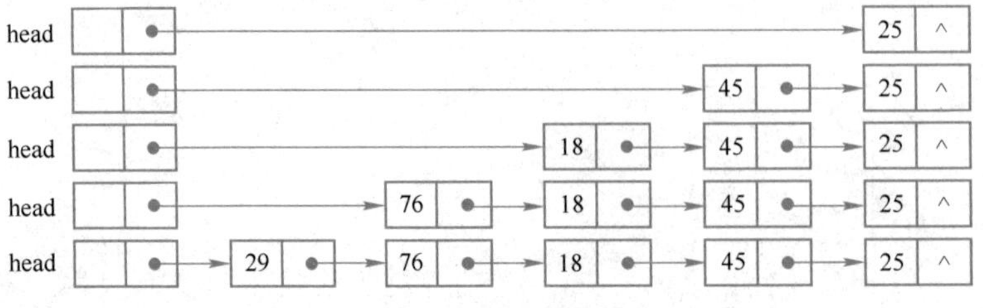

图 2-10 在链表的头部插入结点建立单链表

以这种方式创建整数链表的算法如下所示。

【算法 2-9】 在表头插入结点，建立线性表的链式存储。

```
public void Create_LinkList1() {
    LinkNode s;
    int x;                                          //设数据元素的类型为 int
    Scanner scanner = new Scanner(System.in);
    x = scanner.nextInt();
    while (x != flag)
    {
        s = new LinkNode(new DataType(x));          //申请结点，填装数据
        s.setNext(head.getNext());                  //将结点 s 插入链表头结点的后面
        head.setNext(s);                            //新节点作为第一个结点
        x = scanner.nextInt();                      //读入下一个整数
    }
    scanner.close();
}
```

（2）在单链表的尾部插入结点建立单链表

在头部插入结点建立单链表的方法简单，但读入数据元素的顺序与生成的链表中元素的顺序是相反的，若希望次序一致，可用尾插入的方法。因为每次是将新结点插入链表的尾部，所以需加入一个引用变量 r 来始终指向链表的尾结点，以便能够将新结点插入链表的尾部。为简便起见，不画出引用变量 H、r 所占空间。图 2-11 展现了在链表的尾部插入结点建立单链表的过程。

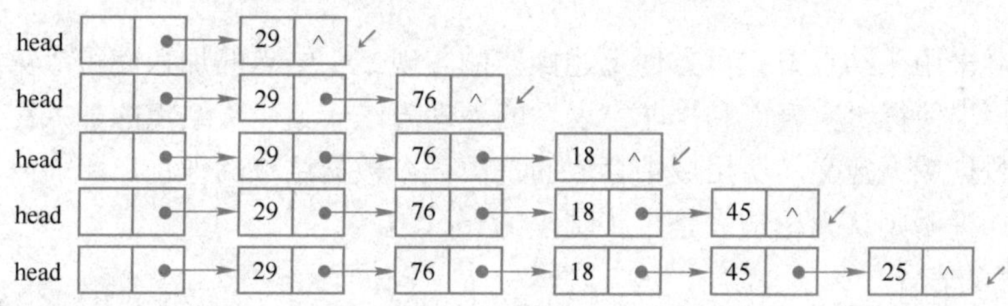

图 2-11　在链表的尾部插入结点建立单链表

算法思路：初始状态时，表头引用 H=NULL，表尾引用 r=NULL；按线性表中元素的顺序依次读入数据元素，非结束标志时，申请结点，将新结点插入 r 所指结点的后面，然后 r 指向新结点（但第一个结点有所不同，请读者注意下面算法中的有关部分）。

以这种方式创建整数链表的算法如下所示。

【算法 2-10】 在表尾插入结点，建立线性表的链式存储。

```
public void Create_LinkList2() {
    LinkNode s, r;
    int x;                                     //设数据元素的类型为 int
    Scanner scanner = new Scanner(System.in);
    x = scanner.nextInt();
    r = head.getNext();
    while(x != flag)                           //flag 表示结束标志
    {
        s = new LinkNode(new DataType(x));
        r.setNext(s);                          //将 s 插入 r 后面
        r = s;                                 //r 指向新的尾结点
        x = scanner.nextInt();                 //读入下一个整数
    }
    scanner.close();
}
```

通过上面两个链表初始化算法，创建的是图 2-12a 所示的一个作为表头的结点，最终创建

的单链表如图 2-12b 所示，是带头结点的单链表。

还有另外一种存放单链表的方式，是头位置方式，如图 2-12c 所示，初始时 head=NULL。在创建这种方式的单链表时，第一个结点的处理方法和其他结点是不同的。原因是第一个结点加入时链表为空，它没有直接前驱结点，它的地址就是整个链表的位置，需要放在链表的头位置变量中；而其他结点有直接前驱结点，其地址放入直接前驱结点的引用域。这种“第一个结点”的问题在很多链表操作中都会遇到，如在链表中插入结点时，将结点插在第一个位置和插在其他位置是不同的，在链表中删除结点时，删除第一个结点和其他结点的处理方法也是不同的，等等，头位置方式都需要给予单独的处理。

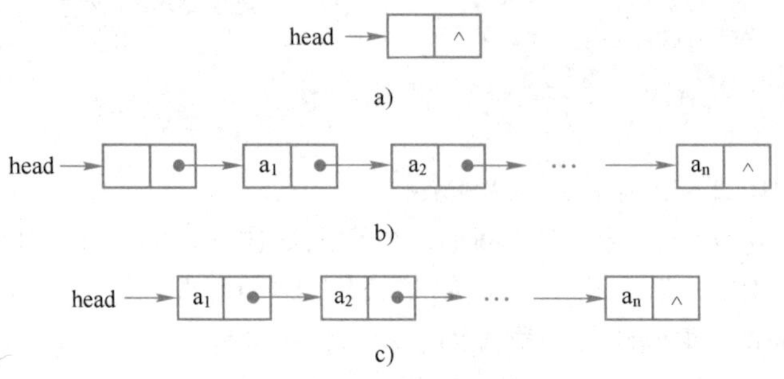

图 2-12 带头结点的单链表

a) 初始化链表 b) 头结点方式 c) 头位置方式

相比之下，采用头结点方式可方便上述操作的实现。头结点的加入使得“第一个结点”的问题不再存在，也使得“空表”和“非空表”的处理方法一致。头结点的加入完全是为了运算的方便，它的数据域无定义，引用域中存放的是第一个数据结点的地址，空表时为空。在以后的算法中如不加说明则认为单链表是带头结点的。

3. 求链表的表长

算法思路：设一个指向当前结点位置的引用变量 p 和计数器 j，初始化后，p 所指结点后面若还有结点，p 向后移动，计数器加 1。

【算法 2-11】 求单链表的表长。

```
public int length() {                              //求链表的长度
    LinkNode p = head.getNext();                   //p 指向头结点
    int j = 0;
    while(p.getNext() != null) {
        p = p.getNext();
        j++;
    }
    return j;                                      //p 所指的是第 j 个结点
}
```

算法 2-11 的时间复杂度为 O(n)。

4. 查找操作

（1）按序号查找

算法思路：从链表的第一个结点起，判断当前结点是否是第 i 个。若是，则返回该结点的引用；否则，继续判断后一个，直到表结束为止。没有第 i 个结点时返回空。

【算法 2-12a】 单链表的查找运算（按序号查找）。

```
public LinkNode getNode(int i) {
    int j = 0;
    LinkNode p = head;
```

```
        while(p.getNext() != null && j < i) {
            p = p.getNext();
            j++;
        }
        return p;
    }
    public DataType get(int i) {     //在单链表 L 中查找第 i 个元素，找到返回其位置，否则返回空
        LinkNode p=getNode(i);
        if(p!=null) return p.getData();
        else return null;
    }
```

（2）按值查找（即定位查找）

算法思路：从链表的第一个元素结点起，判断当前结点值是否等于 x。若是，返回该结点的位置；否则，继续判断后一个，直到表结束为止。找不到时返回-1。

算法如下：

【算法 2-12b】 单链表的查找运算（按值查找）。

```
    public int locate(DataType x) {    //在单链表 L 中查找值为 x 的结点，找到后返回其位置，否则返回-1
        LinkNode p = head.getNext();
        int i = -1;
        while (p != null && !p.getData().equals(x)) {
            i++;
            p = p.getNext();
        }
        if(p==null) i=-1;
        return i;
    }
```

需要注意的是，为符合接口定义，本算法设计成返回整序数位置，在单链表中确定元素的整序数位置和顺序表相比意义明显不大，不如按键值返回该元素的结点指针，读者可自行考虑本算法修改为返回结点指针的方法。

算法 2-12a 和算法 2-12b 的时间复杂度均为 O(n)。

5. 插入

（1）后插结点

设 p 指向单链表中某结点对象，s 指向待插入的值为 x 的新结点对象，将 s 插入 p 的后面，插入过程如图 2-13 所示。

操作过程如下：

① s.setNext(p.getNext());

② p.setNext(s);

注意：两个操作的顺序不能颠倒。

（2）前插结点

设 p 指向链表中某结点对象，s 指向待插入的值为 x 的新结点对象，将 s 插入 p 的前面，插入过程如图 2-14 所示。与后插结点不同的是：首先要找到 p 的前驱 q（①），再完成在 q 之后插入 s（②③）。算法如下：

```
    public void InsertBefore(LinkNode p,LinkNode s) {
        LinkNode q = head;
        while (!q.getNext().getData().equals(p.getData()))
            q = q.getNext();              //找 p 的直接前驱
        s.setNext(q.getNext());
        q.setNext(s);
    }
```

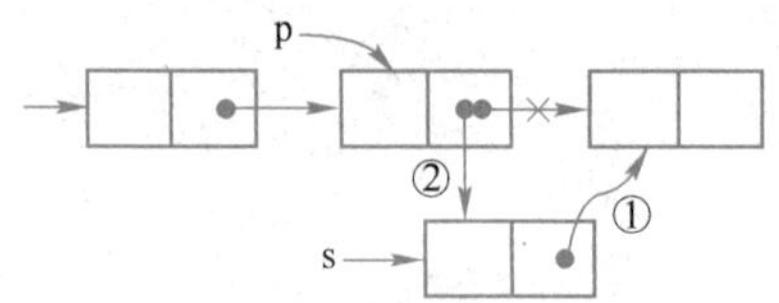

图 2-13 在 p 之后插入 s

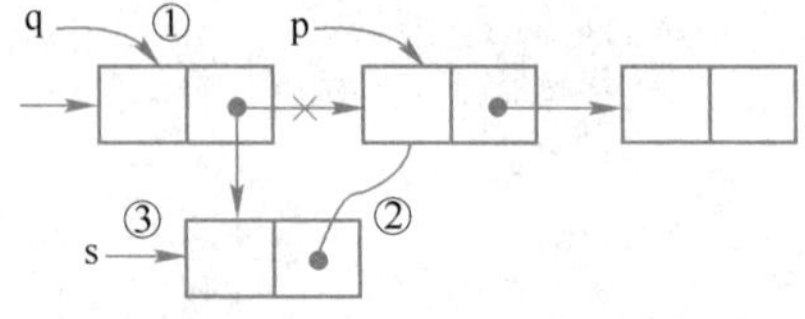

图 2-14 在 p 之前插入 s

后插结点操作的时间复杂度为 O(1)，前插结点操作因为要找 p 的前驱，所以时间复杂度为 O(n)。其实人们更关心的是数据元素之间的逻辑关系，所以仍然可以将 s 插入 p 的后面，然后将 p.data 与 s.data 交换即可，这样既满足了逻辑关系，也使得时间复杂度为 O(1)。

（3）插入运算

算法思路：

1）找到第 i-1 个结点；若存在继续 2)，否则结束。

2）申请、填装新结点。

3）插入新结点，结束。

【算法 2-13】 单链表中的插入运算。

```
public boolean insert(int i, DataType x) throws Exception {  //将元素 x 插入链表作为第 i 个元素
    LinkNode p, s;
    p = getNode(i-1);                          //查找第 i-1 个结点
    if (p == null)                             //第 i-1 个不存在不能插入
    {
        throw new Exception("参数 i 错误");
    }
    s = new LinkNode(x);                     //申请、填装结点
    s.setNext(p.getNext());                  //新结点插入在第 i-1 个结点的后面
    p.setNext(s);
    return true;
}
```

算法 2-13 的时间复杂度为 O(n)。

6. 删除

（1）删除结点

设 p 指向单链表中某结点，删除结点 p。操作过程如图 2-15 所示。

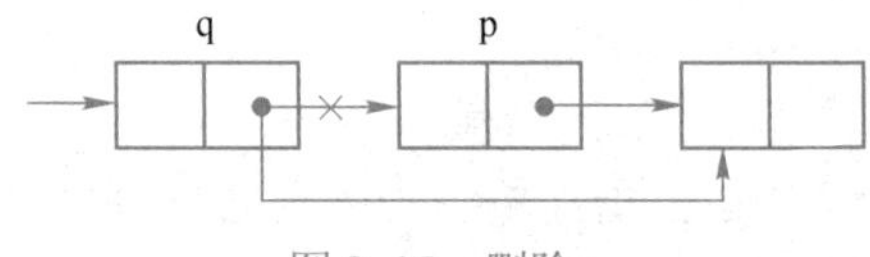

图 2-15 删除 p

由图 2-15 可见，要实现对结点 p 的删除，首先要找到 p 的前驱结点 q，然后通过下面的语句完成删除，将 p 的后继结点作为 q 的后继。

```
q.setNext(p.getNext());
```

显然，找 p 前驱的时间复杂度为 O(n)。

若要删除 p 的后继结点（若存在），可直接进行以下操作：

```
s=p.getNext();
p.setNext(s.getNext());
```

该操作的时间复杂度为 O(1)。

（2）删除运算

算法思路：

1）找到第 i-1 个结点；若存在继续 2)，否则结束。

2）若存在第 i 个结点则继续 3)，否则结束。

3）删除第 i 个结点，结束。

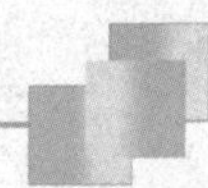

【算法 2-14】 单链表的删除运算。

```
public boolean delete(int i) throws Exception {      //删除链表中的第 i 个元素
    LinkNode p, s;
    p = getNode(i-1);                                 //查找第 i-1 个结点
    if(p == null) {
        throw new Exception(String.format("第%d 个结点不存在",i-1));
    } else if(p.getNext() == null) {
        throw new Exception(String.format("第%d 个结点不存在", i ));
    }
    s = p.getNext();                                  //指向第 i 个结点
    p.setNext(s.getNext());                           //从链表中删除
    return true;
}
```

算法 2-14 的时间复杂度为 O(n)。

通过上面的基本运算可知：

1）在单链表上插入、删除一个结点，必须知道其前驱结点。

2）单链表不具有按序号随机访问的特性，只能从头位置开始一个个顺序进行。

2.3.3 循环链表

对于单链表而言，最后一个结点的引用域是空，不指向任何结点对象，如果将该链表头结点对象置入该引用域，则使得链表头尾结点相连，这就构成了单循环链表，如图 2-16 所示。

在单循环链表上的运算基本上与非循环链表相同，只是在判断线性表是否到达末尾时，将原来判断引用域是否为 NULL 变为是否是表头对象而已，没有其他较大的变化。因此，只需要将在单链表类 LinkList 中的链表初始化运算改为算法 2-15，即可初始化一个图 2-16b 所示的空循环链表。

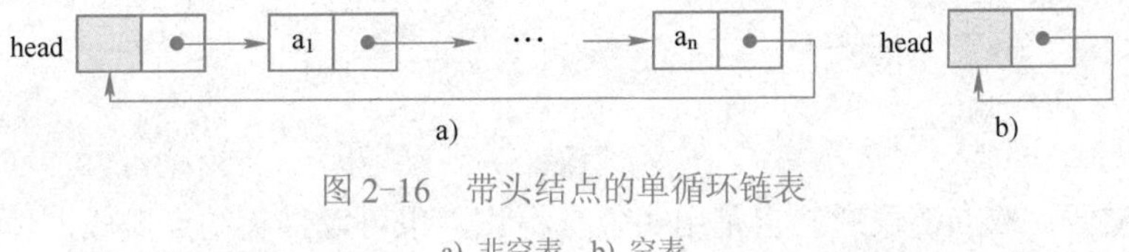

图 2-16 带头结点的单循环链表

a) 非空表 b) 空表

【算法 2-15】 循环链表的初始化。

```
private void init ()
{
     head=new LinkNode(null);
     head.setNext(head);
}
```

单链表只能从头结点开始遍历整个链表，而单循环链表则可以从表中任意结点开始遍历整个链表。不仅如此，对链表常做的操作是在表尾、表头进行，此时可以改变一下链表的标识方法，不用指向表头的引用而用一个指向尾结点的引用 R 来标识，可以提高操作效率。

例如，两个单循环链表 H1、H2 的连接操作，是将 H2 的第一个数据结点接到 H1 的尾结点。若用头位置标识，则需要找到第一个链表的尾结点，其时间复杂度为 O(n)；而若用尾位置 R1、R2 来标识，则时间复杂度为 O(1)。算法如下：

```
p=R1.getNext();                          //保存 R1 的头结点位置
R1.setNext(R2.getNext().getNext());      //头尾连接
R2.setNext(p);                           //组成循环链表
```

这一过程如图 2-17 所示。

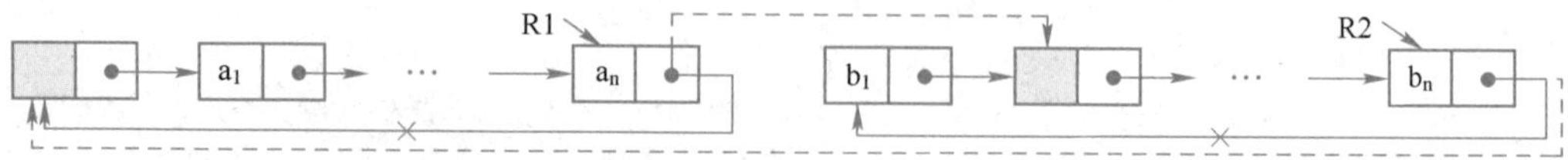

图 2-17　两个用尾位置标识的单循环链表的连接

2.3.4　双向链表

以上讨论的单链表的结点中只有一个指向其后继结点的引用域 next，因此若已知某结点的引用为 p，其后继结点的引用则为 next。若找其前驱，则只能从该链表的表头开始，顺着各结点的 next 域进行。也就是说，找后继的时间复杂度是 O(1)，找前驱的时间复杂度是 O(n)。如果希望找前驱的时间复杂度也为 O(1)，则只能付出空间的代价：每个结点再加一个指向前驱的引用域。这种结点的结构如图 2-18 所示。用这种结点组成的链表称为双向链表。

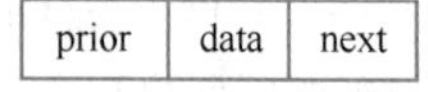

图 2-18　双向链表结点结构

双向链表结点类的定义如下：

```
class DLinkNode
{
    private DataType data;
    private DlinkNode next;
    private DlinkNode prior;
    DLinkNode(DataType elem,DlinkNode nextval,DlinkNode priorval)  //构造函数 1
    {
        data=elem;
        next=nextval;
        prior=priorval;
    }
    DLinkNode(DlinkNode nextval,DlinkNode priorval)               //构造函数 2
    {
        next=nextval;
        prior=priorval;
    }
...                                                                //其他成员函数
}
```

和单链表类似，双向链表通常也是用头位置标识，也可以带头结点做成循环结构。图 2-19 所示的是带头结点的双向循环链表。图 2-19b 所示的是空双向循环链表。双向循环链表的初始化见算法 2-16。显然，通过某结点的位置 p 即可直接得到它的后继结点的位置 next，也可以直接得到它的前驱结点的位置 prior。这样，在有些运算中需要找前驱时，则无须再用循环。从下面的插入删除运算中可以看到这一点。

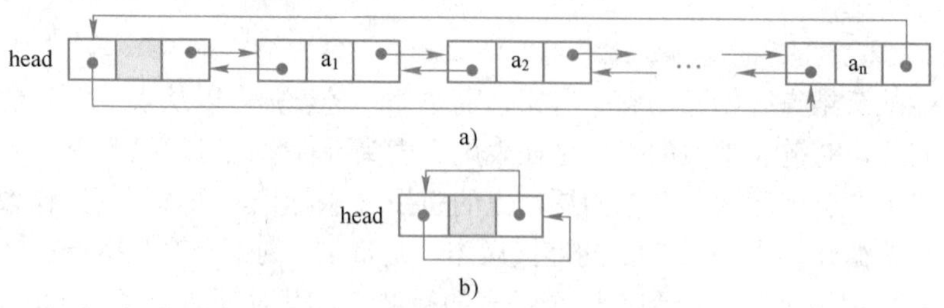

图 2-19　带头结点的双循环链表

a) 非空表　b) 空表

【算法 2-16】 双向循环链表的初始化。

```
private void init ()
{
```

```
        head=new DLinkNode(null,null);
        head.setNext(head);
        head.setPrior(head);
    }
```

设 p 指向双向循环链表中的某一结点，即 p 是该结点的引用。则 p 的 prior 字段的 next 字段表示的是 p 结点的前驱结点的后继结点的位置，即与 p 相等；类似地，p 的 next 字段的 prior 字段表示的是 p 结点的后继结点的前驱结点的位置，也与 p 相等，所以有等式。

p.getPrior().getNext()=p=p.getNext().getPrior()

（1）在双向链表中插入一个结点

设 p 指向双向链表中某结点，s 指向待插入的值为 x 的新结点，将 s 插入 p 的前面，插入过程如图 2-20 所示。

操作如下：

① s.setPrior(p.getPrior());

② p.getPrior().setNext(s);

③ s.setNext(p);

④ p.setPrior(s);

上述操作的顺序不是唯一的，但也不是任意的，操作①必须要放到操作④的前面完成，否则 p 的前驱结点的位置就丢掉了。读者把每步操作的含义搞清楚，就不难理解了。

（2）在双向链表中删除指定结点

设 p 指向双向链表中某结点，删除 p。操作过程如图 2-21 所示。

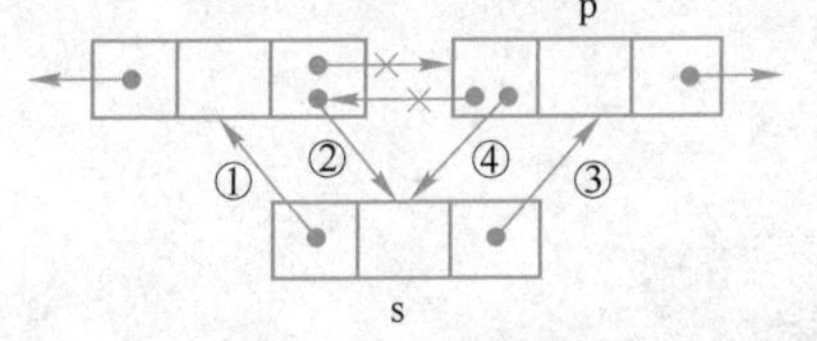

图 2-20　在双向链表中插入结点

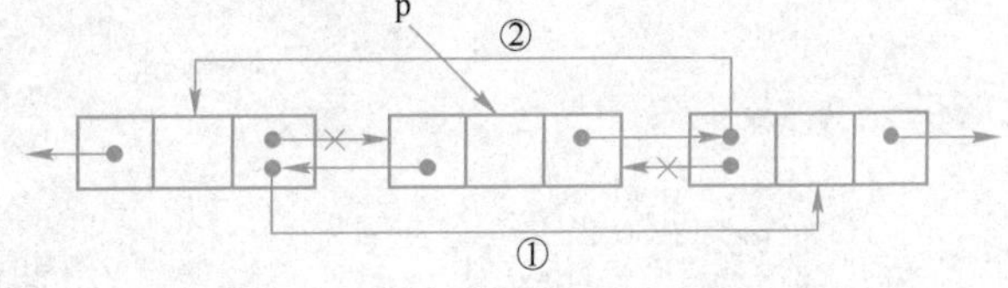

图 2-21　在双向链表中删除结点

操作如下：

① p.getPrior().setNext(p.getNext());

② p.getNext().setPrior(p.getPrior());

2.3.5　链表应用举例

【例 2-3】　已知单链表 H 如图 2-22a 所示，编写一算法将其逆置，即实现图 2-22b 所示的操作。

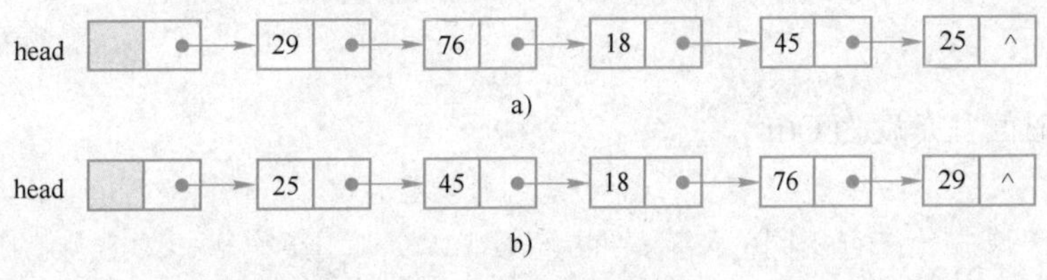

图 2-22　单链表的逆置

a) 原链表　b) 逆置后的链表

算法思路：依次取原链表中的每个结点，将其作为第一个结点插入新链表中，引用变量 p 用来指向原表中当前结点。p 为空时结束。

【算法 2-17】 单链表逆置。

```
public void reverse(){
    LinkNode p, q;
    p = head.getNext();                     //指向第一个数据结点
    head.setNext(null);;                    //将原链表置为空表
    while(p!=null) {
        q = p;
        p = p.getNext();
        q.setNext(head.getNext());          //将当前结点插入头结点的后面
        head.setNext(q);
    }
}
```

该算法只是对链表顺序扫描一遍即完成了逆置，所以时间复杂度为 O(n)。

【例 2-4】 已知单链表 L 如图 2-23a 所示，编写一算法，删除其重复结点，即实现图 2-23b 所示的操作。

算法思路：将引用变量 p 指向第一个数据结点，从它的后继结点开始到表结束，找与其值相同的结点并删除之，p 指向最后结点时算法结束。

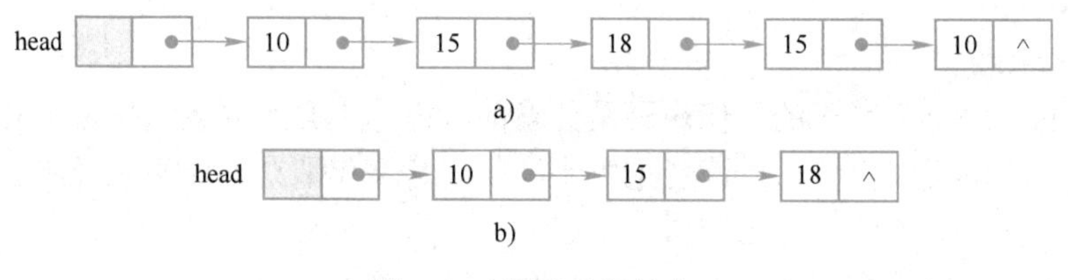

图 2-23 删除重复结点

a) 原链表 b) 删除后的链表

【算法 2-18】 在单链表中删除重复结点。

```
public void pure() {
    LinkNode p, q;
    p = head.getNext();                 //p 指向第一个结点
    if(p == null)
        return;
    while(p.getNext() != null) {
        q = p;
        while (q.getNext() != null)     //从 p 的后继开始找重复结点
        {
            if(q.getNext().getData().equals(p.getData()))
                q.setNext(q.getNext().getNext());
                //找到重复结点，删除 q.next 所指的结点
            else
                q = q.getNext();
        } //while(q.next)
        p = p.getNext();                //p 指向下一个结点，继续
    }
}
```

该算法的时间复杂度为 $O(n^2)$。

【例 2-5】 设有两个单链表 A、B，其中元素递增有序，编写算法将单链表 A、B 合并成一个按元素值递减（允许有相同值）有序的链表 C。要求用单链表 A、B 中的原结点形成，不能重新申请结点。

算法思路：利用单链表 A、B 有序的特点，依次进行比较，将当前值较小者摘下，插入 C 表的头部，得到的 C 表则为递减有序的。

【算法 2-19】 单链表的合并。

```
public static LinkList merge(LinkList A, LinkList B) {
//设 A、B 均为带头结点的单链表
    LinkList C = new LinkList();
    LinkNode p, q, s;
    p = A.getHead().getNext();
    q = B.getHead().getNext();
    while(p != null && q != null) {
        if(p.getData().compareTo(q.getData()) < 0) {
            s = p;
            p = p.getNext();
        } else {
            s = q;
            q = q.getNext();
        }                                   //从原 A、B 表上摘下较小者
        s.setNext(C.getHead().getNext());   //插入 C 表的头部,C 将是反序的
        C.getHead().setNext(s);
    }
    if(p == null)
        p = q;
    while(p != null)            //将剩余的结点一个个摘下，插入 C 表的头部
    {
        s = p;
        p = p.getNext();
        s.setNext(C.getHead().getNext());
        C.getHead().setNext(s);
    }
    return C;
}
```

该算法的时间复杂度为 O(m+n)。

【例 2-6】 设计算法将采用单循环链表 L 存储的线性表，转换为用双向循环链表 H 存储。单循环链表 L 和双向循环链表 H 分别如图 2-24a 和图 2-24b 所示。

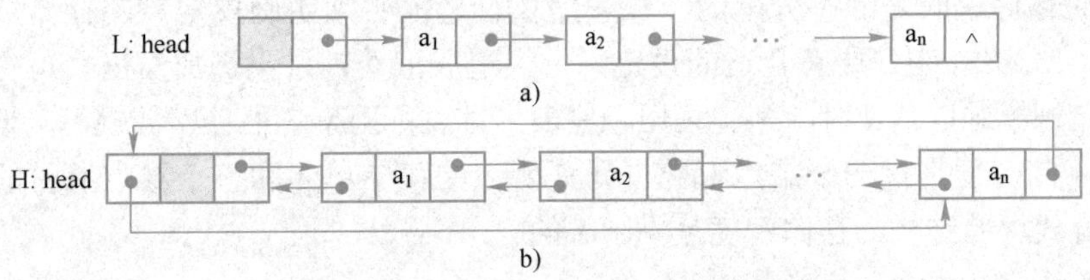

图 2-24　单循环链表和双向循环链表

a) 单循环链表　b) 双向循环链表

算法思路：首先建立空的双向循环链表 H，然后从单循环链表 L 的第一个结点开始，逐个读取数据元素，生成双向链表的结点 s，再将 s 插入双向循环链表 H 中。

【算法 2-20】 将单循环链表转换为双向循环链表。

```
public static DLinkList Create_DlinkList(LinkList L) {
    DLinkList H;
    DLinkNode s;
    LinkNode p;
    H = new DLinkList();                    //生成初始双向循环链表对象类 H
    p = L.getHead().getNext();              //p 指向 L 的第一个元素
    while(p != null) {
        s = new DLinkNode(p.getData());     //申请、填装结点 s
        s.setNext(H.getRear().getNext());
        s.setPrior(H.getRear());
        H.getRear().setNext(s);
        H.getHead().setPrior(s);            //将结点 s 插入 H 的链表尾
        H.setRear(s);                       //修改 H 的尾位置
        p = p.getNext();
```

```
        }
        return H;
    }
```

该算法的时间复杂度为 O(n)。

2.4 顺序表和链表的比较

前面介绍了线性表的逻辑结构及它的两种存储结构：顺序表和链表。表 2-1 列出了用这两种存储方式实现线性表的优缺点。

表 2-1 顺序表和链表的比较

存储结构	优点	缺点
顺序表	（1）方法简单，各种高级语言中都有数组类型，容易实现 （2）不用为表示结点间的逻辑关系而增加额外的存储开销。逻辑相邻与存储相邻一致 （3）顺序表具有按元素序号随机访问的特点	（1）顺序表做插入、删除操作时，平均移动大约表中一半的元素，因此对于 n 较大的顺序表，插入、删除的效率低 （2）需要预先分配足够大的存储空间，估计过大，可能会导致顺序表后部大量闲置；预先分配过小，又会造成溢出
链表	（1）在链表中做插入、删除操作时，不需要多次移动元素，因此对于 n 较大的链表，插入和删除的效率高 （2）不需要预先分配足够大的存储空间，不会出现如下情况：由于估计过大，可能会导致链表后部大量闲置；预先分配过小，又会造成溢出	（1）需要为存储结点间的逻辑关系而增加额外的存储开销 （2）链表不具有按元素序号随机访问的特点

在实际中怎样选取存储结构呢？通常有以下几方面考虑。

（1）基于存储的考虑

顺序表的存储空间是静态分配的，在程序执行之前必须明确规定它的存储规模。也就是说，事先对“MAXSIZE”要有合适的设定，过大造成浪费，过小造成溢出。可见，对线性表的长度或存储规模难以估计时，不宜采用顺序表。链表不用事先估计存储规模，但链表的存储密度较低。存储密度是指一个结点中数据元素所占的存储单元和整个结点所占的存储单元之比。显然，链式存储结构的存储密度是小于 1 的。

（2）基于运算的考虑

在顺序表中按序号访问 a_i 的时间复杂度为 O(1)，而在链表中按序号访问 a_i 的时间复杂度为 O(n)。所以，如果经常做的运算是按序号访问数据元素，显然顺序表优于链表。而在顺序表中做插入、删除时平均移动表中一半的元素，当数据元素的信息量较大且表较长时，这一点是不应被忽视的。在链表中做插入和删除，虽然也要找插入位置，但主要是比较操作，从这个角度考虑显然链表优于顺序表。

（3）基于环境的考虑

顺序表容易实现，任何高级语言中都有数组类型，而链表的操作是基于位置的，相对来讲，前者简单些，这也是用户考虑的一个因素。

总之，两种存储结构各有长短，选择哪一种由实际问题中的主要因素决定。通常“较稳定”的线性表选择顺序存储，而频繁进行插入和删除等“动态性”较强的线性表宜选择链式存储。

2.5 堆栈

授课视频

2-3 堆栈

在 2.1 节中提到的问题 2 和问题 4 涉及一种特殊的线

性结构，就是堆栈。本节详细讨论堆栈的定义、基本运算及基本运算的实现。

2.5.1　堆栈的定义及基本运算

堆栈是限制在表的一端进行插入和删除的线性表，通常简称为栈。允许插入、删除的一端称为栈顶，另一个固定端称为栈底。当表中没有元素时称为空栈。

图 2-25 所示的栈中有三个元素，进栈的顺序是 a_1、a_2、a_3，当需要出栈时其顺序为 a_3、a_2、a_1。所以，栈又称为后进先出的线性表（Last In First Out），简称 LIFO 表。

在日常生活中，有很多后进先出的例子。在程序设计中，常需要栈这样的数据结构，以与保存数据时的相反顺序来使用这些数据。

设 S 表示一个栈，栈的基本运算如下所示。

1）栈初始化：Init_Stack(S)。运算结果是构造了一个空栈。

2）判栈空：Empty_Stack(S)。运算结果是若栈 S 为空返回 1，否则返回 0。

3）入栈：Push_Stack(S,x)。运算结果是在栈 S 的顶部插入一个新元素 x，x 成为新的栈顶元素，栈发生变化。

4）出栈：Pop_Stack(S)。在栈 S 存在且非空的情况下，运算结果是将栈 S 的顶部元素从栈中删除，栈中少了一个元素，栈发生变化。

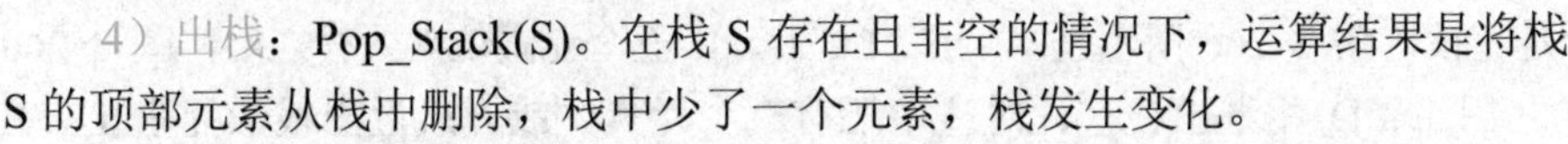

图 2-25　栈

5）读栈顶元素：Top_Stack(S)。在栈 S 存在且非空情况下，运算结果是读栈顶元素，栈不变化。

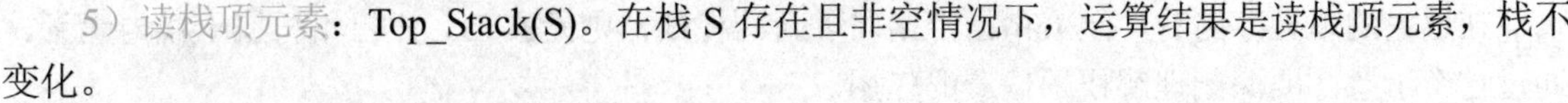

在 Java 语言中，可以用接口（Interface）的形式定义堆栈的 ADT 中的公有方法。

```
public interface IStack {                              //堆栈的 ADT
    void init();                                       //初始化堆栈 S
    boolean isEmpty();                                 //判栈空
    boolean isFull();                                  //判栈满
    void push(DataType x) throws Exception;            //入栈
    DataType pop() throws Exception;                   //出栈
    DataType getTop();                                 //读栈顶元素
}//interface IStack
```

2.5.2　堆栈的存储及运算实现

由于栈是运算受限的线性表，因此线性表的存储结构对栈也是适用的，只是运算不同而已。

1．顺序栈

利用顺序存储方式实现的栈称为顺序栈。类似于顺序表的定义，栈中的数据元素用一个预设足够大的一维数组 DataTypedata[MAXSIZE]来实现，栈底位置可以设置在数组的任一个端点，而栈顶是随着插入和删除而变化的，因此需要一个栈顶位置的标识。设变量 int top 作为栈顶位置使用，指明当前栈顶的位置。

在 Java 语言中，可以定义一个顺序栈类 SeqStack，将数据存储区 data、栈顶位置 top 与顺序栈的基本运算封装在一起，作为对抽象数据类型接口 IStack 的实现。

```
public class SeqStack implements IStack{

    private static final int MAXSIZE=100;    //定义顺序栈空间的最大容量
    private int top;                         //用于存储栈顶位置
    private DataType[] data;                 //顺序栈的存储空间
    //构造函数，调用顺序栈初始化函数，建立存储容量为 MAXSIZE 的空栈
    public SeqStack()
    {
```

```
        init();
    };
    @Override
    public void init() {…}                                    //栈初始化
    @Override
    public boolean isEmpty() {…}                              //判栈空
    @Override
    public boolean isFull() {…}                               //判栈满
    @Override
    public void push(DataType x) throws Exception{…} //入栈
    @Override
    public DataType pop() throws Exception{…}        //出栈
    @Override
    public DataType getTop() {…}                              //读栈顶元素
    …                                                         //其他成员函数
}
```

通过语句“SeqStack S=new SeqStack();”定义一个顺序栈对象 S，S.data[0]～S.data[MAXSIZE] 对应栈空间，top 为栈顶的位置。图 2-26 给出了栈 S 中元素与栈顶位置的关系。

通常，将 0 下标端设为栈底。这样，栈顶 top=-1 表示空栈。入栈时，栈顶位置加 1，即 top++；出栈时，栈顶位置减 1，即 top--。

图 2-26a 所示是空栈，图 2-26c 所示是 A、B、C、D、E 五个元素依次入栈之后，图 2-26d 所示是在图 2-26c 之后 E、D 相继出栈，此时栈中还有三个元素。或许最近出栈的元素 D、E 仍然在原先的单元存储着，但 top 已经指向了新的栈顶，则元素 D、E 已不再属于栈内元素。通过这个示意图要深刻理解栈顶位置的作用。

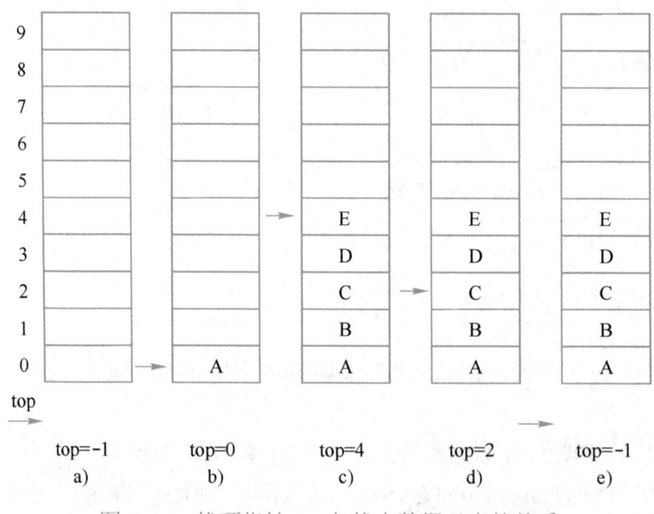

图 2-26 栈顶指针 top 与栈中数据元素的关系

a) 空栈 b) 一个元素 c) 5 个元素 d) 3 个元素 e) 空栈

在上述存储结构上实现如下基本运算。

（1）初始化空栈

首先建立栈空间，然后初始化栈顶位置。

【算法 2-21】 初始化空栈。

```
public void init() {
    data = new DataType[MAXSIZE];
    top = -1;
}
```

（2）判断栈是否为空

【算法 2-22】 判断栈是否为空。

```
public boolean isEmpty() {
    return top==-1;
}
```

（3）判断栈是否为满

【算法 2-23】 判断栈是否为满。

```
public boolean isFull() {
    return top==MAXSIZE-1;
}
```

（4）入栈

【算法 2-24】 入栈。

```
public void push(DataType x) throws Exception {        //入栈
    if(isFull())
        throw new Exception("栈满");                   //栈满不能入栈
    else {
        top++;
        data[top] = x;
    }
}
```

（5）出栈

【算法 2-25】 出栈。

```
public DataType pop() throws Exception {               //出栈
    if(isEmpty())
        throw new Exception("栈空");                   //栈空不能出栈
    DataType res=data[top];
    top--;
    return res;
}
```

（6）读取栈顶元素

【算法 2-26】 读取栈顶元素。

```
public DataType getTop() {                             //读栈顶元素
    if(isEmpty())
        return null;                                   //栈空无元素
    else
        return data[top];
}
```

说明：

1）对于顺序栈，入栈时，首先判断栈是否满了，栈满的条件为 top==MAXSIZE-1。栈满时，不能入栈，否则出现空间溢出，引发错误，这种现象称为上溢。

2）出栈和读栈顶元素时，先判断栈是否为空，为空时不能出栈和读栈顶元素，否则产生错误。通常栈空常作为一种控制转移的条件。

2．链栈

用链式存储结构实现的栈称为链栈。通常链栈用单链表表示，因此其结点结构与单链表的结构相同。这里仍然采用在单链表中定义的结点类 LinkNode 作为链栈中的结点类。下面给出链栈类的定义。

```
public class LinkStack implements IStack {
```

```
    private LinkNode top;
    public LinkStack(){
        init();
    }
    @Override
    public void init() {...}
    @Override
    public boolean isEmpty() {...}
    @Override
    public boolean isFull() {...}
    @Override
    public void push(DataType x) throws Exception {...}
    @Override
    public DataType pop() throws Exception {...}
    @Override
    public DataType getTop() {...}
    …                           //其他成员函数
}
```

因为栈的主要运算是在栈顶进行插入和删除，显然将链表的头部作为栈顶是最方便的，而且没有必要像单链表那样为了运算方便附加一个头结点。通常将链栈表示成图 2-27 所示的形式。

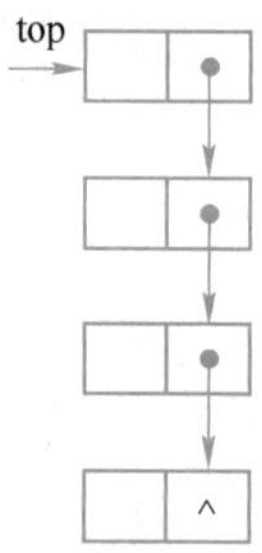

top

^

图 2-27 链栈

可以通过下面语句获得一个链栈类对象 S。

```
LinkStack S=new LinkStack();
```

链栈的基本运算实现如下。

（1）初始化空栈

仅需要将栈顶位置置空即可。

（2）判断栈是否为空

【算法 2-27】 判断栈是否为空。

```
public boolean isEmpty() {
    return top==null;
};
```

（3）入栈

【算法 2-28】 入栈。

```
public void push(DataType x) throws Exception {
    LinkNode p=new LinkNode(x);
    p.setNext(top);
    top=p;
}
```

需要注意的是，链栈由于是自行申请空间，已不存在顺序栈的空间限制，这里依然保留抛出异常的声明只是为了保证和顺序栈的接口一致。

（4）出栈

【算法 2-29】 出栈。

```
public DataType pop() throws Exception {
    LinkNode p;
    if(top == null)
        throw new Exception("栈已空");
    else {
        p = top;
        top = top.getNext();
        return p.getData();
    }
}
```

（5）读栈顶元素

【算法 2-30】 读栈顶元素。

```
public DataType getTop() {
    if(top==null)    return null;
    else return top.getData();
}
```

2.5.3 堆栈的应用举例

由于栈的“后进先出”特点，在很多实际问题中都利用栈作为一个辅助的数据结构来进行求解。下面通过几个例子进行说明。

【例 2-7】 数制转换问题。

将十进制数 N 转换为 r 进制的数，转换方法为辗转相除法。以 N=3467，r=8 为例，转换方法为

N	N/8（整除）	N%8（求余）	输出方向
3467	433	3	↑ 低
433	54	1	
54	6	6	
6	0	6	高

所以，$(3467)_{10}=(6613)_8$。

可以看到，所转换的八进制数按低位到高位的顺序产生的，而通常的输出是从高位到低位的，恰好与计算过程相反，因此转换过程中每得到一位八进制数则进栈保存，转换完毕后依次出栈则正好是转换结果。

算法思想：设栈 s，当 N>0 时，重复 1）和 2）。

1）若 N≠0，则将 N%r 压入栈 s 中，执行 2)；若 N=0，将栈 s 的内容依次出栈，算法结束。

2）用 N/r 代替 N。

【算法 2-31】 调用栈的基本运算定义顺序栈。

```
public static void conversion(int N, int r) throws Exception {
    SeqStack s = new SeqStack();
    int n = N;
    while(n != 0) {
        s.push(new DataType(n % r));
        n = n / r;
    }
    while(!s.isEmpty()) {
        System.out.printf("%d", s.pop().getKey());
    }
}
```

【算法 2-32】 使用向量完成转换任务。

```
private static final int MAX_CONV_SIZE=100;
private static void conversion(int N, int r) {
    int [] s=new int[MAX_CONV_SIZE];
    int top=-1;
    int n=N;
    while(n>0){
        top++;
        s[top]=n%r;//push n%r
```

```
            n/=r;
        }
        while(top!=-1){
            System.out.printf("%d",s[top]);//pop 并输出
            top--;
        }
    }
```

在算法 2-31 对栈的操作中调用了相关函数，如对余数的入栈调用了算法 2-24，即“s.push(new DataType(n % r));”，使问题的层次更加清楚。而算法 2-32 中直接将向量 s（数组表示）和变量 top 作为一个栈来使用。

往往初学者将栈视为一个很复杂的东西，不知道如何使用，通过这个例子可以消除栈的“神秘”，当应用程序中需要使用与数据保存顺序相反的数据时，就要想到栈。通常用顺序栈较多。

【例 2-8】 利用栈实现迷宫的求解。

这是实验心理学中的一个经典问题，心理学家把一只老鼠从一个无顶盖的大盒子的入口处赶进迷宫。迷宫中设置很多隔壁，对前进方向形成了多处障碍。心理学家在迷宫的唯一出口处放置了一块奶酪，吸引老鼠在迷宫中寻找通路以到达出口。

求解思想：回溯法是一种不断试探且及时纠正错误的搜索方法。下面的求解过程采用的就是回溯法。从入口出发，按某一方向向前探索，若能走通（未走过的），则到达新点，否则试探下一方向；若所有的方向均没有通路，则沿原路返回前一点，换下一个方向再继续试探；直到所有可能的通路都探索到，或找到一条通路，或无路可走又返回入口点。

在求解过程中，为了保证在到达某一点后不能向前继续行走（无路）时，能正确返回前一点以便继续从下一个方向向前试探，需要用一个栈保存所能到达的每一点的下标及从该点前进的方向。

1．需要解决的四个问题

（1）迷宫的数据结构

设迷宫为 m 行 n 列，利用 maze[m][n]来表示一个迷宫，maze[i][j]=0 或 1。其中，0 表示通路，1 表示不通。当从某点向下试探时，中间点有 8 个方向可以试探，而四个角点有 3 个方向，其他边缘点有 5 个方向。为使问题简单化，这里用 maze[m+2][n+2]表示迷宫，而迷宫四周的值全部为 1。这样，每个点的试探方向全部为 8，不用再判断当前点的试探方向有几个，同时与迷宫周围是墙壁这一实际问题相一致。

图 2-28 所示为一个 6×8 的迷宫。入口坐标为（1,1），出口坐标为（6,8）。

入口(1,1)	0	1	2	3	4	5	6	7	8	9	
0	1	1	1	1	1	1	1	1	1	1	
1	1	0	1	1	1	0	1	1	1	1	
2	1	1	0	1	0	1	1	1	1	1	
3	1	0	1	0	0	0	0	0	1	1	
4	1	0	1	1	1	0	1	1	1	1	
5	1	1	0	0	1	1	0	0	0	1	
6	1	0	1	1	0	0	1	1	0	1	
7	1	1	1	1	1	1	1	1	1	1	出口(6,8)

图 2-28 用 maze[m+2][n+2]表示的迷宫

迷宫的定义如下：

```
static final int m=6          //迷宫的实际行
static final int n=8          //迷宫的实际列
```

```
int[][] maze=new int[m+2][n+2];
```

（2）试探方向

在用上述方法表示迷宫的情况下，每个点有 8 个方向可以试探，如当前点的坐标为(x,y)，与其相邻的 8 个点的坐标都可根据与该点的相邻方位而得到，如图 2-29 所示。因为出口在(m,n)，因此试探顺序规定为：从当前位置向前试探的方向为从正 X 轴沿顺时针方向进行。

因为需要在迷宫各个点频繁试探，定义一个良好的试探点结构是必需的。在试探点结构中，为了方便地求出新试探点的坐标，将从正 X 轴开始沿顺时针进行的这 8 个方向的坐标增量放在一个预定义的增量数组 int[][] incArr 中。在 incArr 数组中，每个一维数组的两个元素分别为横坐标增量和纵坐标增量。incArr 数组如图 2-30 所示。

```
private final int[][] incArr = { { 0, 1 }, { 1, 1 }, { 1, 0 }, { 1, -1 }, { 0, -1 },
{ -1, -1 }, { -1, 0 },{ -1, 1 } };
```

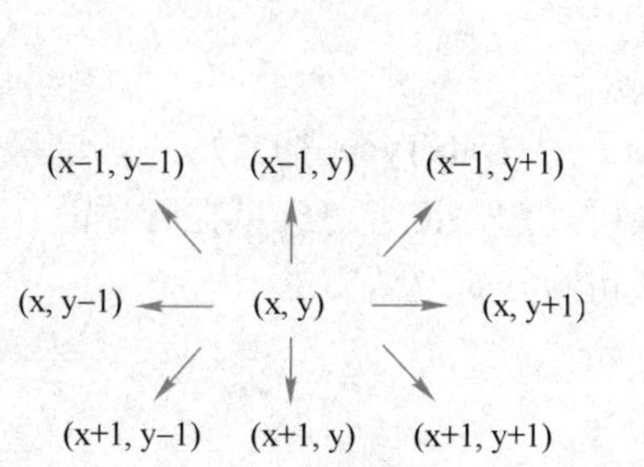

图 2-29　与点(x,y)相邻的 8 个点的坐标

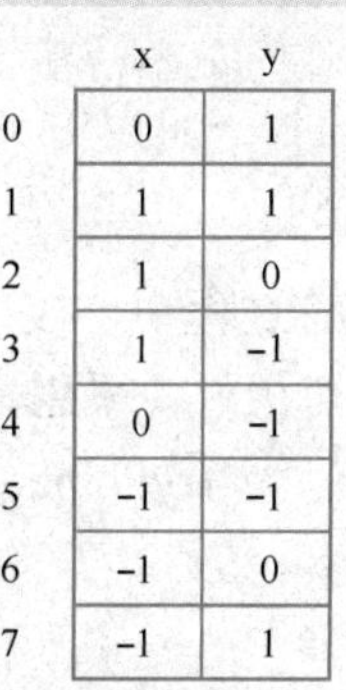

	x	y
0	0	1
1	1	1
2	1	0
3	1	-1
4	0	-1
5	-1	-1
6	-1	0
7	-1	1

图 2-30　incArr 数组

通过这种对 incArr 数组设计的方法会很方便地求出从某点(x,y)按某一方向序号 v（0≤v≤7）到达的新点(i,j)的坐标。

```
i=x+incArr[v][0];
j=y+incArr[v][1];
```

（3）栈的设计

当到达了某点而无路可走时应返回前一点，再从前一点开始向下一个方向继续试探。因此，压入栈中的不仅是顺序到达的各点的坐标，而且还要有从前一点到达本点的方向序号。栈中每一组数据是所到达的每点的坐标及从该点沿哪个方向向下走的。对于图 2-28 所示的迷宫，走的路线为$(1,1)_1\rightarrow(2,2)_1\rightarrow(3,3)_0\rightarrow(3,4)_0\rightarrow(3,5)_0\rightarrow(3,6)_0$（下脚标表示方向），入栈顺序如图 2-31 所示。当从点(3,6)沿方向 0 到达点(3,7)之后，无路可走，则应回溯，即退回到点(3,6)，对应的操作是出栈，沿下一个方向即方向 1 继续试探。1 方向和 2 方向的试探都失败了，在方向 3 上试探成功，因此将(3,6,3)压入栈中，即到达(4,5)点：

$(1,1)_1\rightarrow(2,2)_1\rightarrow(3,3)_0\rightarrow(3,4)_0\rightarrow(3,5)_0\rightarrow(3,6)_3\rightarrow(4,5)_1\cdots$

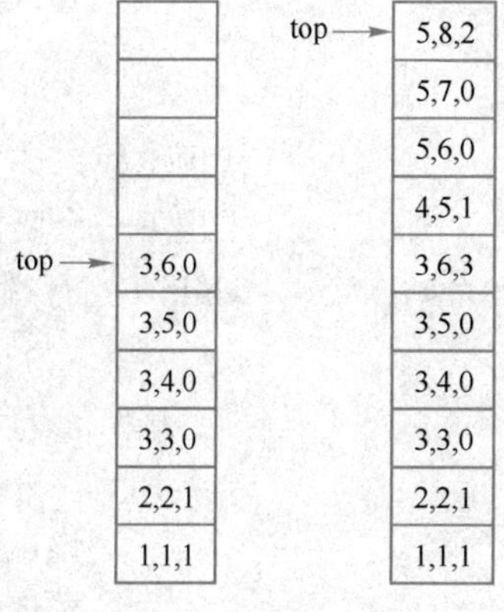

图 2-31　入栈顺序

综上所述，栈中元素是一个由行、列、方向组成的三元组。结合试探方向的讨论，不妨将栈的元素抽象为下面的 TryPoint 类。

```
public class TryPoint {
    private final int[][] incArr = { { 0, 1 }, { 1, 1 }, { 1, 0 }, { 1, -1 },
                                   { 0, -1 }, { -1, -1 }, { -1, 0 },{ -1, 1 } };
```

```
        private int curx,cury,curDirect;//当前的坐标和试探方向
        public TryPoint(int x, int y, int d) {
            curx=x;
            cury=y;
            curDirect=d;
        }
        public TryPoint getNextTryDirect() {//当前试探方向不成功时，获得下一个试探方向
            if(curDirect+1<8){
                return new TryPoint(curx,cury,curDirect+1);
            }
            else return null;
        }
        public TryPoint getNewTryPoint(){//返回当前点试探方向上的下一个点
            return new TryPoint(curx+incArr[curDirect][0], cury+ incArr[curDirect][1], curDirect);
        }
        public int getX() {//当前试探点的横坐标
            return curx;
        }
        public int getY() {//当前试探点的纵坐标
            return cury;
        }
    }
```

在前面的讨论过程中，接口和栈的定义均采用 DataType 抽象形式。这里类名与前述内容不符，为达到高可用性，采用泛型方式实现栈更理想，读者可尝试自行更改。这里假设更改后的顺序栈存放类型为 TryPoint 结构的数据，故可将栈定义为

```
    SeqStack stack=new SeqStack();
```

（4）防止重复到达某点，以避免发生死循环

一种方法是另外设置一个标志数组 mark[m][n]，它的所有元素都初始化为 0，一旦到达了某一点(i,j)之后，将 mark[i][j]置 1，下次再试探这个位置时因为 mark[i][j]==1 就不能再走了。另一种方法是当到达某点(i,j)后，将原迷宫数组 maze[i][j]置-1，以便区别未到达过的点，同样也能起到防止走重复点的目的。本书采用后一个方法，若需要，在算法结束前可恢复原迷宫。

2．算法思想

1）初始化栈。

2）将入口点坐标及到达该点的方向（设为-1）入栈。

3）while(栈不空)

```
{
        栈顶出栈，该方向已试探完，无解；
        求出下一个要试探的方向；
        while（还有剩余试探方向时）
        {
            if（该方向可走）
            {
                该试探方向入栈；
                求该试探方向上的下一个点
                if(该点为出口(m,n))  结束；
                else   新点的第一个方向成为新的试探方向；
            }
            else   取下一个试探方向；
```

```
        }
}
```

3. 求解算法

【算法 2-33】 迷宫求解。

```
public static boolean path(int[][] maze) throws Exception {
    SeqStack stack = new SeqStack();
    stack.push(new TryPoint(1, 1, -1));                    //入口进栈
    while(!stack.isEmpty()) {
        TryPoint temp = stack.pop();                       //从栈中取出一个试探点
        TryPoint nextTryDir = temp.getNextTryDirect();
        while (nextTryDir != null)                         //当还有方向可试
        {
            TryPoint point = nextTryDir.getNewTryPoint();
            if (maze[point.getX()][point.getY()] == 0) //判断是否可到达
            {
                //记录当前的坐标及方向
                stack.push(nextTryDir);                        //坐标及方向入栈
                maze[point.getX()][point.getY()] = -1;     //到达新点
                if(point.getX() == m && point.getY() == n)
                    return true;                               //是出口则迷宫有路
                else
                    nextTryDir = new TryPoint(point.getX(), point.getY(), 0);
                    //不是出口继续试探
            } else
                nextTryDir = nextTryDir.getNextTryDirect();
            }
        }
        return false;                      //迷宫无路
    }
}
```

自栈底到栈顶保存的就是一条迷宫的通路。

【例 2-9】 表达式求值。表达式求值是程序设计语言编译中一个最基本的问题，它的实现也用到栈。下面的算法是用算符优先法对表达式求值。

表达式是由运算对象、运算符、括号组成的有意义的式子。运算符从运算对象的个数上分，有单目运算符和双目运算符；从运算类型上分，有算术运算、关系运算、逻辑运算。在此仅限于讨论只含二目运算符的算术表达式。

（1）中缀表达式求值

中缀表达式：每个二目运算符在两个运算量的中间，假设所讨论的算术运算符包括+、−、*、/、%、^（乘方）和()（括号）。

设运算规则如下：

1）运算符的优先级从高到低为：()，^，*、/、%，+、−。

2）有括号出现时先算括号内的，后算括号外的；对于多层括号，由内向外进行。

3）乘方连续出现时先算最右面的。

设表达式作为一个满足表达式语法规则的串存储，如表达式“3*2^(4+2*2−1*3)−5”，自左向右扫描表达式，当扫描到 3*2 时不能马上计算，因为后面可能还有更高的运算符。正确的处理过程是：需要两个栈，即运算对象栈 s1 和算符栈 s2；当自左至右扫描表达式的每一个字符时，若当前字符是运算对象，则入对象栈；是运算符时，若这个运算符比栈顶运算符级别高则入栈，继续向后处理；若这个运算符比栈顶运算符级别低则从对象栈出栈两个运算对象，从算符栈出栈一个运算符进行运算，并将其运算结果入对象栈；继续扫描后面的字符，直到遇到结束符。

根据运算规则，左括号“(”在栈外时它的级别最高，而进栈后它的级别则最低了；乘方运算的结合性是自右向左，所以，它的栈外级别高于栈内。这就是说，有的运算符栈内和栈外的级别是不同的。当遇到右括号“)”时，需要对运算符栈出栈，并且做相应的运算，直到遇到栈顶为左括号“(”时，将其出栈，因此右括号“)”级别最低但它是不入栈的。对象栈初始化为空，为了使表达式中的第一个运算符入栈，运算符栈中预设一个最低级的运算符“(”。

根据以上分析，每个运算符栈内、栈外的级别见表2-2。

表2-2 运算符级别

算符	栈内级别	栈外级别
^	3	4
*、/、%	2	2
+、-	1	1
(	0	4
)	1	1

中缀表达式“3*2^（4+2*2-1*3）-5”求值过程中两个栈的状态情况见表2-3。

表2-3 中缀表达式“3*2^(4+2*2-1*3)-5”的求值过程

读字符	对象栈s1	运算符栈s2	说明
3	3	(	3入栈s1
*	3	(*	*入栈s2
2	3，2	(*	2入栈s1
^	3，2	(*^	^入栈s2
(	3，2	(*^(	(入栈s2
4	3，2，4	(*^(	4入栈s1
+	3，2，4	(*^(+	+入栈s2
2	3，2，4，2	(*^(+	2入栈s1
*	3，2，4，2	(*^(+*	*入栈s2
2	3，2，4，2，2	(*^(+*	2入栈s1
-	3，2，4，4	(*^(+	计算2*2，结果4入栈s1
	3，2，8	(*^(	计算4+4，结果8入栈s1
	3，2，8	(*^(-	-入栈s2
1	3，2，8，1	(*^(-	1入栈s1
*	3，2，8，1	(*^(-*	*入栈s2
3	3，2，8，1，3	(*^(-*	3入栈s1
)	3，2，8，3	(*^(-	计算1*3，结果3入栈s1
	3，2，5	(*^(	计算8-3，结果5入栈s1
	3，2，5	(*^	(出栈
-	3，32	(*	计算2^5，结果32入栈s1
	96	(	计算3*32，结果96入栈s1
	96	(-	-入栈s2
5	96，5	(-	5入栈s1
结束符	91	(	计算96-5，结果91入栈s1

(2) 后缀表达式求值

计算一个后缀表达式，算法上比计算一个中缀表达式简单得多。这是因为后缀表达式中既无括号又无优先级的约束。具体做法：只使用一个对象栈，当从左向右扫描表达式时，每遇到一个操作数就送入栈中保存，每遇到一个运算符就从栈中取出两个操作数进行当前的计算，然后把结果再入栈，直到整个表达式结束，这时送入栈顶的值就是结果。

为了处理方便，编译程序常把中缀表达式转换成等价的后缀表达式。后缀表达式的运算符在运算对象之后。在后缀表达式中，不再引入括号，所有的计算按运算符出现的顺序，严格从左向右进行，而不用再考虑运算规则和级别。中缀表达式“3*2^(4+2*2–1*3)–5”的后缀表达式为“32422*+13*–^*5–”。其求值过程中，栈的状态变化情况见表 2–4。

表 2–4　后缀表达式求值过程

当前字符	栈中数据	说明
3	3	3 入栈
2	3，2	2 入栈
4	3，2，4	4 入栈
2	3，2，4，2	2 入栈
2	3，2，4，2，2	2 入栈
*	3，2，4，4	计算 2*2，将结果 4 入栈
+	3，2，8	计算 4+4，将结果 8 入栈
1	3，2，8，1	1 入栈
3	3，2，8，1，3	3 入栈
*	3，2，8，3	计算 1*3，将结果 3 入栈
–	3，2，5	计算 8–3，将结果 5 入栈
^	3，32	计算 2^5，将结果 32 入栈
*	96	计算 3*32，将结果 96 入栈
5	96，5	5 入栈
–	91	计算 96–5，结果入栈
结束符	空	结果出栈

下面是后缀表达式求值的算法，在下面的算法中假设每个表达式是合乎语法的，并且假设后缀表达式已被存入一个足够大的字符数组 A 中，且以“#”为结束字符。为了简化问题，限定运算数的位数仅为一位，且忽略了数字字符串与相对应的数据之间的转换问题。

【算法 2–34】 后缀表达式求值。

```
public static double calcul_exp(char[] A) throws Exception {//本函数返回由后缀表达式 A 表示
                                                            //的表达式运算结果
Double a, b, c=0.0;
SeqStack<Double> S = new SeqStack<Double>();
int i = 0;
char ch = A[i];
i++;
while(ch != '#') {
    if(ch != 运算符 )
        S.push(Double.valueOf(ch));
    else {
        b = S.pop();
        a = S.pop();                    //取出两个运算量
        switch (ch) {
```

```
            case '+':
                c = a + b;
                break;
            case '-':
                c = a - b;
                break;
            case '*':
                c = a * b;
                break;
            case '/':
                c = a / b;
                break;
            case '%':
                c = a % b;
                break;
            }
            S.push(c);
        }
        ch = A[i];
        i++;
    }
    Double result = S.pop();
    return result;
}
```

（3）中缀表达式转换成后缀表达式的方法

将中缀表达式转化为后缀表达式和前述对中缀表达式求值的方法类似，只需要运算符栈，遇到运算对象时直接放后缀表达式的存储区。假设中缀表达式本身合法且存储在字符数组 A 中，转换后的后缀表达式存储在字符数组 B 中。具体转换方法：遇到运算对象则顺序向存储后缀表达式的 B 数组中存放，遇到运算符时类似于中缀表达式求值时对运算符的处理，但运算符出栈后不是进行相应的运算，而是将其送入 B 中存放。算法不难写出，在此不再赘述。

【例 2-10】 栈与递归。

栈的一个重要应用是在程序设计语言中实现递归过程。现实中，有许多实际问题是用递归定义的，这时用递归方法可以使问题的结果大大简化。下面以 n!为例。

n!的定义为

$$n! = \begin{cases} 1 & n = 0 \quad // \text{递归终止条件} \\ n \times (n-1) & n > 0 \quad // \text{递归步骤} \end{cases}$$

根据定义可以很自然地写出相应的递归函数。

```
public static int fact(int n) {
    if(n == 0)
        return 1;
    else
        return (n * fact(n - 1));
}
```

递归函数都有一个终止递归的条件，例如，在例 2-9 中当 n=0 时，将不再继续递归下去。

递归函数的调用类似于多层函数的嵌套调用，只是调用单位和被调用单位是同一个函数而已。在每次调用时系统将属于各个递归层次的信息组成一个活动记录（Activation Record），这个记录中包含着本层调用的实参、返回地址、局部变量等信息，并将这个活动记录保存在系统的“递归工作栈”中，每当递归调用一次，就要在栈顶为过程建立一个新的活动记录，一旦本次调用结束，则将栈顶活动记录出栈，根据获得的返回地址信息返回到本次的调用处。下面以求 3!为例说明执行调用时工作栈中的状况。

【算法 2-35】 求 3!。

```
public class ComputeFactorial {
    public static void main(String[] args) {
        int m, n = 3;
        m = fact(n);
        R1: System.out.printf("%d!=%d", n, m);
    }

    public static int fact(int n) {
        int f;
        if(n == 0)
            f = 1;
        else
            f = n * fact(n - 1);
        R2: return f;
    }
}
```

其中，R1 为主函数调用 fact()时的返回点地址；R2 为 fact()函数中递归调用 fact(n-1)时的返回地址。递归工作栈状况如图 2-32 所示。

	参数	返回地址
fact(0)	0	R2
fact(1)	1	R2
fact(2)	2	R2
fact(3)	3	R1

图 2-32 递归工作栈

程序的执行过程如图 2-33 所示（设 n=3）。

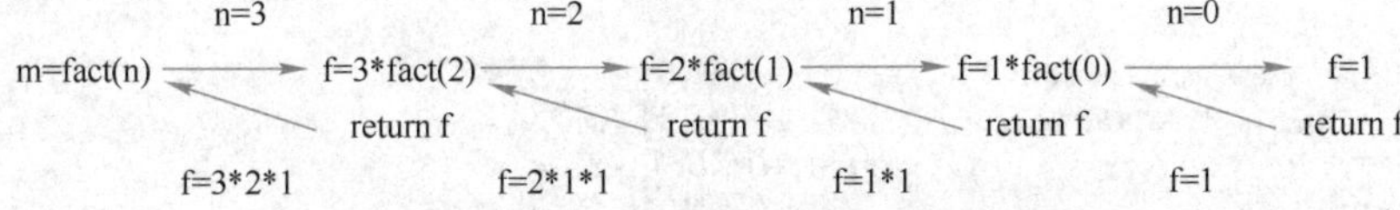

图 2-33　fact(3)的执行过程

2.6　队列

授课视频

2-4　队列

在第 2.1 节中提到的问题 3 涉及另一种特殊的线性结构，那就是队列。本节详细讨论队列的定义、基本运算及基本运算的实现。

2.6.1　队列的定义及基本运算

前面所讲的栈是一种“后进先出”的数据结构，在实际问题中还经常使用一种“先进先出”（First In First Out，FIFO）的数据结构：插入在表一端进行，删除在表的另一端进行。将这种数据结构称为队或队列，把允许插入的一端称为队尾（Rear），把允许删除的一端称为队头（Front）。图 2-34 所示是一个有 5 个元素的队列。入队的顺序依次为 a_1,a_2,a_3,a_4,a_5，出队的顺序将依然是 a_1,a_2,a_3,a_4,a_5。

出队 ← a_1　a_2　a_3　a_4　a_5 ← 入队

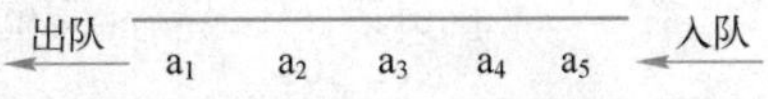

图 2-34　队列

显然，队列也是一种运算受限制的线性表，所以又叫先进先出表。

在日常生活中队列的例子有很多，如排队买东西，排头的买完后走掉，新来的排在队尾。设 Q 表示一个队列，在队列上进行的基本运算主要有如下一些。

1）队列初始化：init。运算结果是构造一个空队。

2）入队：enQueue(x)。运算结果是插入一个元素 x 到队列 Q 的队尾，队发生变化。

3）出队：deQueue()。队非空情况下，运算结果是删除队首元素，返回其值，队发生变化。

4）读队头元素：front()。队 Q 非空情况下，运算结果是返回队头元素，队不变。

5）判队空：isEmpty()。运算结果是若为空队列则返回真，否则返回假。

在 Java 语言中可以用接口（Interface）的形式定义队列的 ADT 中的公有方法。

```
public interface IQueue //队列的 ADT
{
    public void init();                                       //初始化队列 Q
    public boolean isEmpty();                                 //判队列空
    public boolean isFull();                                  //判队列满
    public void enqueue(DataType x) throws Exception;         //入队列
    public DataType dequeue() throws Exception;               //出队列
    public DataType front() throws Exception;                 //读队头元素
}//interface IQueue
```

2.6.2 队列的存储及运算实现

与线性表、栈类似，队列也有顺序存储和链式存储两种存储方法。

1．顺序队列

顺序存储的队列称为顺序队列。因为队列的队头和队尾都是活动的，因此，除了队列的数据区外还有队头、队尾两个标识。在 Java 语言中可以定义一个顺序队列类 SeqQueue，将数据存储区 data、队头 front、队尾 rear 与顺序队列的基本运算封装在一起，作为对抽象数据类型接口 IQueue 的实现。

```
public class SeqQueue implements IQueue{
    private static final int MAXSIZE=100;    //定义顺序队列空间的最大容量
    private int front;                       //用于存储队头位置
    private int rear;                        //用于存储队尾位置
    private int num;                         //用于存储队列的元素个数
    private DataType[] data;                 //顺序队列的存储空间
    public SeqQueue() {
        //构造函数，调用顺序队列初始化函数，建立存储容量为 MAXSIZE 的空队列
        init();
    };

    @Override
    public void init() {
        data=new DataType[MAXSIZE];
    }
    @Override
    public boolean isEmpty() {...}                //判队空
    @Override
    public boolean isFull() {...}                 //判队满
    @Override
    public void enqueue(DataType x) {...}         //入队
    @Override
    public DataType dequeue() {...}               //出队
    @Override
    public DataType front() {...}                 //读队头元素
    …                                             //其他成员函数
}
```

通过下面的语句获得一个顺序队列对象。

```
SeqQueue Q=new SeqQueue();
```

队列的数据区：Q.data[0]～Q.data[MAXSIZE-1]。

队头位置：Q.front。

队尾位置：Q.rear。

通常可以设队头位置指向队头元素前面一个位置，队尾位置指向队尾元素（这样设置是为

了某些操作的方便，并不是唯一的方法，也可以设队头位置指向队头元素，队尾位置指向队尾元素）。在这样设置队头和队尾位置的情况下，若从数据区的低地址端开始使用，则队列的基本操作如下。

空队时设置为 Q.front=Q.rear=−1。

在不溢出的情况下，入队操作：队尾位置加 1，指向新位置后，元素入队。

```
Q.rear++;
Q.data[Q.rear]=x;          //原队头元素送 x 中
```

在队列不空的情况下，出队操作：队头位置加 1，表明原队头元素出队，位置后面的是新队头元素。

```
Q.front++;                 //队头位置后移
x=Q.data[Q.front];         //原队头元素
```

队列中元素的个数 m=(Q.rear)−(Q.front)。队满时，m=MAXSIZE；队空时，m=0。

按照上述思想建立的空队及入队和出队过程如图 2-35 所示（设 MAXSIZE=10）。

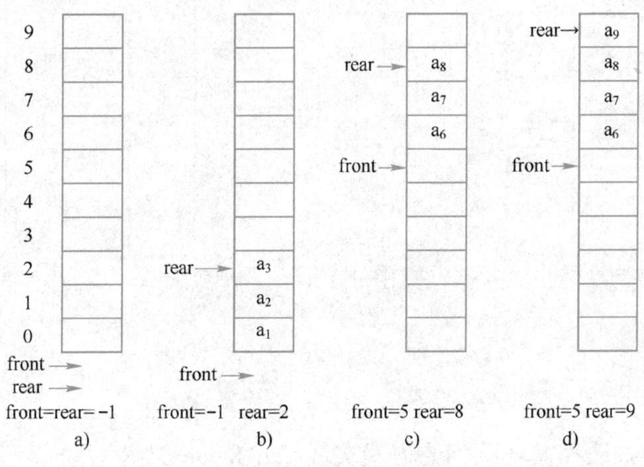

图 2-35　队列操作示意图

a) 空队　b) 有 3 个元素　c) 一般情况　d) 假溢出现象

从图 2-35 中可以看到，随着入队和出队的进行，会使整个队列整体向后移动，这样就出现了图 2-35d 所示的现象：队尾位置已经移到了最后，再有元素入队就会出现溢出，而事实上此时队中并未真的“满员”。这种现象为“假溢出”。这是由于“队尾入、队头出”这种受限制的操作所造成。

解决假溢出的方法之一是将队列的数据区 data[0]～data[MAXSIZE−1]看成头尾相接的循环结构，头尾位置的关系不变，将其称为“循环队”，如图 2-36 所示。

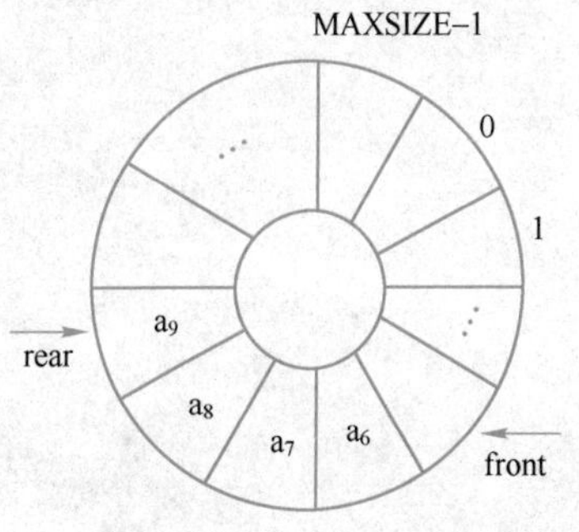

图 2-36　循环队列

因为是头尾相接的循环结构，入队时的队尾位置加 1 操作修改为“Q.rear=(Q.rear+1)%MAXSIZE;”；出队时的队头位置加 1 操作修改为“Q.front=(Q.front+1)%MAXSIZE;”。

设 MAXSIZE=10，图 2-37 是循环队列操作示意图。

图 2-37a 中具有 a_5,a_6,a_7,a_8 四个元素，此时 front=4，rear=8；随着 a_9～a_{14} 相继入队，队中有了 10 个元素，此时队满，front=rear=4，如图 2-37b 所示，可见在队满情况下有 front==rear。若

在图 2-37a 情况下，a_5～a_8 相继出队，此时队空，front=rear=8，如图 2-37c 所示，即在队空情况下也有 front==rear。就是说“队满”和“队空”的条件是相同的。这显然是必须要解决的一个问题。

解决方法之一是附设一个存储队中元素个数的变量，如 num。当 num=0 时，队空；当 num=MAXSIZE 时，队满。

另一种解决方法是少用一个元素空间，把图 2-37d 所示的情况就视为队满，此时的状态是队尾位置加 1 就会从后面赶上队头位置。这种情况下队满的条件是(rear+1)%MAXSIZE==front，也能和空队区别开。

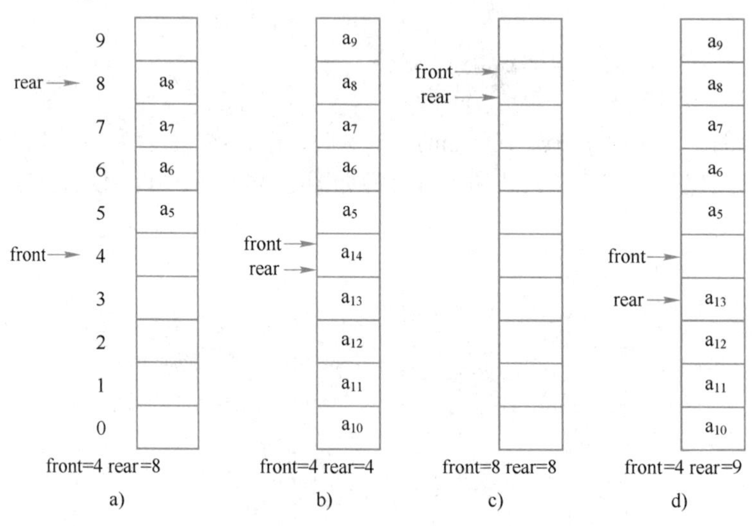

图 2-37 循环队列操作示意图

a) 有 4 个元素 b) 队满 c) 队空 d) 队满

下面按照第一种方法和循环队列的方式实现 SeqQueue 类。

（1）初始空队列

【算法 2-36】 构建一个空的循环队列。

```
public void init() {
    data=new DataType[MAXSIZE];
    front= MAXSIZE-1;
    rear= MAXSIZE-1;
    num=0;
}
```

（2）判断队列是否为空

【算法 2-37】 判断循环队列空。

```
public boolean isEmpty() {
   return num==0;
}
```

（3）判断队列是否满

【算法 2-38】 判断循环队列满。

```
public boolean isFull() {
   return num==MAXSIZE;
}
```

（4）入队列

【算法 2-39】 循环队列入队运算。

```
public void enqueue(DataType x) throws Exception {          //入队列
    if(num == MAXSIZE)
        throw new Exception("队满");
    rear = (rear + 1) % MAXSIZE;
    data[rear] = x;
    num++;
}
```

（5）出队列

【算法 2-40】 循环队列出队运算。

```
public DataType dequeue() throws Exception {      //出队列
    if(num==0)   throw new Exception("队空");
    front=(front+1)%MAXSIZE;                      //获得当前队首位置
    num--;                                        //队列元素减 1
    return data[front];                           //返回队头元素
}
```

（6）读队列头元素

【算法 2-41】 读循环队列的队头元素。

```
public DataType front() throws Exception {        //读队列头元素
    if(num==0)   throw new Exception("队空");
    return data[(front+1)%MAXSIZE];
};
```

2．链队列

采用链式存储的队列称为链队列。和链栈类似，用单链表来实现链队列，根据队列的 FIFO 原则，为了操作上的方便，分别需要一个队头引用和队尾引用，如图 2-38 所示。其实这就是一个带上头尾引用的单链表，只要对它的操作按照队列的规则进行，它就是一个链队列。

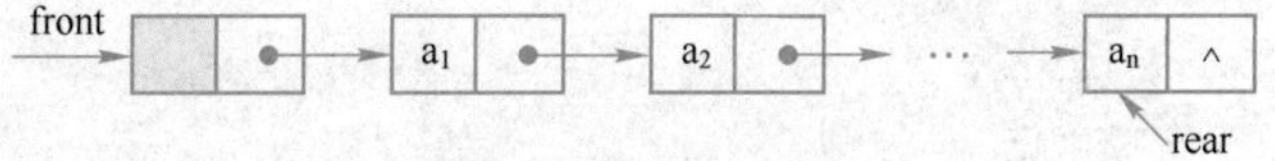

图 2-38　链队列

图 2-38 中头引用 front 和尾引用 rear 是两个独立的引用变量，共同标示这个链队。因此从结构性上考虑，将两者封装在一个结构中，如图 2-39 所示，用指向头尾引用结点的对象 q 标识这个链队。

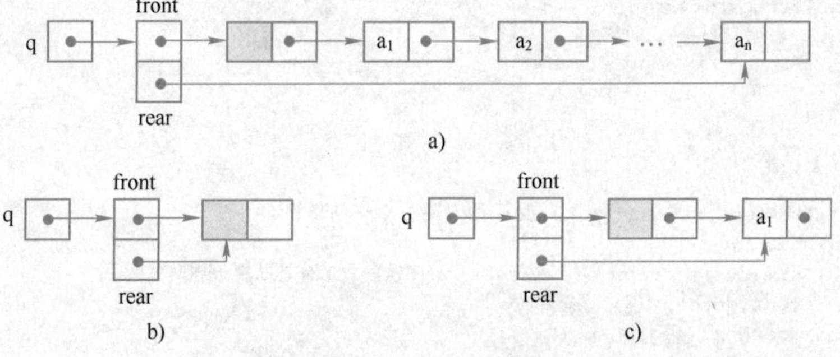

图 2-39　头尾位置封装在链队类中的链队

a) 非空队　b) 空队　c) 链队中只有一个元素

链队类的定义如下：

```
public class LinkQueue implements IQueue {
    private LinkNode front;
    private LinkNode rear;
    public LinkQueue(){                    //构造函数
        init();
    }
    @Override
    public void init() {...}
    @Override
    public boolean isEmpty() {...}
    @Override
    public boolean isFull() {...}       //由于链队容量只和内存相关，故可以只返回 false
    @Override
    public void enqueue(DataType x) throws Exception {...}
    @Override
    public DataType dequeue() throws Exception {...}
    @Override
    public DataType front() throws Exception {...}
    …
                                       //其他成员函数
}
```

可以通过下面语句获得一个链队列类对象Q。

```
LinkQueue Q = new LinkQueue();
```

链队列的基本运算有如下一些。

（1）创建一个带头结点的空队列

【算法2-42】 设置一个空链队。

```
public void init() {
    front = new LinkNode(null);
    rear = front;
}
```

（2）判断是否为空链队

【算法2-43】 判断是否为空链队。

```
public boolean isEmpty() {
    return front==rear;
}
```

（3）入链队列

【算法2-44】 链队列入队。

```
public void enqueue(DataType x) throws Exception {
    LinkNode p = new LinkNode(x);
    rear.setNext(p);
    rear=p;
}
```

（4）出链队列

【算法2-45】 链队列出队。

```
public DataType dequeue() throws Exception {
    LinkNode p;
    if (isEmpty()) throw new Exception("队空");//链队空，出队失败
    p = front.getNext();
    front.setNext(p.getNext());
    if(front.getNext() == null)
        rear = front; //只有一个元素时，出队后链队列空，此时还要修改队尾位置
    return p.getData();
}
```

（5）读链队列的队头元素

【算法 2-46】 读链队列的队头元素。

```
public DataType front() throws Exception {
    if(isEmpty())
        throw new Exception("队空");                    //链队空，出队失败
    return front.getNext().getData();                   //返回队头元素
}
```

2.6.3 队列的应用举例

【例 2-11】 求迷宫的最短路径。要求设计一个算法找出一条从迷宫入口到出口的最短路径。

本算法要求找出一条迷宫的最短路径，算法的基本思想为：从迷宫入口点(1,1)出发，向四周搜索，记下所有一步能到达的坐标点；然后依次从这些点出发，记下所有一步能到达的坐标点；依次类推，直到到达迷宫的出口点(m,n)为止；最后，从出口点沿搜索路径回溯至入口。这样就找到了一条迷宫的最短路径，否则迷宫无路径。

有关迷宫的数据结构、试探方向、如何防止重复到达某点以避免发生死循环的问题与例 2-8 的处理方法类似，不同的是如何存储搜索路径。在搜索过程中必须记下每一个可到达的坐标点，以便从这些点出发继续向四周搜索。由于先到达的点先向下搜索，故引进一个“先进先出”数据结构——队列来保存已到达的坐标点。到达迷宫的出口点(m,n)后，为了能够从出口点沿搜索路径回溯至入口，对于每一点，记下坐标点的同时，还要记下到达该点的前驱点。因此，若采用顺序队列，data[]作为队列的存储空间，因为迷宫中每个点至多被访问一次，所以 MAXSIZE 至多等于 m×n。data[]的每一个分量有三个域，即 x、y 和 pre，其中 x 和 y 分别为所到达的点的坐标，pre 为前驱点。

若采用顺序队列，可通过下面语句获得队列对象 Q。

```
SeqQueue Q=new SeqQueue();
```

队列中的元素是一个由行、列、前驱点组成的三元组，如果追溯到出口点，以这样的结构很容易回溯出迷宫路径，因此队列的元素可定义为如下的 TryPoint 类。

```
public class TryPoint {
    private final int[][] incArr = { { 0, 1 }, { 1, 1 }, { 1, 0 }, { 1, -1 },
            { 0, -1 }, { -1, -1 }, { -1, 0 }, { -1, 1 } };
    private int curx, cury;
    private TryPoint pre;          //记录前驱点
    public TryPoint(int x, int y, TryPoint pre) {
        curx = x;
        cury = y;
        this.pre = pre;
    }
    public TryPoint getNextTryPoint(int direct) {
          //获得指定方向的下一个试探点，其前驱为当前点
        return new TryPoint(curx + incArr[direct][0], cury + incArr[direct][1], this);
    }
    public int getX() {
        return curx;
    }
    public int getY() {
        return cury;
    }
    public TryPoint getPre() {
        return pre;
    }
}
```

初始状态，队列中只有一个元素，记录的是入口点的坐标(1,1)。当然该点必然可达，因为该点是出发点，因此没有前驱点，pre 域为 null。此后搜索时均从队列中取出下一个可达点作为当前搜索点。当搜索到一个可到达点时，即将该点入队，该点同时记录了坐标位置和前驱点。当前搜索点的 8 个方向搜索完毕后，取出队列中的下一个可达点继续进行搜索。搜索过程中遇到出口点则表示成功，搜索结束，打印出迷宫最短路径，算法结束；若当前队空，即没有搜索点了，表明没有路径，算法也结束。

【算法 2-47】 迷宫最短路径。

```
public static boolean path(int[][] maze) throws Exception {
    //maze 为迷宫数组
    SeqQueue Q = new SeqQueue();
    TryPoint elem = new TryPoint(1, 1, null);
    Q.enqueue(elem);                            //入口点入队
    maze[1][1] = -1;
    while (!Q.isEmpty())                        //队列不空
    {
        elem = Q.dequeue();                     //队头出队
        for (int v = 0; v < 8; v++) {
            TryPoint nextTry = elem.getNextTryPoint(v);

            if (maze[nextTry.getX()][nextTry.getY()] == 0) {
                Q.enqueue(nextTry);
                maze[nextTry.getX()][nextTry.getY()] = -1;
            }
            if (nextTry.getX() == m && nextTry.getY() == n) {
                printpath(nextTry);             //打印路径
                //restore(maze);                //可以恢复迷宫，继续探索
                return true;
            }
        }
    }
    return false;
}

public static void printpath(TryPoint lastPoint)            //打印迷宫路径
{
    TryPoint point;
    point = lastPoint;
    do {
        System.out.printf("(%d,%d)", point.getX(), point.getY());
        point = point.getPre();                              //回溯
        if(point!=null)System.out.printf("<-");
    } while (point != null);
}
```

图 2-28 所示的迷宫的最短路径搜索过程如图 2-40 所示。

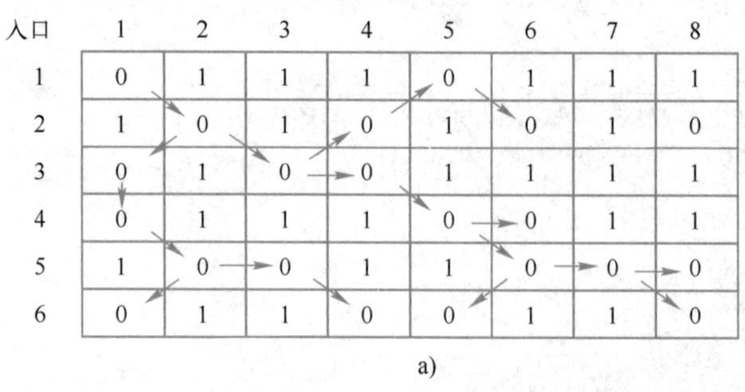

	1	2	3	4	5	6	7	8
1	0	1	1	1	0	1	1	1
2	1	0	1	0	1	0	1	0
3	0	1	0	0	1	1	1	1
4	0	1	1	1	0	0	1	1
5	1	0	0	1	1	0	0	0
6	0	1	1	0	0	1	1	0

a)

图 2-40　迷宫搜索过程

a) 用二维数组表示迷宫

	0	1	2	3	4	5	6	7	8	9	10	11	12	13	14	15	16	17	18	19	…
x	1	2	3	3	3	2	4	4	1	5	4	5	2	5	6	5	6	6	5	6	
y	1	2	3	1	4	4	1	5	5	2	6	6	6	3	1	7	5	4	8	8	
pre	–1	0	1	1	2	2	3	4	5	6	7	7	8	9	9	11	11	13	15	15	

b)

图 2-40　迷宫搜索过程（续）

b) 队列中数据的变化过程

运行结果：(6,8) ←(5,7) ←(5,6) ←(4,5) ←(3,4) ←(3,3) ←(2,2) ←(1,1)。

2.7　其他线性结构及扩展

线性结构在实际开发场景中存有大量的应用，其中信息处理领域的字符串表达、科学计算中的矩阵表达比较典型，本节对这两项内容做简单讨论，数组是矩阵表达的基础，也是线性结构的典型存储模式，为此，本节对数组的存储方式也进行了简单介绍。

2.7.1　字符串

在 2.1 节中提到的问题 7 涉及又一种特殊的线性结构，就是字符串。下面详细讨论字符串的定义、基本运算以及基本运算的实现。

字符串（简称为串）是一种特殊的线性表，它的数据元素仅由一个字符组成。计算机非数值处理的对象经常是字符串数据。如在汇编和高级语言的编译程序中，源程序和目标程序都是字符串数据；在事物处理程序中，顾客的姓名、地址、货物的产地、名称等，一般也是作为字符串处理的。另外，串还具有自身的特性，一个串常被作为一个整体来处理，因此，本小节把串作为独立结构的概念加以研究。

1．字符串的定义与相关术语

字符串是由零个或多个任意字符组成的字符序列。一般记作

$$s="a_1a_2\cdots a_n" \tag{2-8}$$

其中，s 是串名；在本书中，用""（双引号）作为串的定界符，双引号引起来的字符序列为串值，双引号本身不属于串的内容；a_i（1≤i≤n）是一个任意字符，它称为串的元素，是构成串的基本单位，i 是它在整个串中的序号，n 为串的长度，表示串中所包含的字符个数。当 n=0 时，称为空串，通常记为Φ。

子串与主串：串中任意连续的字符组成的子序列称为该串的子串；包含子串的串相应地称为主串。

子串的位置：子串的第一个字符在主串中的序号称为子串的位置。

串相等：两个串的长度相等且对应字符都相等。

2．字符串的基本运算

字符串的运算有很多，下面介绍部分基本运算。

1）求串长：StrLength(s)。运算结果是串 s 的长度。

2）串赋值：StrAssign(s1,s2)。s1 是一个串变量，s2 或者是一个串常量，或者是一个串变量（通常 s2 是一个串常量时被称为串赋值，是一个串变量时被称为串拷贝）。串赋值运算是将

s2 的串值赋值给 s1，s1 原来的值被覆盖掉。

3）连接操作：StrConcat(s1,s2,s)或 StrConcat(s1,s2)。两个串的连接就是将一个串的串值紧接着放在另一个串的后面，连接成一个串。第一个式子是产生新串 s，s1 和 s2 不改变；第二个式子是在 s1 的后面连接 s2 的串值成为 s1 串，s1 改变，s2 不改变。

例如，s1="he"，s2="bei"，第一个式子的运算结果是 s="hebei"；第二个式子的运算结果是 s1="hebei"。

4）求子串：SubStr(s,i,len)。串 s 存在并且 1≤i≤StrLength(s)，0≤len≤StrLength(s)-i+1。运算结果是从串 s 的第 i 个字符开始的长度为 len 的子串。len=0 得到的是空串。例如：

```
SubStr("abcdefghi",3,4)="cdef"
```

5）串比较：StrCmp(s1,s2)。若 s1=s2，返回值为 0；若 s1<s2，返回值小于 0；若 s1>s2，返回值大于 0。

6）子串定位：StrIndex(s,t)。其中，s 为主串，t 为子串。若 t∈s，则操作返回 t 在 s 中首次出现的位置；否则，返回值为 0。例如：

```
StrIndex("abcdebda","bc")=2
StrIndex("abcdebda","ba")=0
```

7）串插入：StrInsert(s,i,t)。串 s、t 存在，且 1≤i≤StrLength(s)+1。运算结果是将串 t 插入串 s 的第 i 个字符的位置上，串 s 发生改变。

8）串删除：StrDelete(s,i,len)。串 s 存在，并且 1≤i≤StrLength(s)，0≤len≤StrLength(s)-i+1。运算结果是删除串 s 中从第 i 个字符开始的长度为 len 的子串，串 s 改变。

9）串替换：StrRep(s,t,r)。串 s、t、r 存在且 t 不为空，运算结果是用串 r 替换串 s 中出现的所有与串 t 相等的不重叠的子串，串 s 改变。

以上是串的几个基本操作。其中前五个操作是最基本的，它们不能用其他的操作来合成，因此通常将这五个基本操作称为最小操作集。

3. 顺序存储一个字符串

因为串是数据元素类型为字符型的线性表，所以线性表的存储方式仍适用于串，如顺序存储或链式存储，通常采用顺序存储的方法，称为顺序串。因为字符的特殊性和字符串经常作为一个整体来处理的特点，串在存储时有一些与一般线性表的不同之处。

通常用一组地址连续的存储单元存储串中的字符序列，可以用定长来指明最大的字符个数，也叫定长串。例如：

```
static final int MAXSIZE=256;            //定义存放字符串的最大长度
char[] s = new char[MAXSIZE];
```

以上定义的字符串 s，其存放的字符串的字符个数不能超过 256。

字符串是许多程序设计语言支持的数据类型。不同语言环境得到一个串的实际长度的方法不同，下面介绍几种表示串实际长度的方法。

1）与顺序表类似，可将串的存储空间和串的长度封装到顺序串的类中。

```
class Seq String
{
    private static final int MAXSIZE = 256;     //定义串的最大长度
    private int curlen;                        //用于存储顺序串最后一个元素的存储位置
    private char[] data;                       //顺序串的存储空间
    public SeqString()                         //构造函数，建立大小为 MAXSIZE 的串空表
    {
```

```
            char[] data = new char[MAXSIZE];
            curlen=-1;
        }
    …                           //其他成员函数
    }
```

通过下面语句，可获得一个串类的实例。

```
    Seq String s = new SeqString();
```

这种存储方式可以直接得到串的长度 s.curlen+1，如图 2-41a 所示。

2）在串尾存储一个不会在串中出现的特殊字符作为串的终结符，以此表示串的终止，如图 2-41b 所示。例如，C 语言中处理串的方法就是用一个字符数组来存放一个串，在最后一个字符的后面加'\0'来表示串的结束。这种存储方法不能直接得到串的长度，是通过判断当前字符是否是'\0'字符来确定串是否结束，从而求得串的长度。

```
    static final int MAXSIZE = 256;//定义存放字符串的最大长度
    char[] s = new char[MAXSIZE];
```

3）用 s[0]存放串的实际长度，串值存放在 s[1]～s[MAXSIZE]，如图 2-41c 所示。字符的序号和存储位置一致，应用更为方便。Pascal 语言就是采用该方式的。

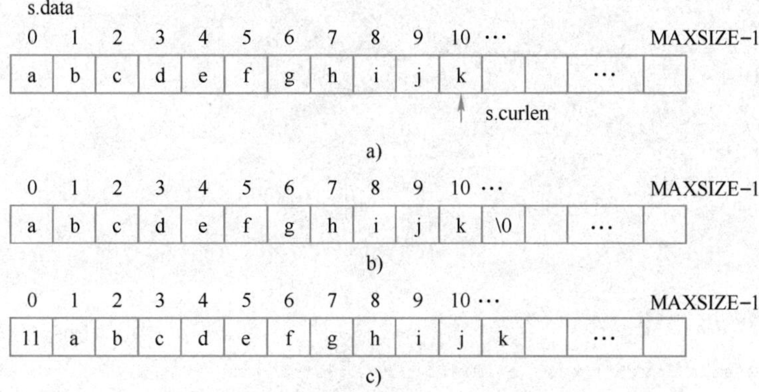

图 2-41　串的顺序存储方式

a) 串的顺序存储方式 1　b) 串的顺序存储方式 2　c) 串的顺序存储方式 3

4. 顺序串的基本运算

这里仅讨论顺序存储情况下求串长、两个串的连接、求子串、两个串的比较、串的匹配等几个常用的基本运算算法。下面采用顺序串类的方式描述这些运算算法实现。

（1）求串长

【算法 2-48】 求串 s 的长度。

```
    public static int StrLength(SeqString s) {
        return s.curlen + 1;
    }
```

（2）串连接

【算法 2-49】 两个串的连接。

```
    public static int StrConcat1(SeqString s1, SeqString s2, SeqString s) {
        //把两个串 s1 和 s2 首尾连接成一个新串 s
        int i = 0, j, len1, len2;
        len1 = StrLength(s1);
        len2 = StrLength(s2);
        if(len1 + len2 > MAXSIZE - 1)
```

```
        return 0;                       //MAXSIZE 为 s 长度不够
    i = 0;
    while(i < len1) {
        s.data[i] = s1.data[i];
        i++;
    }
    j = 0;
    while(j < len2) {
        s.data[i] = s2.data[j];
        i++;
        j++;
    }
    s.curlen = len1 + len2;             //置新串长度
    return 1;                           //连接成功
}
```

（3）求子串

【算法 2-50】 求子串。

```
public static int StrSub(SeqString t, SeqString s, int i, int len) {
    //用 t 返回串 s 中第 i 个字符开始的长度为 len 的子串，1≤i≤串长
    int slen;
    slen = StrLength(s);
    if(i < 1 || i > slen || len < 0 || len > slen - i + 1) {
        System.out.println("参数不对\n");
        return 0;
    }
    for(int j = 0; j < len; j++)
        t.data[j] = s.data[i + j - 1];
    t.curlen = len;
    return 1;
}
```

（4）串比较

【算法 2-51】 串比较。

```
public static int StrComp(SeqString s1, SeqString s2) {
    //若 s1=s2 返回 0，若 s1>s2 返回大于 0 的数，否则返回小于 0 的数
    int i = 0;
    while(s1.data[i] == s2.data[i] && i < s1.curlen)
        i++;
    return (s1.data[i] - s2.data[i]);
}
```

（5）串的模式匹配

【算法 2-52】 简单模式匹配。

算法思想：首先将 s_1 与 t_1 进行比较，若不同，就将 s_2 与 t_1 进行比较，直到 s 的某一个字符 s_i 和 t_1 相同；再将它们之后的字符对应进行比较，若也相同，则如此继续往下比较；当 s 的某一个字符 s_i 与 t 的字符 t_j 不同时，对于 s 串，返回到本趟开始字符的下一个字符，即 s_{i-j+2}，对于 t 串，返回到 t_1，继续开始下一趟的比较；重复上述过程。若 t 中的字符全部比完，则说明本趟匹配成功，本趟的起始位置是 i−j+1 或 i−t.curlen；否则，匹配失败。

```
public int StrIndex_BF(SeqString s, SeqString t) {
    //从串 s 的第一个字符开始找第一个与串 t 相等的子串
    int i = 1, j = 1;
    while(i < s.curlen && j < t.curlen)          //都没遇到结束符
        if(s.data[i] == t.data[j]) {
            i++;
            j++;
        } else {
```

```
            i = i - j + 2;
            j = 1;
        } //回溯
    if(j > t.curlen)
        return (i - t.curlen);                    //匹配成功，返回存储位置
    else
        return 0;
}
```

该算法简称为 BF 算法。下面分析它的时间复杂度，设串 s 长度为 n，串 t 长度为 m。

在匹配成功的情况下，考虑两种极端情况。

1）在最好情况下，每趟不成功的匹配都发生在第一对字符比较时。例如：

```
s="aaaaaaaaaabc"t="bc"
```

设匹配成功发生在 s_i 处，则在前面 i-1 趟匹配中共比较了 i-1 次，第 i 趟成功的匹配共比较了 m 次，所以总共比较了 i-1+m 次，所有匹配成功的可能共有 n-m+1 种。设从 s_i 开始与 t 串匹配成功的概率为 p_i，在等概率情况下 p_i=1/(n-m+1)。因此，最好情况下平均比较的次数是

$$\sum_{i=1}^{n-m+1} p_i \times (i-1+m) \sum_{i=1}^{n-m+1} \frac{1}{n-m+1} \times (i-1+m) = \frac{(n+m)}{2}$$

即在匹配成功的情况下，最好情况的时间复杂度是 O(n+m)。

2）在最坏情况下，每趟不成功的匹配都发生在 t 的最后一个字符。例如：

```
s="aaaaaaaaaaab"t="aaab"
```

设匹配成功发生在 s_i 处，则在前面 i-1 趟匹配中共比较了(i-1)×m 次，第 i 趟成功的匹配共比较了 m 次，所以总共比较了 i×m 次。因此，在最坏情况下平均比较的次数是

$$\sum_{i=1}^{n-m+1} p_i \times (i \times m) \sum_{i=1}^{n-m+1} \frac{1}{n-m+1} \times (i \times m) = \frac{m \times (n-m+2)}{2}$$

即在匹配成功情况下，最坏情况的时间复杂度是 O(n×m)。

上述算法中匹配是从 s 串的第一个字符开始的，有时算法要求从指定位置开始，这时算法的参数表中要增加一个位置参数 pos，即 StrIndex(SeqString s,int pos,SeqString t)，比较的初始位置定位在 pos 处。算法 2-52 是 pos 为 1 的情况。

许多程序设计语言为用户提供了大量的字符串函数。例如，C 语言中的“string.h”库提供了若干处理字符串的函数，通过这些函数用户可以很方便地构架字符串的操作；在 Java 语言中，提供了 String 类和 StringBuffer 类，将常用的字符串的操作写入类中，使用者可通过定义类的实例，调用类的方法，进行字符串的相应操作。

2.7.2　数组

1．数组的逻辑结构

数组是人们很熟悉的一种数据结构，它的特点是给定一组下标，能唯一地确定一个数据元素。只需一个下标就能确定一个元素的是一维数据，需要两个下标能唯一确定一个元素的是二维数据，需要三个下标能唯一确定一个元素的是三维数据……数组中的数据元素本身还可以是具有某种结构的，但要属于同一数据类型，因此数组可以看作线性表的拓展。例如，一维数组可以看作一个线性表，二维数组可以看作“数据元素是一维数组”的一维数组，三维数组可以

看作“数据元素是二维数组”的一维数组，依次类推。

图 2-42 所示是一个 m 行 n 列的二维数组。

$$A=\begin{pmatrix} a_{11} & a_{12} & \cdots & a_{1n} \\ a_{21} & a_{22} & \cdots & a_{2n} \\ \vdots & \vdots & \vdots & \vdots \\ a_{m1} & a_{m1} & \cdots & a_{mn} \end{pmatrix}$$

图 2-42　m 行 n 列的二维数组

因为数组是一个具有固定格式和数量的数据有序集，每一个数据元素用唯一的一组下标来标识，因此在数组上不能做插入、删除数据元素的操作，可以读取和更新数据。通常在各种高级语言中，数组一旦被定义，每一维的大小及上下界都不能改变。

综上所述，当一个数组确定之后，其基本操作有以下两种。

1）取值操作：给定一组下标，读取其对应的数据元素。

2）赋值操作：给定一组下标，存储或修改与其相对应的数据元素。

一维数组和一个线性表对应，在此不再讨论。本节重点研究二维和三维数组，它们的应用也非常广泛，尤其是二维数组。

2．数组的内存映像

下面讨论数组在计算机中的存储表示。因为内存的地址空间是一维的，因此数组在内存被映像为向量，即用地址连续的一块存储空间（称为向量）作为数组的一种存储结构。数组的行列固定后，通过一个映像函数，则可根据数组元素的下标得到它的存储地址。

对于一维数组按下标顺序分配即可。

对多维数组分配时，要把它的元素映像存储在一维存储器中，一般有两种存储方式：一种是以行为主序（或先行后列）的顺序存放，如 BASIC、Pascal、COBOL、C 等程序设计语言中用的是以行为主的顺序分配，即一行分配完了接着分配下一行；另一种是以列为主序（先列后行）的顺序存放，如 FORTRAN 语言中，用的是以列为主序的分配顺序，即一列一列地分配。以行为主序的分配规律是：最右边的下标先变化，即最右下标从小到大，循环一遍后，右边第二个下标再变……从右向左，最后是左下标。以列为主序分配的规律恰好相反：最左边的下标先变化，即最左下标从小到大，循环一遍后，左边第二个下标再变……从左向右，最后是右下标。

例如，一个 2×3 的二维数组，逻辑结构如图 2-43 所示。以行为主序的内存映像如图 2-44a 所示，分配顺序为 $a_{11},a_{12},a_{13},a_{21},a_{22},a_{23}$。以列为主序的内存映像如图 2-44b 所示，分配顺序为 $a_{11},a_{21},a_{12},a_{22},a_{13},a_{23}$。

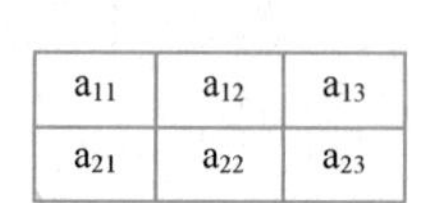

a_{11}	a_{12}	a_{13}
a_{21}	a_{22}	a_{23}

图 2-43　2×3 数组的逻辑结构

a)	b)
a_{11}	a_{11}
a_{12}	a_{21}
a_{13}	a_{12}
a_{21}	a_{22}
a_{22}	a_{13}
a_{23}	a_{23}

图 2-44　2×3 数组的内存映像

a)以行为主序　b)以列为主序

设有 m×n 二维数组 A_{mn}，下面按元素的下标求其地址。

以“以行为主序”的分配为例。设数组的基址为 LOC(a_{11})，每个数组元素占据 p 个地址单元，那么 a_{ij} 的物理地址可用线性寻址函数计算：

$$LOC(a_{ij}) = LOC(a_{11}) + ((i-1)\times n + j-1)\times p$$

这是因为数组元素 a_{ij} 的前面有 i-1 行，每一行的元素个数为 n，在第 i 行中它的前面还有 j-1 个数组元素。

在 C 语言中，数组中每一维的下界定义为 0，则 $LOC(a_{ij}) = LOC(a_{00}) + (i\times n + j)\times p$ 。

推广到一般的二维数组 $A[c_1..d_1][c_2..d_2]$，则 a_{ij} 的物理地址计算函数为

$$LOC(a_{ij}) = LOC(a_{c_1c_2}) + ((i-c_1)\times(d_2-c_2+1)+(j-c_2))\times p \qquad (2-9)$$

同理，对于三维数组 A_{mnp}，即 m×n×p 数组，数组元素 a_{ijk} 的物理地址为

$$LOC(a_{ijk}) = LOC(a_{111}) + ((i-1)\times n\times p + (j-1)\times p + k-1)\times p$$

推广到一般的三维数组 $A[c_1..d_1][c_2..d_2][c_3..d_3]$，则 a_{ijk} 的物理地址为

$$LOC(a_{ijk}) = LOC(a_{c_1c_2c_3}) + ((i-c_1)\times(d_2-c_2+1)\times(d_2-c_3+1)+(k-c_3))\times p \qquad (2-10)$$

三维数组的逻辑结构如图 2-45 所示，以行为主序和以列为主序的内存映像如图 2-46a 和图 2-46b 所示。

图 2-45　三维数组的逻辑结构

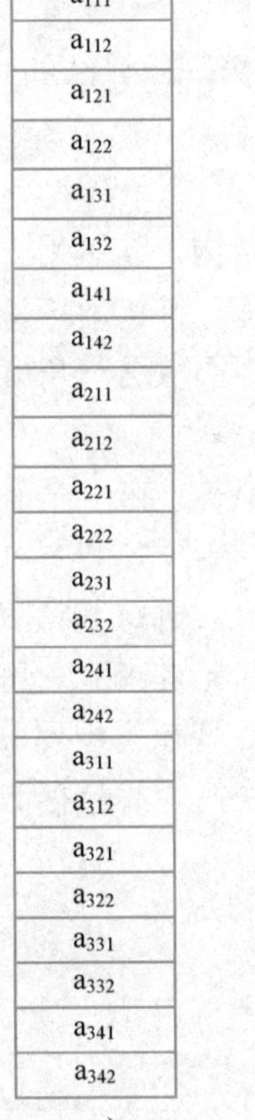

图 2-46　三维数组的内存映像

a) 以行为主序　b) 以列为主序

【例 2-12】　若矩阵 $A_{m\times n}$ 中存在某个元素 a_{ij}，满足 a_{ij} 是第 i 行中的最小值且是第 j 列中的最大值，则称该元素为矩阵 A 的一个鞍点。试编写一个算法，找出 A 中的所有鞍点。

算法思路：在矩阵 A 中求出每一行的最小值元素（可能不止一个），然后判断该元素是否是它所在列中的最大值，是则打印出，接着处理下一行。矩阵 A 用一个二维数组表示。

【算法 2-53】 求矩阵鞍点。

```
static final int M = 10;                                //矩阵的行
static final int N = 20;                                //矩阵的列

public static void saddle(int[][] A) {
    int i, j, k, p, min;
    for(i = 0; i < M; i++)//按行处理
    {
        min = A[i][0];
        for(j = 1; j < N; j++)
            if(A[i][j] < min)
                min = A[i][j];                          //找第 i 行最小
        for(j = 0; j < N; j++)                          //检测该行中的每一个最小值是否是鞍点
            if(A[i][j] == min) {
                k = j;
                p = 0;
                while(p < M && A[p][j] <= min)
                    p++;
                if(p >= M)
                    System.out.printf("%d,%d,%d\n", i, k, min);
            }
    }
}
```

对任意 m×n 的矩阵，算法的时间复杂度为 O(m×(n+m×n))。

2.7.3 特殊矩阵

对于一个矩阵结构，显然用一个二维数组来表示是非常恰当的。但在某些情况下，例如，三角矩阵、对称矩阵、带状矩阵、稀疏矩阵等特殊矩阵，从节约存储空间的角度考虑，这种存储是不太合适的。下面从这一角度来考虑这些特殊矩阵的存储方法。

1. 对称矩阵

对称矩阵的特点是：在一个 n 阶方阵中，有 $a_{ij}=a_{ji}$，其中 $1 \leqslant i,j \leqslant n$，如图 2-47 所示是一个 5 阶对称矩阵。对称矩阵关于主对角线对称，因此只需存储上三角或下三角部分即可。例如，只存储下三角中的元素 a_{ij}，其特点是 $i \geqslant j$ 且 $1 \leqslant i \leqslant n$，对于上三角中的元素 a_{ij}，它和对应的 a_{ji} 相等，因此当访问的元素在上三角时，直接去访问和它对应的下三角元素即可。这样，原来需要 n×n 个存储单元，现在只需要 n(n+1)/2 个存储单元即可，节约了 n(n−1)/2 个存储单元。当 n 较大时，这是很可观的一部分存储资源。

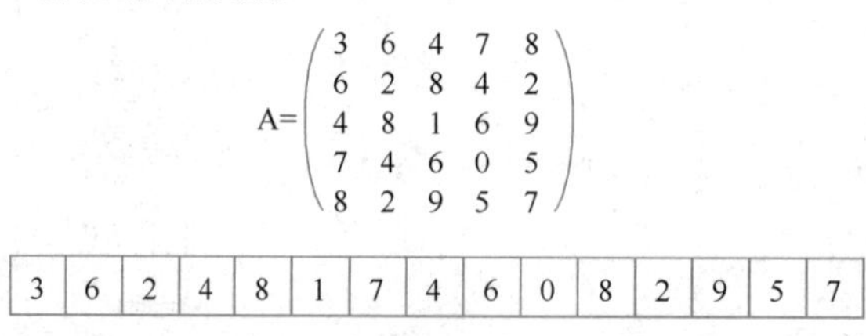

图 2-47 5 阶对称方阵及其压缩存储

如何只存储下三角部分呢？对下三角部分以行为主序顺序存储到一个向量中去。在下三角中共有 n×(n+1)/2 个元素，因此，可以按先行后列的存储顺序存储到一个长度为 n(n+1)/2 的向量中，即“DataType SA[n(n+1)/2];”。如图 2-48 所示，原矩阵下三角中的某一个元素 a_{ij} 则对应一个 SA[k]。下面的问题是要找到 k 与 i、j 之间的映像关系。

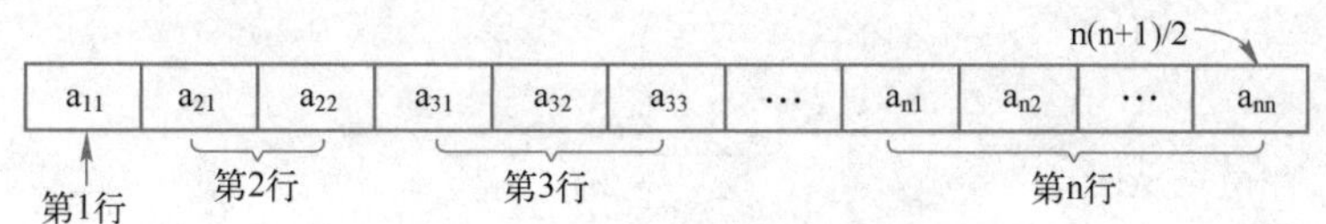

图 2-48　对称矩阵的下三角部分

对于下三角中的元素 a_{ij}，其特点是 $i\geqslant j$ 且 $1\leqslant i\leqslant n$，存储到 SA 中后，根据存储原则，在它前面已经存储了 i-1 行，共有 $1+2+\cdots+i-1=i\times(i-1)/2$ 个元素，而 a_{ij} 又是它所在的行中第 j 个元素，所以在上面的排列顺序中，a_{ij} 是第 $i\times(i-1)/2+j$ 个元素，因此它在 SA 中的下标 k 与 i、j 的关系为

$$k=i\times(i-1)/2+j-1 \qquad (0\leqslant k<n\times(n+1)/2)$$

若 $i<j$，则 a_{ij} 是上三角中的元素，因为 $a_{ij}=a_{ji}$，这样，访问上三角中的元素 a_{ij} 时则去访问和它对应的下三角中的 a_{ji} 即可，因此将上式中的行列下标交换就是上三角中的元素，在 SA 中的对应关系为

$$k=j\times(j-1)/2+i-1 \qquad (0\leqslant k<n\times(n+1)/2)$$

综上所述，对于对称矩阵中的任意元素 a_{ij}，若令 I=max(i,j),J=min(i,j)，则将上面两个式子综合起来得到

$$k=I\times(I-1)/2+J-1 \qquad (0\leqslant k<n\times(n+1)/2) \tag{2-11}$$

这就是将对称矩阵的下三角映像到向量中，存储位置 k 与元素行列下表 i、j 之间的映像函数。

2．三角矩阵

形如图 2-49 所示的矩阵称为三角矩阵，其中 c 为某个常数。其中图 2-49a 为下三角矩阵，主对角线以上均为同一个常数；图 2-49b 为上三角矩阵，主对角线以下均为同一个常数；下面讨论它们的压缩存储方法。

$$\begin{pmatrix}3&c&c&c&c\\6&2&c&c&c\\4&8&1&c&c\\7&4&6&0&c\\8&2&9&8&7\end{pmatrix} \qquad \begin{pmatrix}3&4&8&1&0\\c&2&9&4&6\\c&c&1&5&7\\c&c&c&0&8\\c&c&c&c&7\end{pmatrix}$$

a)　　　　　　b)

图 2-49　三角矩阵

a) 下三角矩阵　b) 上三角矩阵

（1）下三角矩阵

下三角矩阵与对称矩阵类似，不同之处在于存完下三角矩阵中的元素之后，紧接着存储对角线上方的常数，因为是同一个常数，所以存一个即可，这样一共存储了 $n\times(n+1)/2+1$ 个元素，如图 2-50 所示。

设存入向量 DateTypeSA[n×(n+1)/2+1]中，这种存储方式可节约 $n\times(n-1)/2-1$ 个存储单元，SA[k]与 a_{ij} 的对应关系为

$$k=\begin{cases}i\times(i-1)/2+j-1 & 当i\geqslant j\\ n\times(n+1)/2 & 当i<j\end{cases} \tag{2-12}$$

0	1	2	3	4	5	…					n(n+1)/2
a_{11}	a_{21}	a_{22}	a_{31}	a_{32}	a_{33}	…	a_{n1}	a_{n2}	…	a_{nn}	c
第1行	第2行		第3行				第n行				常数项

图 2-50　下三角矩阵到向量的映像

（2）上三角矩阵

对于上三角矩阵，存储思想与下三角矩阵类似，以行为主序顺序存储上三角部分，最后存储对角线下方的常量，如图 2-51 所示。

对于第 1 行存储 n 个元素，第 2 行存储 n-1 个元素……第 p 行存储 n-p+1 个元素。a_{ij} 的前面有 i-1 行，共存储

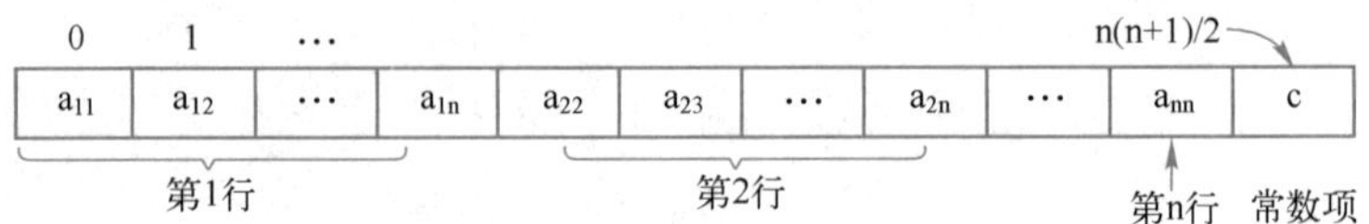

图 2-51　上三角矩阵到向量的映像

$$n + (n-1) + \cdots + (n-i+1) = \sum_{p=1}^{i-1}(n-p+1) = \frac{(i-1)\times(2n-i+2)}{2}$$

个元素，而 a_{ij} 是它所在的行中要存储的第 j−i+1 个，所以它是上三角存储顺序中的第(i−1)×(2n−i+2)/2+(j−i+1)个，因此它在 SA 中的下标为 k=(i−1)×(2n−i+2)/2+j−i。

综上所述，SA[k]与 a_{ij} 的对应关系为

$$k = \begin{cases} i\times(i-1)/2+j-1 & i \geqslant j \\ n\times(n+1)/2 & i < j \end{cases} \qquad (2\text{-}13)$$

3．带状矩阵

形如图 2-52a 所示的矩阵 A 称为带状矩阵，如果存在最小正数 m，满足当｜i−j｜≥m 时，a_{ij}=0，这时称 w=2m−1 为矩阵 A 的带宽。图 2-52a 所示是一个 w=3(m=2)的带状矩阵。

带状矩阵也称为对角矩阵。由图 2-52a 可以看出，在这种矩阵中，所有非零元素都集中在以主对角线为中心的带状区域中，即除了主对角线和它的上下方若干条对角线的元素外，所有其他元素都为零（或同一个常数 c）。

$$\begin{pmatrix} a_{11} & a_{12} & 0 & 0 & 0 \\ a_{21} & a_{22} & a_{23} & 0 & 0 \\ 0 & a_{32} & a_{33} & a_{34} & 0 \\ 0 & 0 & a_{43} & a_{44} & a_{45} \\ 0 & 0 & 0 & a_{54} & a_{55} \end{pmatrix}$$

a)

$$\begin{pmatrix} 0 & a_{11} & a_{12} \\ a_{21} & a_{22} & a_{23} \\ a_{32} & a_{33} & a_{34} \\ a_{43} & a_{44} & a_{45} \\ a_{54} & a_{55} & 0 \end{pmatrix}$$

b)

C=

0	1	2	3	4	5	6	7	8	9	10	11	12
a_{11}	a_{12}	a_{21}	a_{22}	a_{23}	a_{32}	a_{33}	a_{34}	a_{43}	a_{44}	a_{45}	a_{54}	a_{55}

c)

图 2-52　带状矩阵及到向量的映像

a) w=3 的 5 阶带状矩阵　b) 压缩为 5×3 的矩阵　c) 压缩为向量

带状矩阵 A 也可以采用压缩存储。一种压缩方法是将 A 压缩到一个 n 行 w 列的二维数组 B 中，如图 2-52b 所示，a_{ij} 映射为 $b_{i'j'}$，映射关系为

$$\begin{cases} i' = i \\ j' = j-i+m \end{cases} \qquad (2\text{-}14)$$

另一种压缩方法是将带状矩阵压缩到向量 C 中去，按以行为主序，顺序存储带上的元素，如图 2-52c 所示，按其压缩规律，可建立由 a_{ij} 到 C[k]的映像函数。

对于一个 n 阶带状矩阵，当 w=3 时，第 1 行有 2 个非零元素，从第 2 行开始到第 n−1 行每行有 3 个元素，第 n 行有 2 个非零元素。

那么，当 i≥2 时，前 i−1 行共有 3×(i−1)−1 个元素，而第 i 行的 3 个元素为 $a_{i,i-1},a_{i,i},a_{i,i+1}$，而它们将顺次存放在 C[3×(i−1)−1]、C[3×(i−1)]、C[3×(i−1)+1]中，因此可构造出下面的映射关系：

$$k = 3\times(i-1)-1+(j-i+1) = 2\times i+j-3 \qquad (2\text{-}15)$$

可以验证，当 i=1 时，映射关系也成立。

4．稀疏矩阵

设 m×n 矩阵中有 t 个非零元素且 t<<m×n，这样的矩阵称为稀疏矩阵。很多科学管理及工程计算中，常会遇到阶数很高的大型稀疏矩阵。如果按常规分配方法，顺序分配在计算机内，那将相当浪费内存。为此提出另外一种存储方法，即仅仅存放非零元素。但对于这类矩阵，通常零元素分布没有规律，为了能找到相应的元素，仅存储非零元素的值是不够的，还要记下它所在的行和列。于是采取如下方法：将非零元素所在的行、列及它的值构成一个三元组(i,j,v)，再按某种规律存储这些三元组。这种方法可以节约存储空间。下面讨论稀疏矩阵的压缩存储三元组表的方法。

将三元组按行优先、同一行中列号从小到大的规律排列成一个线性表，称为三元组表，采用顺序存储方法存储该表。

图 2-53 所示的稀疏矩阵 A 对应的三元组表如图 2-54 所示。

$$\begin{pmatrix} 15 & 0 & 0 & 22 & 0 & -15 \\ 0 & 11 & 3 & 0 & 0 & 0 \\ 0 & 0 & 0 & 6 & 0 & 0 \\ 0 & 0 & 0 & 0 & 0 & 0 \\ 91 & 0 & 0 & 0 & 0 & 0 \\ 0 & 0 & 0 & 0 & 0 & 0 \end{pmatrix}$$

图 2-53　稀疏矩阵 A

	i	j	v
1	1	1	15
2	1	4	22
3	1	6	−15
4	2	2	11
5	2	3	3
6	3	4	6
7	5	1	91

图 2-54　三元组表

三元组中的元素类可定义如下。

```
public class SPNode {
    int i, j;
    DataType v;
    public SPNode(int i, int j, DataType v) {
        this.i = i;
        this.j = j;
        this.v = v;
    }
    public int getI() {
        return i;
    }
    public int getJ() {
        return j;
    }
    public DataType getV() {
        return v;
    }
}
```

显然，要唯一地表示一个稀疏矩阵，还需要在存储三元组表的同时存储该矩阵的行、列，为了运算方便，矩阵的非零元素的个数也同时存储。因此，采用三元组表存放稀疏矩阵可定义为如下的 SPMatrix 类。

```
Class SPMatrix
{
    public class SPMatrix {
    private static final int MAXSIZE = 100;         //定义三元组表空间的最大容量
    private int mu;                                 //稀疏矩阵的行数
    private int nu;                                 //稀疏矩阵的列数
    private int tu;                                 //稀疏矩阵的非零元素个数
    private SPNode[] data;                          //三元组表的存储空间
```

```
    public SPMatrix() {//构造函数1
        SPNode[] data = new SPNode[MAXSIZE];
        tu = 0;
    };

    public SPMatrix(int m, int n) {
        //构造函数2，建立存储容量为MAXSIZE的三元组表空间
        SPNode[] data = new SPNode[MAXSIZE];
        tu = 0;
        mu = m;
        nu = n;
    };
    …                                          //其他成员函数
}
```

这样的存储方式确实节约了存储空间，但矩阵的运算从算法上可能会变得复杂些。下面讨论这种存储方式下的稀疏矩阵的转置运算。

设矩阵A表示一个m×n的稀疏矩阵，其转置矩阵B则是一个n×m的稀疏矩阵，定义A、B均为SPMatrix存储类型。由A求B首先想到的是：首先将A的行、列转化成B的列、行；再将 A.data 中每一三元组的行、列交换后转化到 B.data 中。看上去以上两点完成之后，似乎就完成了 B，其实不然。因为，前面规定三元组表中的存储是一行一行的，且每行中的元素是按列号从小到大的规律顺序存放的，因此 B 也必须按此规律实现。A 的转置 B 如图 2-55 所示，图2-56是它对应的三元组存储，就是说，在A的三元组存储的基础上得到B的三元组表存储（为了理解方便，三元组表data从分量1起用，以下同）。

$$
\begin{pmatrix}
15 & 0 & 0 & 0 & 91 & 0 \\
0 & 11 & 0 & 0 & 0 & 0 \\
0 & 3 & 0 & 0 & 0 & 0 \\
22 & 0 & 6 & 0 & 0 & 0 \\
0 & 0 & 0 & 0 & 0 & 0 \\
-15 & 0 & 0 & 0 & 0 & 0
\end{pmatrix}
$$

图2-55　A的转置B

	i	j	v
1	1	1	15
2	1	5	91
3	2	2	11
4	3	2	3
5	4	1	22
6	4	3	6
7	6	1	-15

图2-56　B的三元组表

算法思路：

1）A的行、列转成B的列、行。

2）在A表中依次查找第1列、第2列，直到最后一列，并将找到的每个三元组的行、列交换后顺序存储到B表中即可。

【算法2-54】 稀疏矩阵转置。

```
private void AddNode(int i, int j, DataType v) {
    data[tu]=new SPNode(i, j, v);
    tu++;
}
public SPMatrix TransM1() {
    SPMatrix B = new SPMatrix(nu,mu);          //转置后的矩阵行列数正好和原矩阵相反
    if(tu > 0)                                 //有非零元素则转换
    {
        for(int col = 1; col <= nu; col++)     //按A的列序转换
            for(int p = 1; p <= tu; p++)       //扫描整个三元组表
                if(data[p].getJ() == col)      {
                                               //注意向B中添加元素时行列和原顺序相反
            B.AddNode(data[p].getJ(),data[p].getI(),data[p].getV());
```

```
            }
        }
        return B;                                          //返回矩阵 B
    }
```

分析该算法，其时间主要耗费在 col 和 p 的二重循环上，所以时间复杂度为 O(n×t)。

设 m、n 是原矩阵的行、列，t 是稀疏矩阵的非零元素个数，显然当非零元素的个数 t 和 m×n 同数量级时，算法的时间复杂度为 $O(m\times n^2)$。与通常存储方式下矩阵转置算法相比，可能节约了一定量的存储空间，但算法的时间复杂度更差一些。

算法 2-54 效率低的原因是算法要从 A 的三元组表中寻找第 1 列、第 2 列……要反复搜索 A 表。若能直接确定 A 中每一个三元组在 B 中的位置，则对 A 扫描一次即可。这是可以做到的。因为 A 中第 1 列的第 1 个非零元素一定存储在 B.data[1]，如果还知道第 1 列的非零元素的个数，那么第 2 列的第 1 个非零元素在 B 中的位置便等于 1+A 中第 1 列非零元素的个数，第 3 列的第 1 个非零元素在 B 中的位置便等于第 2 列的第 1 个非零元素在 B 表中的位置+A 中第 2 列非零元素的个数，以此类推。因为 A 中三元组的存放顺序是先行后列，对同一行来说，必定先遇到列号小的元素，这样扫描一遍 A 即可使每一个三元组对号入座到 B 中。

根据这个想法，需引入两个向量来实现：num[n+1]和 cpot[n+1]。num[col]表示矩阵 A 中第 col 列的非零元素的个数（为了方便理解均从 1 分量起用），cpot［col］初始值表示矩阵 A 中第 col 列的第 1 个非零元素在 B.data 中的位置。于是，cpot 的初始值为

cpot[1]=1;

cpot[col]=cpot[col-1]+num[col-1](2≤col≤n)

矩阵 A 的 num 和 cpot 的值如图 2-57 所示。

col	1	2	3	4	5	6
cpot[col]	1	3	4	5	7	7
num[col]	2	1	1	2	0	1

图 2-57　矩阵 A 的 num 与 cpot 的值

依次扫描 A，当扫描到一个 col 列元素时，直接将其存放在 B 的第 cpot[col]个位置上，然后 cpot[col]加 1。cpot[col]中始终是下一个 col 列元素在 B 中的位置。

按以上思路，改进的稀疏矩阵转置算法如下。

【算法 2-55】 改进的稀疏矩阵转置算法。

```
    public void setTu(int tu) {
        this.tu = tu;
    }

    public void setDataAt(int pos, SPNode v) {
        data[pos] = v;
    }

    public SPMatrix TransM2() {
        SPMatrix B = new SPMatrix(nu, mu);
        int i, j, k;
        int[] num = new int[nu + 1];
        int[] cpot = new int[nu + 1];
        if(tu > 0)                                 //有非零元素则转换
        {
            for(i = 1; i <= nu; i++)
                num[i] = 0;
            for(i = 1; i <= tu; i++)               //求矩阵 A 中每一列非零元素的个数
            {
                j = data[i].getJ();
                num[j]++;
            }
            cpot[1] = 1;                           //求矩阵 A 中每一列第一个非零元素在 B.data 中的位置
```

```
        for(i = 2; i <= nu; i++)
          cpot[i] = cpot[i - 1] + num[i - 1];
        for(i = 1; i <= (tu); i++)        //扫描三元组表
        {
          j = data[i].getJ();             //当前三元组的列号
          k = cpot[j];                    //当前三元组在B.data中的位置
          B.setDataAt(k, new SPNode(data[i].getJ(), data[i].getI(), data[i].getV()));
          cpot[j]++;
        }
      }
      B.setTu(tu);
      return B;                           //返回的是转置矩阵的位置
    }
```

分析这个算法的时间复杂度：这个算法中有四个循环，分别执行 n、t、n-1、t 次，在每个循环中，每次迭代的时间是一常量，因此总的计算量是 O(n+t)。当然，它所需要的存储空间比前一个算法多了两个 n 个整型向量。

2.8 本章小结

知识点	描述	学习要求
线性表的定义	具有相同数据类型的 n（n≥0）个数据元素的有限序列，通常记为($a_1,a_2,\cdots,a_n$)，其中 n 为表长。n=0 时称为空表	掌握线性表的概念要点：元素具有相同数据类型、元素之间是线性关系
线性表的顺序存储	也称顺序表，按线性表中元素的逻辑顺序依次存储在地址连续的存储单元里。用数组下标连续的相邻实现逻辑上的相邻	掌握顺序表的存储描述
顺序存储线性表的操作	初始化、插入、删除、求表长、读元素，以及相关应用	准确写出算法，并估计时/空复杂度
线性表的链式存储	也称链表，是通过每个结点的链域将线性表的 n 个结点按其逻辑顺序链接在一起的。不要求地址连续	掌握链表的存储描述
链式存储线性表的操作	初始化、插入、删除、求表长、读元素，以及相关应用	准确写出算法，并估计时/空复杂度
头结点及其作用	在链表中，附加在第一个元素结点之前的一个结点。 作用：使对空表和非空表的处理得到统一；在链表的第一个位置上的操作和在其他位置上的操作一致，无须特殊处理 注意：在使用链表时要说明是否带头结点	能够正确初始化带头结点和不带头结点的链表
单链表	链表的每一个结点除了设置一个域存放结点元素，另外只设一个后继域指向其后继元素。链表最后一个元素的后继域为空	能够建立单链表的存储，写出单链表上的运算算法
循环链表	存储定义与单链表相同，不同之处在于链表最后一个元素的后继域指向链表的头结点	能够建立循环链表的存储，写出循环链表上的运算算法
双向链表	链表的每一个结点除了设置一个域存放结点元素，另外还需设两个域分别指向其前驱元素和后继元素。若链表最后一个元素的后继域指向头结点，头结点的前驱域指向链表最后一个元素，则为循环双向链表 注意：在解题时要看清楚是双向循环链表还是双向链表	能够建立双向链表的存储，写出双向链表上的运算算法
顺序存储线性表的特点	优点：可按存储位置随机访问；存储密度高 缺点：插入和删除运算平均需移动大约表中一半的元素；存储空间是静态分配的，在程序执行之前必须明确规定存储规模，因此分配不足则会造成溢出，分配过大又可能造成存储空间的浪费	能够根据数据操作的要求，正确选择线性表的存储方式 拓展目标：任何事物都是有利有弊的，要能够明辨
链式存储线性表的特点	优点：进行插入和删除运算时，只需改变位置，不需移动数据；不需要事先分配空间，便于表的扩充 缺点：不能按序号随机访问第 i 个元素；存储密度降低 注意：可以不用指针而用数组实现链式存储，称之为静态链表。在实际应用中采用链式存储线性表可以根据需要设置链表指针的初始位置，例如，对于经常对线性结构最后一个元素进行操作的应用，可采用将链表初始位置指向线性结构最后一个元素的单链表或循环链表的存储表示	能够根据数据运算的要求，正确选择线性表的存储方式

（续）

知识点	描述	学习要求
堆栈的定义	限制仅在表的一端进行插入、删除运算的线性表。这一端被称为栈顶，另一端是栈底	牢记栈的运算原则：后进先出 拓展目标：正确看待不完美的价值
顺序栈的实现	采用顺序存储结构实现的栈	掌握顺序栈的存储定义，以及初始化栈、入栈、出栈、读栈顶元素等基本运算的实现
上溢	栈满时再做进栈运算时产生的空间溢出	结合存储进行判别
下溢	栈空时再做退栈运算时产生的无元素可退	结合存储进行判别
链式栈的实现	采用链式存储结构实现的栈	掌握链栈的存储定义，以及初始化栈、入栈、出栈、读栈顶元素等基本运算的实现
队列的定义	仅允许在表的一端（队尾）进行插入运算，而在表的另一端（队首）进行删除运算的受限的线性表	牢记队列的运算原则：先进先出
顺序队列	采用顺序存储结构实现的队列	了解顺序存储队列的定义及存在的问题
假上溢	在顺序队列中，由于队的头尾位置只增不减，导致队尾位置已到队列空间的上界不能再做入队操作，而随着出队操作的进行，队首位置增加，使队列空间尚有空闲单元，这种队列已满的假象被称为假上溢 注意：与栈的上溢和下溢区别开，所谓“假”是指并不是已定义的队列空间放满了，而是还有可用单元，但根据队列运算规则却无法使用到	理解假上溢产生的原因
循环队列的实现	将顺序队列的向量空间视为一个首尾相接的圆环进行运算的队列。克服了假上溢现象，充分利用了向量空间 注意：循环队列仍是以顺序方式存储队列元素，并非采用循环链表，这里的循环指的是队列中的数据在存储位置上首尾相接	掌握循环队列的存储定义，以及初始化队列、队列判满、队列判空、入队列、出队列、读队首元素等基本运算的实现
链队列的实现	采用链式存储结构实现的队列	掌握链队列存储定义以及初始队列、队列判空、入队列、出队列、读队首元素操作的实现
字符串线性结构的特点	每个数据元素仅由一个字符组成的一种特殊的线性表	理解作为线性结构的特殊性
字符串的顺序存储	采用顺序存储结构存储串，可以采用静态存储分配也可以采用动态存储分配	掌握存储方式的定义及其特点
字符串的链式存储	采用链式存储结构存储串，有简单链式存储和块链式存储两种方式	掌握存储方式的定义及其特点
字符串的堆存储	将串名与串值分开存储，串名存储在索引表中，串值存储在堆空间中；串名通过索引表对应到堆空间中的串值；索引表的形式可以有多种；可以根据每个字符串的长度动态地在堆空间中申请相应大小的存储空间	掌握各种索引表方式下的堆存储方式的定义及其特点
字符串的基本运算	求串长、串复制、串连接、串比较、求子串、串插入、串删除、串匹配、串替换 注意：求串长、串赋值、串连接、串比较、求子串为最基本的五种字符串运算，其他四种字符串运算可由这五种基本运算表示	掌握运算过程以及在不同存储方式下的实现
数组	多维数组是线性结构的推广，可将 n 维数组看作是 n-1 维数组构成的线性表	掌握多维数组与线性结构的对应关系
对称矩阵	是一种特殊矩阵；n 阶矩阵的元素满足性质：$a_{ij}=a_{ji}$（$0\leqslant i，j\leqslant n-1$）	掌握对称矩阵与线性结构的对应关系
三角矩阵	以主对角线划分，有上三角矩阵和下三角矩阵两种；主对角线以下，不包括主对角线中的元素，均为常数 c，称为上三角矩阵；主对角线以上，不包括主对角线中的元素，均为常数 c，称为下三角矩阵	掌握三角矩阵与线性结构的对应关系
带状矩阵	非零元素集中在以主对角线为中心的带状区域中，也称带状矩阵	掌握带状矩阵与线性结构的对应关系
稀疏矩阵	矩阵中非零元素的个数远小于矩阵元素总数的矩阵 注意：以三元组表示的稀疏矩阵在运算前后存储的行、列优先顺序要保持统一	掌握稀疏矩阵的三元组的表示及其在这种表示下的矩阵运算实现

练习题

一、简答题

1．循环队列的优点是什么？如何判别它的空和满？

2．栈和队列的数据结构各有什么特点？什么情况下用到栈？什么情况下用到队列？

3．什么是递归？递归程序有什么优缺点？

4．设有编号为 1、2、3、4 的四辆车，顺序进入一个栈式结构的站台。试写出这四辆车开出车站的所有可能的顺序（每辆车可能入站，可能不入站，时间也可能不等）。

5．假设按行优先存储整数数组 A[9][3][5][8]时，第一个元素的字节地址是 100，一个整数占 4 个字节。问下列元素的存储地址是什么？

（1）a_{0000}　　（2）a_{1111}　　（3）a_{3125}　　（4）a_{8247}

6．假设一个准对角矩阵

$$\begin{pmatrix} a_{11} & a_{12} & & & & & \\ a_{21} & a_{22} & & & & & \\ & & a_{33} & a_{34} & & & \\ & & a_{43} & a_{44} & & & \\ & & & & \cdots & & \\ & & & & & a_{2m-1,2m-1} & a_{2m-1,2m} \\ & & & & & a_{2m,2m-1} & a_{2m,2m} \end{pmatrix}$$

按以下方式存储于一维数组 B[4m]中（m 为一个整数）。

0	1	2	3	4	5	6	…	k	…		4m−1	4m
a_{11}	a_{12}	a_{21}	a_{22}	a_{33}	a_{34}	a_{43}	…	a_{ij}	…	$a_{2m-1,2m}$	$a_{2m,2m-1}$	$a_{2m,2m}$

写出下标转换函数 k=f(i,j)。

7．设有 n×n 的带宽为 3 的带状矩阵 A，将其 3 条对角线上的元素存于数组 B[3][n]中，使得元素 B[u][v]=a_{ij}。试推导出从(i,j)到(u,v)的下标变换公式。

8．现有如下的稀疏矩阵 A，要求画出以下各种表示方法。

（1）三元组表表示法。

（2）十字链表法。

$$\begin{pmatrix} 0 & 0 & 0 & 22 & 0 & -15 \\ 0 & 13 & 3 & 0 & 0 & 0 \\ 0 & 0 & 0 & -6 & 0 & 0 \\ 0 & 0 & 0 & 0 & 0 & 0 \\ 91 & 0 & 0 & 0 & 0 & 0 \\ 0 & 0 & 28 & 0 & 0 & 0 \end{pmatrix}$$

二、算法设计题

1．设线性表存放在向量 A[arrsize]的前 elenum 个分量中，且递增有序。试写一算法，将 x

插入线性表的适当位置，以保持线性表的有序性，并且分析算法的时间复杂度。

2．已知一顺序表 A，其元素值非递减有序排列。编写一个算法删除顺序表中多余的值相同的元素。

3．编写一个算法，从一个给定的顺序表 A 中删除值在 x～y（x<=y）之间的所有元素，要求以较高的效率来实现。

4．线性表中有 n 个元素，每个元素是一个字符，现存于向量 R[n]中。试编写一算法，使 R 中的字符按字母字符、数字字符和其他字符的顺序排列。要求利用原来的存储空间，且元素移动次数最小。

5．线性表采用顺序存储方式，设计一个算法，用尽可能少的辅助存储空间将顺序表中前 m 个元素和后 n 个元素进行整体互换。也就是说，将线性表$(a_1,a_2,\cdots,a_m,b_1,b_2,\cdots,b_n)$改变为$(b_1,b_2,\cdots,b_n,a_1,a_2,\cdots,a_m)$。

6．已知带头结点的单链表 L 中的结点是按整数值递增排列的。试编写一算法，将值为 x 的结点插入表 L 中，使得 L 仍然递增有序，并且分析算法的时间复杂度。

7．假设有两个已排序（递增）的单链表 A 和 B，编写算法将它们合并成一个链表 C 而不改变其排序性。

8．假设长度大于 1 的循环单链表中，既无头结点也无头位置，p 指向该链表中某一结点的位置。编写算法删除该结点的前驱结点。

9．已知两个单链表 A 和 B 分别表示两个集合，其元素递增排列。编写算法求出 A 和 B 的交集 C，要求 C 同样以元素递增的单链表形式存储。

10．设有一个双向链表，每个结点中除有 prior、data 和 next 域外，还有一个访问频度域 freq，在链表被起用之前，该域的值初始化为零。每当链表进行一次 Locate(L,x)运算后，令值为 x 的结点中的 freq 域的值增 1，并调整表中结点的次序，使其按访问频度的非递增序列排列，以便使频繁访问的结点总是靠近表头。试写一个满足上述要求的 Locate(L,x)算法。

11．正读和反读都相同的字符序列称为“回文”。例如，“abcddcba”和“qwerewq”是回文，而“ashgash”不是回文。试编写一个算法判断读入的一个以'@'为结束符的字符序列是否为回文。

12．设用数组 se[m]存放循环队列的元素，同时设变量 rear 和 front 分别标识队头和队尾位置，且队头位置指向队头的前一个位置。试写出这样设计的循环队列入队和出队的算法。

13．假设用数组 se[m]存放循环队列的元素，同时设变量 rear 和 num 分别作为队尾位置和队中元素个数记录。试给出判别此循环队列队满的条件，并写出相应入队和出队的算法。

14．假设用带头结点的循环链表表示一个队列，并且只设一个队尾位置指向尾元素结点（注意：不设头位置）。试写出相应的置空队、入队、出队的算法。

15．设计一个算法判别一个算术表达式的圆括号是否正确配对。

16．编写一个算法实现借助栈将一个单链表置逆。

17．两个栈共享向量空间 data[m]，它们的栈底分别设在向量的两端，每个元素占一个分量。试写出两个栈公用的栈运算算法：push(s,i,x)、pop(s,i)和 top(s,i)。其中，s 表示栈，i 取值 0 或 1，用以指示栈号。

18．采用顺序存储结构存储串，编写一个函数，计算一个子串在一个字符串中出现的次数。如果该子串不出现，则次数为 0。

19．假设稀疏矩阵 A 和 B（具有相同的大小 m×n）都采用三元组表存储。编写一个算法计算 C=A+B，要求 C 也采用三元组表存储。

20．假设稀疏矩阵 A 和 B（分别为 m×n 和 n×l 矩阵）采用三元组表存储。编写一个算法计算 C=A×B，要求 C 也是采用稀疏矩阵的三元组表存储。

21．假设稀疏矩阵只存放其非零元素的行号、列号和数值，以一维数组顺次存放，以行号为-1 作为结束标志。例如有如下所示的稀疏矩阵 M：

$$M = \begin{pmatrix} 1 & 0 & 0 & 0 & 10 & 0 & 0 & 0 & 0 \\ 0 & 0 & 0 & 0 & 0 & 0 & 0 & 0 & 0 \\ 0 & 0 & 0 & 0 & 0 & 0 & 0 & 0 & 5 \\ 0 & 0 & 0 & 0 & 0 & 0 & 0 & 0 & 0 \\ 0 & 0 & 0 & 0 & 0 & 0 & 0 & 0 & 0 \end{pmatrix}$$

则存在一维数组 D：

D[0]=1，D[1]=1，D[2]=1，D[3]=1，D[4]=5

D[5]=10，D[6]=3，D[7]=9，D[8]=5，D[9]=−1

现有两个如上方法存储的稀疏矩阵 A 和 B，它们均为 m 行 n 列，分别存放在数组 A 和 B 中。编写一个算法求矩阵加法 C=A+B，C 亦放在数组 C 中。

22．已知 A 和 B 为两个 n×n 阶的对称矩阵，输入时，对称矩阵只输入下三角形元素，按压缩存储方法存入一维数组 A 和 B 中。编写一个算法计算对称矩阵 A 和 B 的乘积。

授课视频

2−5　Josephus 环问题

实验题

题目 1　Josephus 环问题

一、问题描述

设编号为 1,2,…,n 的 n 个人按顺时针方向围坐一圈。约定编号为 k（1≤k≤n）的人按顺时针方向从 1 开始报数，数到 m 的那个人出列，它的下一位又从 1 开始报数，数到 m 的那个人又出列，依次类推，直到所有人出列为止，由此产生一个出队编号的序列。试设计算法求出 n 个人的出列顺序。

二、基本要求

程序运行时，首先要求用户指定人数 n、第一个开始报数的人的编号 k 及报数上限值 m。然后，按照出列的顺序打印出相应的编号序列。

三、提示与分析

1．由于报到 m 的人出列的动作对应着数据元素的删除操作，而且这种删除操作比较频繁，因此单向循环链表适于作为存储结构来模拟此过程。而且，为了保证程序位置每一次都指向一个具体的数据元素结点，应使用不带头结点的循环链表作为存储结构。相应地，需要注意空表和非空表的区别。

2．算法思路：先创建一个含有 n 个结点的单循环链表，然后由第一个结点起从 1 开始计数（此时假设 k=1），计到 m 时，对应结点从链表中删除，接下来从被删除结点的下一个结点重新开始从 1 开始计数，计到 m 时，从链表中删除对应结点，如此循环，直至最后一个结点从链表中删除，算法结束。

四、测试数据

1．n=7,m=5，从第 1 个人开始报数，则正确的出列顺序应为 5,3,2,4,7,1,6。

2．n=30,m=9，正确的出列顺序应为 9,18,27,6,16,26,7,19,30,12,24,8,22,5,23,21,25,28,29,1,2,3,4,10,11,13,14,15,17,20。

3．m 的初值为 20,n=7，7 个人的密码依次为 3,1,7,2,4,8,4，首先 m 值为 6（正确的出列顺序应为 6,1,4,7,2,3,5）。

五、选作内容

1．在顺序结构上实现本算法。注意考虑如何实现循环的顺序结构。

2．m 不再固定。假设 n 个人每人持有一个密码（正整数），从编号为 k 的人开始从 1 开始顺序报数，报到 m 的人出列，此时将他的密码作为新的 m 值，从他顺时针方向上的下一个人开始重新从 1 报数，报到 m 的人出列，然后将他的密码作为新的 m 值，如此循环下去，直到所有人全部出列为止。

3．显示仿真的运行界面。

题目 2　一元多项式运算

一、问题描述

设计一个简单的一元稀疏多项式加法运算器。

二、基本要求

一元稀疏多项式简单计算器的基本功能包括：

1）按照指数升序次序，输入并建立多项式 A 与 B。

2）计算多项式 A 与 B 的和，即建立多项式 A+B。

3）按照指数升序次序，输出多项式 A、B、A+B。

三、提示与分析

1．一元 n 次多项式 $P(x,n)=P_0+P_1X^1+P_2X^2+\cdots+P_nX^n$，其每一个子项都是由“系数”和“指数”两部分组成的，因此可以将它抽象成一个由系数-指数对构成的线性表，其中，多项式的每一项都对应于线性表中的一个数据元素。由于对多项式中系数为 0 的子项可以不记录它的指数值，对于这样的情况就不再付出存储空间来存放它了。基于此，可以采用一个带有头结点的单链表来表示一个一元多项式。

2．基本功能分析

（1）输入多项式，建立多项式链表

首先创建带头结点的单链表；然后按照指数递增的顺序和一定的输入格式输入各个系数不为 0 的子项——系数-指数对，每输入一个子项就建立一个结点，并将其插入多项式链表的表尾，如此重复，直至遇到输入结束标志的时候停止，最后生成按指数递增有序的链表。

（2）多项式相加

多项式加法规则：对于两个多项式中指数相同的子项，其系数相加，若系数的和非零，则构成“和多项式”中的一项；对于指数不同的项，直接构成“和多项式”中的一项。

（3）多项式的输出

可以在文本界面下，采用类似数学表达式的方式输出多项式。

注意：系数值为 1 的非零次项的输出形式中略去系数 1，如子项 $1x^8$ 的输出形式为 x^8，子项 $-1x^3$ 的输出形式为 $-x^3$。多项式的第一项的系数符号为正时，不输出“+”，其他项要输出

“+”和“−”符号。

四、测试数据

1．$(2x+5x^8-3.1x^{11})+(7-5x^8+11x^9)$

2．$(x+3x^6-8.6x^{11})+(6-3x^6+21x^9)=6+x+21x^9-8.6x^{11}$

3．$(6x^{-3}-x+4.4x^2-1.2x^9)-(-6x^{-3}-+5.4x^2-x^2+7.8x^{15})$

4．$(3x^{-3}-x+4.1x^2-1.2x^9)+(-3x^{-3}-5.1x^2+7.8x^{12})=-x-x^2-1.2x^9+7.8x^{12}$

5．$(x+x^3)+(-x-x^3)=0$

6．$(x+x^{100})+(x^{100}+x^{200})=(x+2x^{100}+x^{200})$

五、选作内容

1．计算多项式 A 与 B 的差，即建立多项式 A−B。

2．计算多项式 A 的导函数 A′。

3．计算多项式 A 与 B 的积，即建立多项式 A×B。

4．输入多项式时可以按任意次序输入各项的数据，不必按指数有序；在算法中实现建立按指数有序的多项式。

5．多项式的输出形式采用图形界面，通过调整指数应该出现的坐标位置来表示指数形式，如 $X+2X^2-3X^{100}$ 的形式。

6．多元多项式的运算。

7．设计计算器的仿真界面。

题目 3　模拟停车场管理

一、问题描述

设停车场只有一个可停放几辆汽车的狭长通道，且只有一个大门可供汽车进出。汽车在停车场内按车辆到达的先后顺序依次排列，若车场内已停满汽车，则后来的汽车只能在门外的便道上等候，一旦停车场内有车开走，则排在便道上的第一辆车可进入。当停车场内某辆车要离开时，由于停车场是狭长的通道，在它之后开入的车辆必须先退出车场为它让路，待该辆车开出大门后，为它让路的车辆再按原次序进入车场。在这里假设汽车不能从便道上开走。

二、基本要求

按照从终端输入数据序列进行模拟管理。

1．栈用顺序结构实现，队列用链式结构实现。

2．每一组输入数据包括三个数据项：汽车“到达”或“离去”的信息、汽车牌照号码、汽车到达或离去的时刻。

3．对每一组输入数据进行操作后的输出信息为：若是车辆到达，则输出车辆在停车场内或便道上的停车位置；若是车辆离去，则输出车辆在停车场内停留的时间和应缴纳的费用（假设在便道上等候的时间不收费）。

三、提示与分析

1．根据问题描述可知，使用栈来模拟停车场，使用队列来模拟车场外的便道；还需另设一个辅助栈，临时存放为给要离去的汽车让路而从停车场退出来的汽车；输入数据时必须保证按到达或离去的时间有序。

2．基本功能分析

1）主控功能：介绍程序的基本功能，并给出程序功能所对应的键盘操作提示，如车到来

或离去的表示方法，停车场或者便道的状态的查询方法提示等。

2）汽车到来：首先要查询当前停车场的状态，当停车场非满时，将其驶入停车场（入栈），开始计费；当停车场满时，让其进入便道等候（入队）。

3）汽车离开停车场：当某辆车要离开停车场的时候，比它后进停车场的车要为它让路，（即将这些车依次“压入”辅助栈），开走请求离开的车，再将辅助栈中的车依次出栈，“压入”停车场；同时，根据离开的车在停车场停留的时间进行收费；最后，查询是否有车在便道等候，若有，将便道上的第一辆车驶入停车场（先出队，再入栈），开始计费。

4）状态查询：用来在屏幕上显示停车位和便道上各位置的状态。

四、测试数据

1．连续有 7 辆车到来，牌照号分别为 JF001、JF002、JF003、JF004、JF005、JF006、JF007，前 5 辆车应该进入停车位 1～5，第 6、7 辆车应停入便道的 1、2 位置上。

2．前面情况发生后，让牌照号为 JF003 的汽车从停车场开走，应显示 JF005、JF004 的让路动作和 JF006 从便道到停车位上的动作。

3．随时检查停车位和便道的状态，不应该出现停车位有空位而便道上还有车的情况。

4．程序容错性的测试。当按键输入错误的时候是否有错误提示给用户指导用户正确操作，并做出相应处理保证程序健康运行。

五、选作内容

1．汽车有不同种类，则它们的占地面积不同，收费标准也不同。例如，1 辆客车和 2 辆小汽车的占地面积相同，1 辆十轮卡车的占地面积相当于 4 辆小汽车的占地面积。

2．汽车可以直接从便道上开走，此时排在它前面的汽车要先开走让路，然后再依次排到队尾。

3．停放在便道上的汽车也收费，收费标准比停放在停车场的低。

4．采用更友好的图形界面显示。

第3章 树 结 构

内容导读

在前面章节讨论的数据结构都属于线性结构，线性结构的特点是逻辑结构简单，易于进行查找、插入和删除等操作，其主要用于对客观世界中具有单一的前驱和后继的数据关系进行描述。而现实中，许多事物的关系并非这样简单，如人类社会的族谱、各种社会组织机构，以及城市交通网和通信网等，这些事物中的联系都是非线性的，采用非线性结构进行描绘会更明确和便利。

所谓非线性结构，是指在该结构中至少存在一个数据元素，它有两个或两个以上的直接前驱（或直接后继）元素。树结构和图结构就是其中十分重要的非线性结构，可以用来描述客观世界中广泛存在的层次结构和网状结构的关系，如前面提到的族谱、城市交通网等。本书的第3、4 章将重点讨论这两类非线性结构的有关概念、存储结构、在各种存储结构上所实施的一些运算以及相关的应用。

【主要内容提示】

- 二叉树的概念、性质和存储
- 二叉树的递归遍历与非递归遍历
- 线索二叉树的概念、存储及应用
- 最优二叉树的概念、构造及哈夫曼编码
- 树和森林的存储、相互转换、遍历及应用

【学习目标】

- 准确描述二叉树的概念及其五种基本形态
- 能够说明二叉树的性质并予以证明
- 定义二叉树的存储并写出其基本操作的实现
- 能够写出二叉树递归遍历和非递归遍历的算法
- 定义线索二叉树的存储并写出运用线索二叉树遍历二叉树的算法
- 准确描述最优二叉树的概念并写出构造最优二叉树的算法
- 写出应用最优二叉树进行哈夫曼编码的算法
- 准确描述树和森林的概念并定义其存储
- 能够举例说明树和森林相互转换的方法
- 举例说明树和森林的遍历方法及应用实现

3.1 引言

本节将通过大家熟悉的问题引出二叉树和树的定义及相关概念。

3.1.1 问题提出

第 2 章介绍的线性结构是指元素之间至多有一个前驱元素或一个后继元素的情况。然而，

在现实生活中或数学抽象中还有一种情况是元素至多有一个前驱元素，而可有多个后继元素的情况，称之为树结构。看下面这些问题，它们涉及的数据元素之间的关系是怎样的。

问题 1：组织结构层次关系的存储与查找。

问题 2：家族族谱中家族成员之间的关系表示与查找。

问题 3：图书馆中图书的分类关系的建立。

问题 4：0-1 背包问题求解中，穷举所有可能的解。

0-1 背包问题：给定 n 种物品和 1 个背包。物品 i 的重量是 w_i，其价值为 v_i，背包的容量为 C。问应如何选择装入背包的物品使得装入背包中物品的总价值最大。该问题可抽象成如下的数学表达，在满足式（3−1）的条件下，求得到式（3−2）的 x 序列的取值。

$$\begin{cases} \sum_{i=1}^{n} w_i x_i \leqslant C \\ x_i \in \{0.1\} \qquad 1 \leqslant i \leqslant n \end{cases} \tag{3-1}$$

$$\max \sum_{i=1}^{n} v_i x_i \tag{3-2}$$

该问题的解空间如图 3−1 所示（简化为三个物品），每一条由结点 A 到最下层结点的路径为一种可能的解决方案。

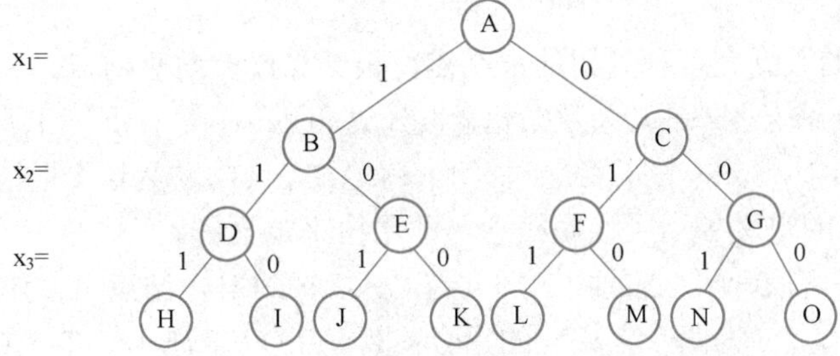

图 3−1　3 个物品的 0-1 背包问题的解空间树

问题 5：n 皇后问题。在 n×n 的棋盘上放置彼此不受攻击的 n 个皇后。按照国际象棋的规则，皇后可以攻击与之处在同一行、同一列或同一斜线上的棋子。n 皇后问题等价于在 n×n 的棋盘上放置 n 个皇后，任何两个皇后不放在同一行、同一列或同一斜线上。如图 1-1 所示是四皇后问题得到的棋盘布局隐含的状态树。

上述前 3 个问题数据元素之间的逻辑关系相似，都是从一个源结点开始，产生分支的组织机构、家族成员或下一层次的图书分类，再由下一层产生再下面的分支，这样直到最下层。它们都具有树的特征。此外，它们还有一个共同点就是每个结点的分支数不一定相等。问题 4 和问题 5 的解空间也属于树结构，与前三个问题不同的是，问题 4 每个结点的分支数都是 2，问题 5 中的四皇后问题每个结点的分支数都是 4。

很明显，树结构相对于线性结构复杂得多，子结点数量的变化导致管理非常困难。为研究树结构的性质，人们一般将树结构简化为最多只有两个子结点的形式，为了方便还将这两个子结点分别命名为左孩子和右孩子，这样的树称为二叉树。树与二叉树之间存在一一对应的关系，清楚了二叉树的管理方法，树的相关操作就容易多了。

本章将详细讨论上述问题涉及的树结构如何存储和搜索，进而推广到对多棵树（称为森林）的存储和搜索问题的解决。

3.1.2 相关概念

1．二叉树的定义

二叉树（Binary Tree）是有限个数据元素的集合，该集合或者为空，或者由一个称为根的元素及两个不相交的、被分别称为根的左子树和根的右子树组成。当集合为空时，称该二叉树为空二叉树。在二叉树中，一个元素也称作一个结点。

二叉树是有序的，即若将其左、右子树颠倒，就成为另一棵不同的二叉树。即使树中结点只有一棵子树，也要区分它是左子树还是右子树。因此，二叉树具有 5 种基本形态，如图 3-2 所示。二叉树的这 5 种基本形态是设计二叉树有关算法时进行分类分析的基础。

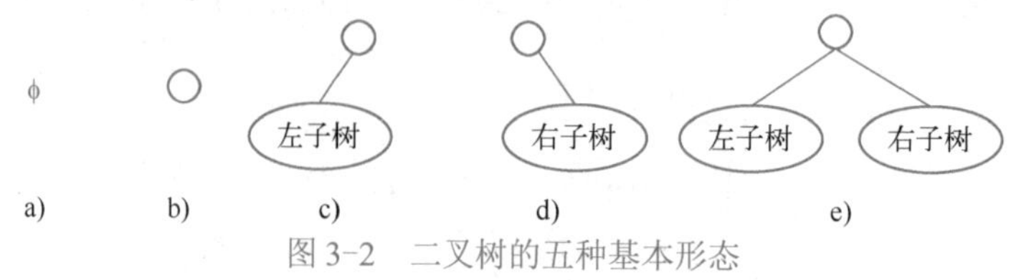

图 3-2 二叉树的五种基本形态

a) 空 b) 只有根结点 c) 只有左子树 d) 只有右子树 e) 具有左、右子树

2．树的定义

树（Tree）是 n（n≥0）个有限数据元素的集合。当 n=0 时，称这棵树为空树。在一棵非空树 T 中：

1）有一个特殊的数据元素称为树的根结点，根结点没有前驱结点。

2）若 n>1，除根结点之外的其余数据元素被分成 m（m>0）个互不相交的集合 $T_1,T_2,\cdots,T_m$，其中每一个集合 T_i（1≤i≤m）本身又是一棵树。树 $T_1,T_2,\cdots,T_m$ 称为这个根结点的子树。

可以看出，在树的定义中用了递归概念，即用树来定义树。

图 3-3a 是一棵具有 9 个结点的树，即 T={A,B,C,…,H,I}，结点 A 为树 T 的根结点，除根结点 A 之外的其余结点分为两个不相交的集合：T_1={B,D,E,F,H,I}和 T_2={C,G}。T_1 和 T_2 构成了结点 A 的两棵子树，它们本身也分别是一棵树。例如，子树 T_1 的根结点为 B，其余结点又分为 3 个不相交的集合：T_{11}={D}，T_{12}={E,H,I}和 T_{13}={F}。T_{11}、T_{12} 和 T_{13} 构成了子树 T_1 的根结点 B 的 3 棵子树。如此可继续向下分为更小的子树，直到每棵子树只有一个根结点为止。

从树的定义和图 3-3a 的示例可以看出，树具有下面两个特点。

1）树的根结点没有前驱结点，除根结点之外的所有结点有且只有一个前驱结点。

2）树中所有结点可以有零个或多个后继结点。

由此特点可知，图 3-3b、c、d 所示的都不是树结构。

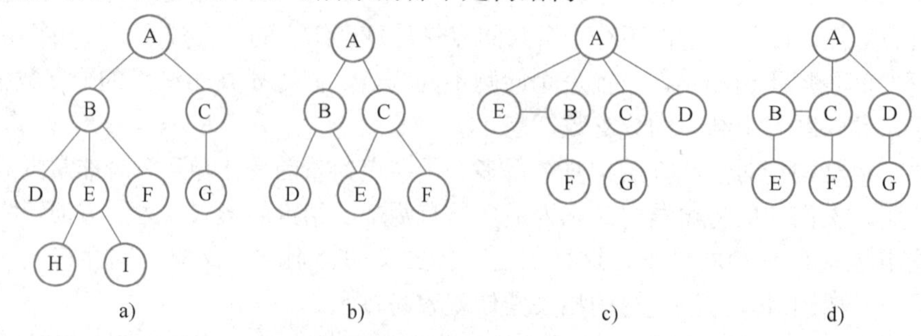

图 3-3 树结构和非树结构示意图

a) 一个树结构 b) 一个非树结构 c) 一个非树结构 d) 一个非树结构

3. 其他术语

在下列的术语中，除特殊指明了二叉树之外，都适用于普通的树形结构（称为树）。

1）结点的度。结点拥有的子树的个数称为该结点的度。

2）叶结点。度为 0 的结点称为叶结点，或者称为终端结点。

3）分支结点。度不为 0 的结点称为分支结点，或者称为非终端结点。一棵树的结点除叶结点外，其余的都是分支结点。

4）左孩子、右孩子、双亲、兄弟。树中一个结点的子树的根结点称为这个结点的孩子。在二叉树中，左子树的根称为左孩子，右子树的根称为右孩子。反过来这个结点称为它孩子结点的双亲。具有同一个双亲的孩子结点互称为兄弟。

5）路径、路径长度。如果一棵树中的一串结点 $n_1,n_2,\cdots,n_k$ 有如下关系：结点 n_i 是 n_{i+1} 的父结点（$1\leqslant i<k$），就把 $n_1,n_2,\cdots,n_k$ 称为一条由 n_1 至 n_k 的路径，这条路径的长度是 $k-1$。

6）祖先、子孙。在树中，如果有一条路径从结点 M 到结点 N，那么 M 就称为 N 的祖先，而 N 称为 M 的子孙。

7）结点的层数。规定树的根结点的层数为 1，其余结点的层数等于它的双亲结点的层数加 1。

8）二叉树的深度。树中结点的最大层数称为树的深度。

9）满二叉树。如果一棵二叉树每一层的结点个数都达到了最大，这棵二叉树称作满二叉树，如图 3-4a 所示。对于满二叉树，所有的分支结点都存在左子树和右子树，所有的叶子都在最下面这一层上。若所有结点要么是含有左右子树的分支结点，要么是叶子结点，但由于其叶子未在同一层上，则不是满二叉树，如图 3-4b 所示。

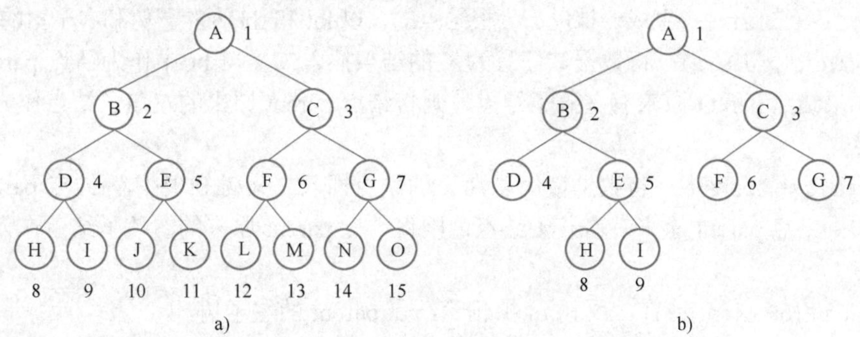

图 3-4　满二叉树和非满二叉树示意图

a) 一棵满二叉树　b) 一棵非满二叉树

10）完全二叉树。一棵深度为 k 的有 n 个结点的二叉树，对其结点按从上至下、从左到右的顺序进行编号，如果编号为 i（$1\leqslant i\leqslant n$）的结点与满二叉树中编号为 i 的结点在二叉树中的位置相同，则这棵二叉树称为完全二叉树。完全二叉树的特点是：叶子结点只能出现在最下层和次最下层，且最下层的叶子结点集中在树的左部。显然，一棵满二叉树必定是一棵完全二叉树，而完全二叉树未必是满二叉树。如图 3-5a 所示为一棵完全二叉树，图 3-4b 和图 3-5b 都不是完全二叉树。

11）树的度。树中各结点度的最大值称为该树的度。

12）有序树和无序树。如果一棵树中结点的各子树从左到右是有次序的，即若交换了某结点各子树的相对位置，则构成不同的树，称这棵树为有序树；反之，则称为无序树。

13）森林。零棵或有限棵不相交的树的集合称为森林。自然界中树和森林是不同的概念，但在数据结构中，树和森林只有很小的差别。任何一棵树，删去根结点就变成了森林。

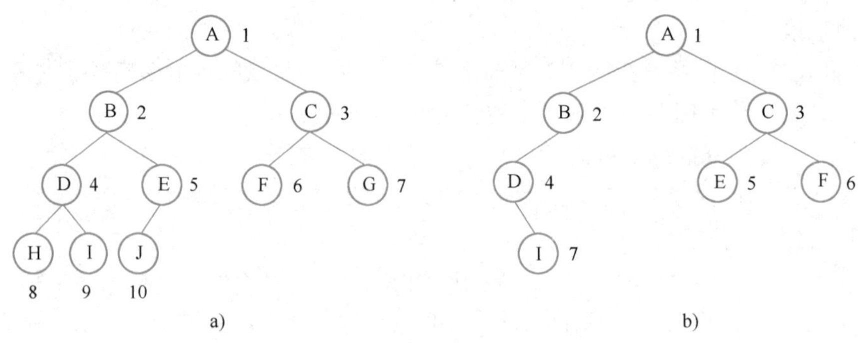

图 3-5 完全二叉树和非完全二叉树的对比

a) 完全二叉树 b) 非完全二叉树

3.2 二叉树

本节将详细介绍二叉树的基本运算、性质、存储和在具体存储方式下基本运算的实现。

3.2.1 二叉树的基本运算

授课视频
3-1 二叉树

二叉树的基本运算通常有以下几种。

1）Initiate(bt)：建立一棵空二叉树。

2）Create(x,lbt,rbt)：生成一棵以 x 为根结点的、以 lbt 和 rbt 为左子树和右子树的二叉树。

3）InsertL(bt,x,parent)：将数据域信息为 x 的结点插入二叉树 bt 中作为结点 parent 的左孩子结点。如果结点 parent 原来有左孩子结点，则将结点 parent 原来的左孩子结点作为结点 x 的左孩子结点。

4）InsertR(bt,x,parent)：将数据域信息为 x 的结点插入二叉树 bt 中作为结点 parent 的右孩子结点。如果结点 parent 原来有右孩子结点，则将结点 parent 原来的右孩子结点作为结点 x 的右孩子结点。

5）DeleteL(bt,parent)：在二叉树 bt 中删除结点 parent 的左子树。

6）DeleteR(bt,parent)：在二叉树 bt 中删除结点 parent 的右子树。

7）Search(bt,x)：在二叉树 bt 中查找数据元素 x。

8）Traverse(bt)：按某种方式遍历二叉树 bt 的全部结点。

在前面的章节中，忽略了抽象数据类型 DataType 里面的数据内容，这当然不合理，无论用何种结构存储数据最终的目的都是有效访问数据，在 Java 中可以使用泛型来应对各种未知数据的抽象表达。在此，将 DataType 重新表达如下。

```
public class DataType<T> implements Comparable<DataType<T>> {
    private int key;
    private T data;
    public DataType(int key) {
        this.key = key;
    }
    public int getKey() {
        return key;
    }
    public T getData(){
        return data;
    }
```

```
    public void setData(T data) {
        this.data=data;
    }
    @Override
    public boolean equals(Object obj) {
        if(obj instanceof DataType) {
            DataType<T> dtObj = (DataType<T>) obj;
            return dtObj.getKey() == key;
        }
        return false;
    }
    @Override
    public int compareTo(DataType<T> o) {
        return key - o.key;
    }
}
```

其中，key 为待访问数据的键值，data 为待访问数据的具体内容。

在顺序存储表示的二叉树中，可以用表中数据的索引位置来映射二叉树中的结点位置，即可将一个顺序表逻辑上理解为二叉树，可以通过结点间位置的相对关系来确定结点间的父子关系，结点的插入和删除依靠不断调整顺序表数据索引位置来保证二叉树的正确对应。这样的实现方法复杂而且效率较低，这一点上不如采用链表结构方便快捷，不过在某些特定场景下位置运算简单方便，拥有比较高的效率。本章重点讨论二叉链表的实现方法。

3.2.2　二叉树的主要性质

性质 1　一棵非空二叉树的第 i 层上最多有 2^{i-1} 个结点（i≥1）。

证明　该性质可由数学归纳法证明。

当 i=1 时，只有一个根结点，这时 $2^{i-1}=2^0=1$，命题成立。

假设当 i=k 时，命题成立，即第 k 层最多有 2^{k-1} 个结点；那么当 i=k+1 时，由于二叉树的每个结点最多有两个孩子结点，因此第 k+1 层的结点数最多是第 k 层的 2 倍，即 $2\times2^{k-1}=2^{(k+1)-1}$，命题成立。

性质 2　一棵深度为 k 的二叉树中，最多具有 2^k-1 个结点。

证明　设第 i 层的结点数为 x_i（1≤i≤k），深度为 k 的二叉树的结点数为 M，由性质 1 可知，x_i 最多为 2^{i-1}，则有

$$M=\sum_{i=1}^{k}x_i\leqslant\sum_{i=1}^{k}2^{i-1}=2^k-1$$

性质 3　对于一棵非空的二叉树，若叶子结点数为 n_0，度数为 2 的结点数为 n_2，则有

$$n_0=n_2+1$$

证明　设 n 为二叉树的结点总数，n_1 为二叉树中度为 1 的结点数，则有

$$n=n_0+n_1+n_2 \tag{3-3}$$

在二叉树中，除根结点外，其余结点都有唯一的一个进入分支。设 B 为二叉树中的分支数，那么有

$$B=n-1 \tag{3-4}$$

这些分支是由度为 1 和度为 2 的结点发出的，一个度为 1 的结点发出一个分支，一个度为 2 的结点发出两个分支，所以有

$$B=n_1+2n_2 \tag{3-5}$$

综合式（3-3）、式（3-4）和式（3-5）可以得到

$$n_0 = n_2 + 1$$

性质 4 具有 n 个结点的完全二叉树的深度$k = \lfloor \log_2 n \rfloor + 1$。

证明 根据完全二叉树的定义和性质 2 可知，当一棵完全二叉树的深度为 k、结点个数为 n 时，有

$$2^{k-1} - 1 < n \leqslant 2^k - 1$$

即
$$2^{k-1} - 1 \leqslant n < 2^k$$

对不等式取对数，有

$$k - 1 \leqslant \log_2 n < k$$

由于 k 是整数，所以有$k = \lfloor \log_2 n \rfloor + 1$。

性质 5 对于具有 n 个结点的完全二叉树，如果按照从上至下和从左到右的顺序对二叉树中的所有结点从 1 开始顺序编号，则对于任意的编号为 i 的结点，有以下几种情况。

1）如果$i > 1$，则编号为 i 的结点的双亲结点的编号为$\lfloor i/2 \rfloor$；如果$i = 1$，则编号为 i 的结点是根结点，无双亲结点。

2）如果$2i \leqslant n$，则编号为 i 的结点的左孩子结点的编号为$2i$；如果$2i > n$，则编号为 i 的结点无左孩子。

3）如果$2i + 1 \leqslant n$，则编号为i的结点的右孩子结点的编号为$2i + 1$；如果$2i + 1 > n$，则序号为 i 的结点无右孩子。

证明 因为 1）可以由 2）和 3）推导出，所以这里只需证明 2）和 3）。

当$i = 1$时，该结点为根结点，若$2 \leqslant n$，则由编码规则可知，编号为 2 的结点必是根结点的左孩子；若$2 > n$，则不存在编号为 2 的结点，即此时根结点没有左孩子。同样，若$3 \leqslant n$，编号为 3 的结点必是根结点的右孩子，若$3 > n$，则不存在编号为 3 的结点，即根结点没有右孩子。

当$i > 1$时，分两种情况讨论。

① 当编号为 i 的结点为第 j 层的第一个结点时，由编码规则和性质 2 可知，$i = 2^{j-1}$，而其左孩子必为第 j+1 层的第一个结点，编号为2^j，$2^j = 2 \times 2^{j-1} = 2i$，若$2i > n$，则其没有左孩子；其右孩子必为第 j+1 层第二个结点，编号为$2^j + 1$，$2^j + 1 = 2 \times 2^{j-1} + 1 = 2i + 1$，若$2i + 1 > n$，则其没有右孩子。

② 当编号为 i 的结点为第 j 层$\left(1 \leqslant j < \lfloor \log_2 n \rfloor\right)$的某个结点$(2^{j-1} \leqslant i < 2^j)$时，假设命题成立，即若$2i < n$，则其左孩子编号为$2i$，若$2i + 1 < n$，则其右孩子编号为$2i + 1$。那么编号为$i + 1$的结点，或者是编号为 i 的结点的右兄弟或堂兄弟，或者是第$j + 1$层的第一个结点，其左孩子的编号为$2i + 2 = 2(i + 1)$，左孩子的编号为$2i + 3 = 2(i + 1) + 1$，命题成立。

若二叉树的根结点从 0 开始编号，则相应的 i 号结点的双亲结点的编号为$(i - 1)/2$，左孩子的编号为$2i + 1$，右孩子的编号为$2i + 2$。

本书中，如无特别声明，二叉树根结点的编号从 1 开始。

3.2.3 二叉树的存储

1. 顺序存储结构

所谓二叉树的顺序存储，就是用一组连续的存储单元存放二叉树中的结点。一般是按照二叉树结点从上至下、从左到右的顺序存储。这样，对于任意一棵二叉树，其结点在存储位置上

的前驱和后继关系并不一定就是它们在逻辑上的邻接关系。只有通过一些方法直接或间接地确定某结点在逻辑上的前驱结点和后继结点，这种存储才是有意义的。因此，依据二叉树的性质，完全二叉树和满二叉树采用顺序存储比较合适，树中结点的序号可以唯一地反映出结点之间的逻辑关系。这样既能够最大可能地节省存储空间，又可以利用结点的存储位置确定结点在二叉树中的位置及结点之间的关系。

图 3-5a 所示的完全二叉树的顺序存储示意如图 3-6 所示。

0	1	2	3	4	5	6	7	8	9
A	B	C	D	E	F	G	H	I	J

图 3-6　完全二叉树的顺序存储

对于一般的二叉树，如果仍按从上至下、从左到右的顺序将树中的结点顺序存储在一维数组中，则通过存储位置不能够反映二叉树中结点之间的逻辑关系，只有增添一些并不存在的空结点，使之成为一棵完全二叉树的形式（称之为完全化），然后顺序存储。

图 3-7 所示为一棵非完全二叉树完全化后的顺序存储状态。

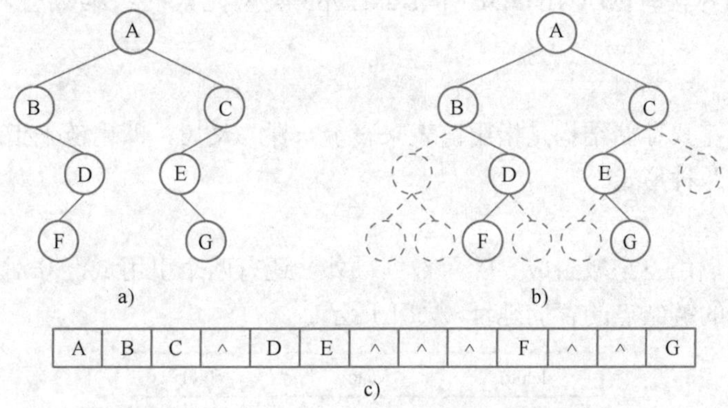

图 3-7　一般二叉树及其完全化后的顺序存储状态

a) 一棵非完全二叉树　b) 完全化后的二叉树　c) 完全化后二叉树顺序存储状态

显然，对于一棵非完全二叉树完全化后可能需要增加一些空结点，这种存储对于非完全二叉树，可能会造成空间上的大量浪费，这时是不宜采用顺序存储结构的。

最坏的情况是蜕化树情况（如右单支树），如图 3-8 所示，一棵深度为 k 的右单支树，只有 k 个结点，却需分配 2^k-1 个存储单元。

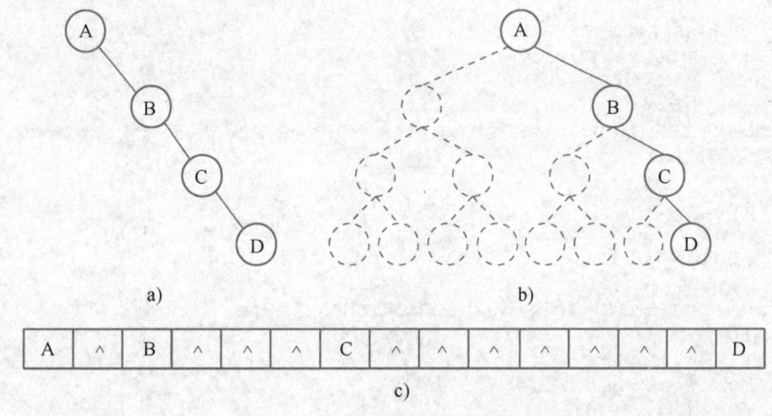

图 3-8　右单支二叉树及其完全化后的顺序存储示意图

a) 一棵右单枝二叉树　b) 完全化后的右单枝二叉树　c) 完全化后的右单枝二叉树的顺序存储状态

可以将二叉树的顺序存储定义与二叉树的基本运算封装到顺序存储二叉树类 SeqBiTree 中。

```
class SeqBiTree<T>
{
    private static final int MAXNODE=1024;      //二叉树的最大结点数，可根据实际情况修改
    private DataTyp<T>[] data;                  //顺序存储二叉树结点的存储空间
    SeqBiTree()    //构造函数，建立存储空间为 MAXNODE 的空二叉树
    {
        @SuppressWarnings("unchecked")
        DataType<T>[ ] data=（DataType<T>）new Object[MAXNODE];
    };
    …                                           //其他成员函数
}
```

由于泛型数组无法直接初始化，这里借助 Java 的 Object 类完成数组的构建过程，使用注解@SuppressWarnings("unchecked")声明程序自我管理对象类型的正确性。

其实例可定义为

```
SeqBiTree<具体类型> bt=new SeqBiTree<具体类型> ();
```

数组 bt.data[]为含有 MAXNODE 个 DataType 类型元素的一维数组，用于存储树中的结点。

2．链式存储结构

所谓二叉树的链式存储结构是指用链表来表示一棵二叉树，即用链来指示元素之间的逻辑关系。通常有下面两种形式。

（1）二叉链表存储

链表中每个结点由三个域组成，除了数据域外，还有两个引用域，分别用来给出该结点左孩子和右孩子所在的链结点的存储地址，如下所示。

lchild	data	rchild

其中，data 域存放某结点的数据信息；lchild 与 rchild 分别存放指向左孩子和右孩子的引用，当左孩子或右孩子不存在时，相应引用域值为空（用符号∧或 NULL 表示）。

有时为了操作方便，也可以为二叉链表加上一个头结点，根结点的引用存放在头结点的左孩子引用域，右孩子引用域置为空。

图 3-9 所示为一棵二叉树及其对应的二叉链存储表示。

二叉树的二叉链表表示是由一个个结点构成的，结点可被定义成如下的二叉树结点类。

```
public class BiTNode<T> {
   private DataType<T> data;
   private BiTNode<T> lchild;
   private BiTNode<T> rchild;
   BiTNode(DataType<T> elem, BiTNode<T> lchildval, BiTNode<T> rchildval)
   //构造函数 1
   {
      data = elem;
      lchild = lchildval;
      rchild = rchildval;
   }
   BiTNode(BiTNode<T> lchildval, BiTNode<T> rchildval)
   //构造函数 2
   {
      lchild = lchildval;
      rchild = rchildval;
   }
   public DataType<T> getData() {
```

```
        return data;
    }
    public void setData(DataType<T> data) {
        this.data = data;
    }
    public BiTNode<T> getLchild() {
        return lchild;
    }
    public void setLchild(BiTNode<T> lchild) {
        this.lchild = lchild;
    }
    public BiTNode<T> getRchild() {
        return rchild;
    }
    public void setRchild(BiTNode<T> rchild) {
        this.rchild = rchild;
    }
    …  //其他成员函数
}
```

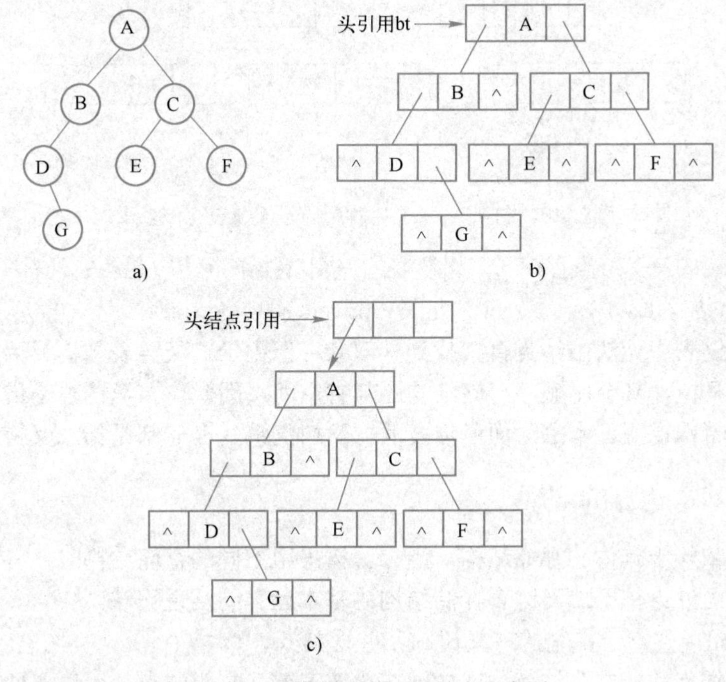

图 3-9　二叉树及其二叉链表示意图

a) 一棵二叉树　b) 不带头结点的二叉链表　c) 带头结点的二叉链表

可以将二叉树的树根结点指示与二叉树的基本运算封装到二叉链表表示的二叉树类 LinkBiTree<T>中。

```
public class LinkBiTree<T> {
    private BiTNode<T> root=null;
    public LinkBiTree() {
        Initiate();
    }
    …  //其他类方法
}
```

定义一个采用二叉链表方式存储的二叉树类的实例。

```
LinkBiTree<实际类型> tree=new LinkBiTree<实际类型> ( );
```

（2）三叉链表存储

二叉链表存储可以直接找到结点的孩子结点，但不能直接找到其双亲结点。用三叉链表存储可以解决这一问题，有时给运算带来方便。

三叉链表的每个结点由四个域组成，具体结构如下所示。

lchild	data	rchild	parent

其中，data、lchild 以及 rchild 三个域的意义同二叉链表；parent 域为指向该结点双亲结点的引用。这种存储结构既便于查找孩子结点，又便于查找双亲结点；但是，相对于二叉链表存储结构而言，它增加了空间开销。

图 3-10 给出了图 3-9a 所示二叉树对应的三叉链存储表示。

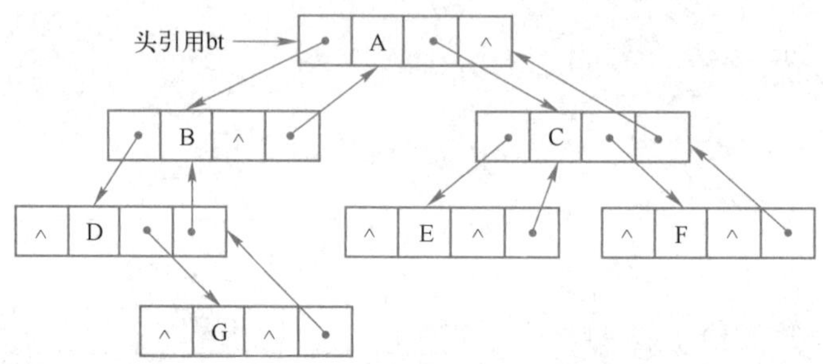

图 3-10 图 3-9a 二叉树对应的三叉链表存储表示

因此，二叉树的三叉链表存储与二叉链表的差别仅在结点结构上，故只需在二叉链表结点类 BiTNode 的定义中加入成员变量 parent 的定义“private BiTNode parent;”，即为三叉链表方式。

尽管在二叉链表中无法由结点直接找到其双亲，但由于二叉链表结构灵活，操作方便，对于一般情况的二叉树，甚至比顺序存储结构还节省空间。因此，二叉链表是最常用的二叉树存储方式。如不加特殊说明，本书后面所涉及的二叉树的链式存储都是指二叉链表结构。

3.2.4 二叉树基本运算的实现

算法的实现依赖于具体的存储结构，当二叉树采用不同的存储结构时，各种运算的实现算法是不同的。下面讨论基于二叉链表存储结构的基本运算的实现算法。

1）Initiate(bt)：建立一棵空的二叉树 bt，并返回 bt。

在二叉树根结点前建立头结点，就如同在单链表前建立头结点，可以方便后边的一些运算实现。二叉树带不带头结点，可根据具体需要而定。

【算法 3-1a】 建立一棵空的带头结点的二叉树。

```
public void Initiate()         //初始建立一棵带头结点的二叉树
{
   root = new BiTNode<T>(null,null);
}
```

若要建立不带头结点的二叉树，可描述如下：

【算法 3-1b】 建立一棵空的不带头结点的二叉树。

```
public void Initiate ()        //初始建立一棵不带头结点的二叉树
{
     root=null;
}
```

2）Create(x,lbt,rbt)：建立一棵以 x 为根结点的、以 lbt 和 rbt 为左、右子树的二叉树。建

立成功，返回所建二叉树结点的引用；建立失败，则返回空引用。

【算法 3-2】 生成一棵以 x 为根结点、以 lbt 和 rbt 为左、右子树的二叉树。

```
public void CreateBy(DataType<T> x, LinkBiTree<T> lbt, LinkBiTree<T> rbt) {
    root=new BiNode<T>(x,lbt.getRoot(),rbt.getRoot());
}
```

明显，操作二叉树时头结点非常重要，需要有方法取得二叉树的头结点：

```
public BiTNode<T> getRoot() {
    return root;
}
```

3）InsertL(bt,x,parent)：将数据域信息为 x 的结点插入二叉树 bt 中作为结点 parent 的左孩子结点。如果结点 parent 原来有左孩子结点，则将结点 parent 原来的左孩子结点作为结点 x 的左孩子结点。

【算法 3-3】 在二叉树 bt 中的 parent 所指结点和其左子树之间插入数据元素为 x 的结点。

```
public void InsertL(DataType<T> x, BiTNode<T> parent) throws Exception {
    if (parent == null)
        throw new Exception("插入出错");
    BiTNode<T> p = new BiTNode<T>(x, null, null);
    if(parent.getLchild() == null)
        parent.setLchild(p);
    else {
        p.setLchild(parent.getLchild());
        parent.setLchild(p);
    }
}
```

4）InsertR(bt,x,parent)：功能类同于 3)，区别在于是右孩子结点。算法略。

5）DeleteL(bt,parent)：在二叉树 bt 中删除 parent（意为 parent 所指结点，以下同）的左子树。当 parent 结点或 parent 结点的左孩子为空时，删除失败。删除成功，返回根结点引用；删除失败，则返回空引用。

【算法 3-4】 在二叉树 bt 中删除 parent 的左子树。

```
public void DeleteL(BiTNode<T> parent) throws Exception {
    if(parent == null)
        throw new Exception("父结点为空");
    if(parent.getLchild() == null)
        throw new Exception("该结点无左孩子");
    parent.setLchild(null);
}
```

6）DeleteR(bt,parent)：功能类同于 5)，只是删除结点 parent 的右子树。算法略。

Search(bt,x) 实际是遍历操作 Traverse(bt) 的特例，关于二叉树遍历的实现，将在下一节中重点介绍。

授课视频

3-2　二叉树的遍历 1

3.3　二叉树的遍历

二叉树的遍历是指按照某种顺序访问二叉树中的每个结点，使每个结点被访问一次且仅被访问一次。

遍历是二叉树中经常要用到的一种运算。因为在实际应用问题中，常常需要按一定顺序对二叉树中的每个结点逐个进行访问，或查找具有某一特点的结点，然后对这些满足条件的结点进行处理。通过一次完整的遍历，可使二叉树中结点信息由非线性排列变为某种意义上的线性序列。也就是说，遍历操作使非线性结构线性化。

由二叉树的定义可知，一棵二叉树由根结点、根结点的左子树和根结点的右子树三部分组成。因此，只要依次遍历这三部分，就可以遍历整个二叉树。若以 D、L、R 分别表示访问根结点、遍历根结点的左子树、遍历根结点的右子树，则二叉树的遍历方式有 6 种：DLR、LDR、LRD、DRL、RDL 和 RLD。如果限定先左后右，则只有前三种方式，即 DLR（称为先序遍历）、LDR（称为中序遍历）和 LRD（称为后序遍历）。

3.3.1 用递归方法实现二叉树的三种遍历

1．先序遍历

先序遍历的递归过程为：若二叉树为空，遍历结束；否则，按以下步骤遍历。

1）访问根结点。

2）先序遍历根结点的左子树。

3）先序遍历根结点的右子树。

【算法 3-5】 先序遍历二叉树的递归算法。

```
public void PreOrder(BiTNode<T> node, IVisitor<T> visitor) {
    if(node == null)
        return; //递归调用的结束条件
    visitor.Visit(node); //访问根结点
    PreOrder(node.getLchild(), visitor); //先序递归遍历 bt 的左子树
    PreOrder(node.getRchild(), visitor); //先序递归遍历 bt 的右子树
}
```

对于图 3-9a 所示的二叉树，按先序遍历所得到的结点序列为

```
A B D G C E F
```

在算法中，用函数 Visit(p)表示访问 p 所指的结点（以下同）。这里的访问是抽象的，访问的具体内容因具体问题而定。Java 允许使用接口来应对这样的抽象调用，如下面算法所示，定义接口 IVisitor，访问者无论使用何种方式访问，只要实现该接口即可插入算法中完成相应的访问过程。

```
public interface IVisitor <T>{
    void Visit(BiTNode<T> node);
}
```

2．中序遍历

中序遍历的递归过程为：若二叉树为空，遍历结束；否则，按以下步骤遍历。

1）中序遍历根结点的左子树。

2）访问根结点。

3）中序遍历根结点的右子树。

【算法 3-6】 中序遍历二叉树的递归算法。

```
public void InOrder(BiTNode<T> node, IVisitor<T> visitor) {
    if(node == null)
        return; //递归调用的结束条件
    InOrder(node.getLchild(), visitor); //中序递归遍历 bt 的左子树
    visitor.Visit(node); //访问根结点
    InOrder(node.getRchild(), visitor); //中序递归遍历 bt 的右子树
}
```

对于图 3-9a 所示的二叉树，按中序遍历所得到的结点序列为

```
DGBAECF
```

3．后序遍历

后序遍历的递归过程为：若二叉树为空，遍历结束；否则，按以下步骤遍历。

1）后序遍历根结点的左子树。

2）后序遍历根结点的右子树。

3）访问根结点。

【算法 3-7】 后序遍历二叉树的递归算法。

```
public void PostOrder(BiTNode<T> node, IVisitor<T> visitor) {
    if(node == null)
        return; //递归调用的结束条件
    PostOrder(node.getLchild(), visitor); //后序递归遍历 bt 的左子树
    PostOrder(node.getRchild(), visitor); //后序递归遍历 bt 的右子树
    visitor.Visit(node); //访问根结点
}
```

对于图 3-9a 所示的二叉树，按后序遍历所得到的结点序列为

```
GDBEFCA
```

图 3-11 是以图 3-9a 所示二叉树的中序遍历为例，给出的从执行 InOrder(bt)调用入手，算法 InOrder 执行的踪迹（A 表示结点 A 的地址，以 Φ 表示空引用）。图 3-11 中每条语句前面的数字顺序是执行的顺序（为了清晰起见，在图中没有标明返回路线，可根据执行顺序明确判断出来）。

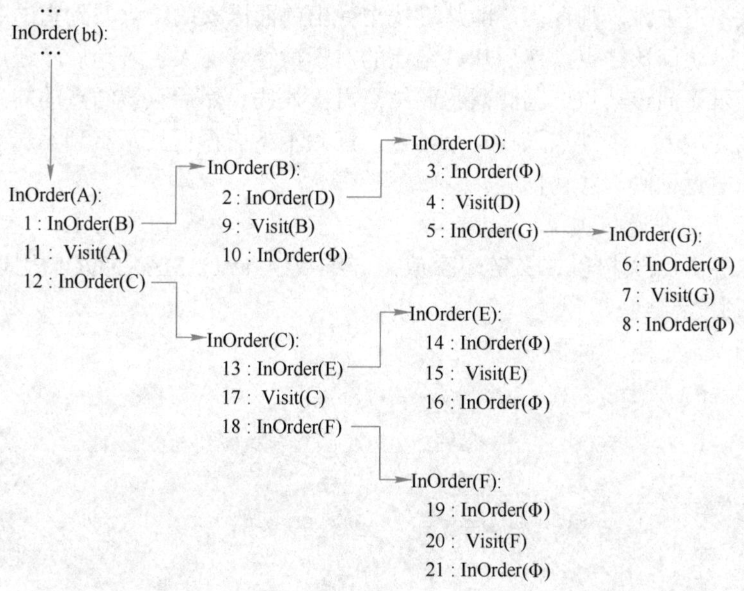

图 3-11　中序遍历递归调用踪迹

3.3.2　用非递归方法实现二叉树的三种遍历

授课视频

3-3　二叉树的遍历 2

前面给出的二叉树先序、中序和后序三种遍历算法都是递归算法。一方面，当给出二叉树的链式存储结构以后，用具有递归功能的程序设计语言很方便就能实现上述算法。然而，并非所有程序设计语言都允许递归；另一方面，递归程序虽然简洁，但执行效率一般不高。因此，就存在如何把一个

递归算法转化为非递归算法的问题。解决这个问题的方法可以通过对三种遍历方法的实质过程的分析得到。

对于图 3-12 所示的二叉树，其先序、中序和后序遍历都是从根结点 A 开始的，且在遍历过程中经过结点的路线也是一样的，只是访问的时机不同而已。图 3-12 中所示的从根结点左外侧开始，由根结点右外侧结束的曲线称为包络线，这就是二叉树遍历时的路线。沿着该路线按△标记的结点读得的序列为先序序列，按*标记读得的序列为中序序列，按⊕标记读得的序列为后序序列。

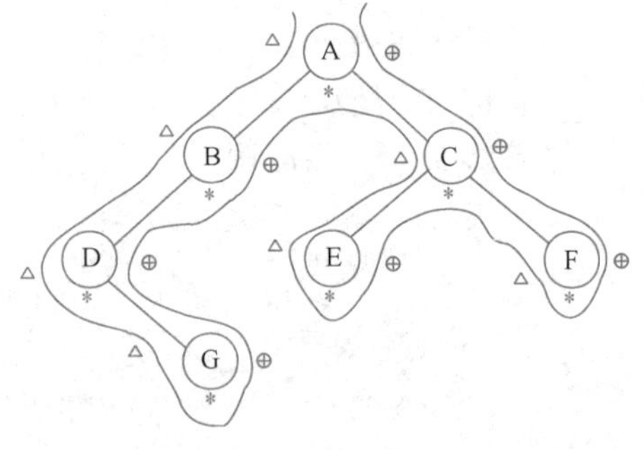

图 3-12 遍历路线

这一路线正是从根结点开始沿左子树深入下去，当深入到最左端，无法再深入下去时，则返回，再逐一进入刚才深入时遇到结点的右子树，再进行如此的深入和返回，直到最后从根结点的右子树返回到根结点为止。先序遍历是在深入时遇到结点就访问，中序遍历是在从左子树返回时遇到结点访问，后序遍历是在从右子树返回时遇到结点访问。

在这一过程中，返回结点的顺序与深入结点的顺序相反，即后深入先返回，正好符合栈结构“后进先出”的特点。因此，可以用栈来实现这一遍历路线。

在沿左子树深入时，深入一个结点入栈一个结点，若为先序遍历，则在入栈之前访问之；当沿左分支深入不下去时，则返回，即从堆栈中弹出前面压入的结点并到它的右子树去；若为中序遍历，则此时访问该结点，然后从该结点的右子树继续深入；若为后序遍历，则需要先遍历它的右子树，再访问该结点，因此需将此结点再次入栈，然后从该结点的右子树继续深入，与前面类同，仍为深入一个结点入栈一个结点，深入不下去再返回，直到第二次从栈里弹出该结点，即从右子树返回时，才访问它。

（1）先序遍历的非递归实现

在下面算法中，二叉树以二叉链表存放，一维数组 stack[MAXNODE]用以实现栈，变量 top 用来指示栈顶位置。

【算法 3-8】 先序遍历的非递归算法。

```
private static final int MAXNODE = 1000;

public void NRPreOrder(IVisitor<T> visitor) //非递归先序遍历二叉树
{
    @SuppressWarnings("unchecked")
    BiTNode<T>[] stack = (BiTNode<T>[]) new Object[MAXNODE]; //设足够大的栈空间
    BiTNode<T> p;
    int top = -1; //栈初始化为空
    if(root == null)
        return;
    p = root; //指向根结点
    while(!(p == null && top == -1)) //引用 p 为空且栈空时结束
    {
        while(p != null) {
            visitor.Visit(p); //访问当前结点
            top++;
            stack[top] = p; //将当前引用 p 压栈
            p = p.getLchild(); //p 指向 p 的左孩子结点
        }
        if(top < 0)
            return; //栈空时结束
```

```
        else {
            p = stack[top];
            top--; //从栈中弹出栈顶元素
            p = p.getRchild(); //到栈顶元素右子树
        }
    }
}
```

在上述算法中，为了算法的简洁易读，假设栈的空间足够大，入栈时没检查是否溢出。需要注意的是，入栈的信息是结点的引用而不是结点的数据。

对于图 3-12 所示的二叉树，用该算法进行遍历过程中，栈 stack 和当前位置 p 的变化情况，以及树中各结点的访问次序见表 3-1。

表 3-1　二叉树先序非递归遍历过程

步骤	p 指示结点	访问结点值	栈内
初态	A		空
1	A	A	（A 入）A
2	B	B	（B 入）A，B
3	D	D	（D 入）A，B，D
4	^（D 左）		（D 出）A，B
5	G	G	（G 入）A，B，G
6	^（G 左）		（G 出）A，B
7	^（G 右）		（B 出）A
8	^（B 右）		（A 出）空
9	C（A 右）	C	（C 入）C
10	E	E	（E 入）C，E
11	^（E 左）		（E 出）C
12	^（E 右）		（C 出）空
13	F（C 右）	F	（F 入）F
14	^（E 左）		（F 出）空
15	^（F 右）		需要出栈，栈空，算法结束

（2）中序遍历的非递归实现

中序遍历的非递归算法实现，只需将先序遍历的非递归算法中的 Visit(p.data) 移到 p=stack[top]和 p=p.rchild 之间即可。

（3）后序遍历的非递归实现

由前面的讨论可知，后序遍历与先序遍历及中序遍历不同，在后序遍历过程中，结点在第一次出栈是在它的左子树后序遍历完毕之后，遍历顺序转向出栈结点的右子树，因为还未访问该结点，故还需再次入栈，当该结点的右子树遍历完毕之后，此时访问该结点，该结点真正出栈，为了区别同一个结点引用的两次出栈，可设置标志数组，第一次入栈站定位置对应的标志数组置为 true，第二次入栈后将位置改为 false。因为第一次的出栈和第二次的入栈连续进行，因此不用再做出栈和入栈操作，仅需要将对应的标志位置改为 false 就表明已经第二次入栈。

根据以上分析，后序遍历二叉树的非递归算法如下。

在算法中，一维数组 stack[MAXNODE]用于实现栈，top 为栈顶引用，p 指向当前要处理的结点。

【算法 3-9】 二叉树的非递归后序遍历。

```
public void NRPostOrder(BiTNode<T> bt, IVisitor<T> visitor) {
    @SuppressWarnings("unchecked")
    BiTNode<T>[] stack = (BiTNode<T>[]) new Object[MAXNODE];
    boolean[] flag = new boolean[MAXNODE];
    int top;
    BiTNode<T> p;
    if (bt == null)
        return;
    top = -1;
    p = bt; //p 指向根结点
    while(!(p == null && top == -1)) //引用 p 为空且栈也为空时结束
    {
        while(p != null) { //将当前引用 p 压栈，设栈空间足够大
            top++;
            stack[top] = p;
            flag[top] = true;
            p = p.getLchild(); //引用指向 p 的左孩子结点
        }
        if(top > -1) //栈不空
            if(flag[top]) //第一次在栈中
            {
                p = stack[top].getRchild(); //转向右子树
                flag[top] = !flag[top]; //相当于结点第一次出栈、第二次进栈
            } else { //第二次在栈中
                p = stack[top]; //出栈，访问
                top--;
                visitor.Visit(p);
                p = null;
            }
    }
}
```

3.3.3 按层次遍历二叉树

因为二叉树是一种层次结构，所以也可按层次遍历。

所谓二叉树的层次遍历，是指从二叉树的第一层（根结点）开始，从上至下逐层遍历，在同一层中，则按从左到右的顺序对结点逐个访问。对于图 3-12 所示的二叉树，按层次遍历所得到的结点序列为

```
A B C D E F G
```

下面来讨论层次遍历的算法。

由层次遍历的定义可以推知，在进行层次遍历时，对一层结点访问完后，再按照它们的访问次序对各个结点的左孩子和右孩子顺序访问，这样一层一层进行，先遇到的结点先访问，这与队列的操作原则比较吻合。因此，在进行层次遍历时，可设置一个队列结构，遍历从二叉树的根结点开始，首先将根结点引用入队，然后从队头取出一个元素，每取一个元素，执行下面两个操作。

1）访问该元素所指结点。

2）若该元素所指结点的左、右孩子结点非空，则将该元素所指结点的左孩子引用和右孩子引用顺序入队。

此过程不断进行，当队列为空时，二叉树的层次遍历结束。

在下面的层次遍历算法中，一维数组 Queue[MAXNODE]实现队列的空间分配，front 和 rear 分别作为队头和队尾引用，队头的引用指向当前队头元素的前一位置，队空时

front==rear，不空时 front>rear。

【算法 3-10】 层次遍历二叉树。

```
public void LevelOrder(BiTNode<T> node, IVisitor<T> visitor) {
    @SuppressWarnings("unchecked")
    BiTNode<T>[] queue = (BiTNode<T>[]) new Object[MAXNODE];
    int front, rear;
    if(node == null)
        return;
    front = -1;
    rear = 0;
    queue[rear] = node;
    while(front != rear) //队列非空时
    {
        front++; //出队列
        visitor.Visit(queue[front]); //访问队首结点的数据域
        if(queue[front].getLchild() != null) //将队首结点的左孩子结点入队列
        {
            rear++;
            queue[rear] = queue[front].getLchild();
        }
        if(queue[front].getRchild() != null) //将队首结点的右孩子结点入队列
        {
            rear++;
            queue[rear] = queue[front].getRchild();
        }
    }
}
```

3.4　二叉树遍历的应用

二叉树的许多运算都是建立在二叉树的遍历之上。在二叉树遍历算法中，访问结点即操作 Visit(node)，具有更一般的意义，需根据具体问题，对结点进行不同的操作。下面介绍几个遍历操作的典型应用。

3.4.1　构造二叉树的二叉链表存储

授课视频

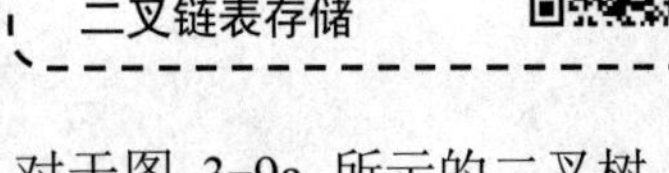

3-4　构造二叉树的二叉链表存储

构建一棵二叉树的二叉链表也是按照遍历的过程进行的，这里按照先序遍历的过程构建。首先建立二叉树带空引用的先序次序，以此作为构建时结点的输入顺序。例如，对于图 3-9a 所示的二叉树，输入序列为 ABD0G000CE00F00（0 表示空）。为了简化问题，设数据元素的类型为字符型。

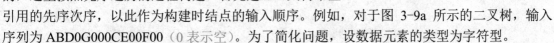

从输入的二叉链表数组构造二叉树的类实现如下。其中，build()方法为关键的二叉树构造方法。

【算法 3-11】 建立二叉树的二叉链表。

```
public class BiListBuilder {
    private String biList;
    private int index;
    public BiListBuilder(String biList){
        this.biList=biList;
        index=0;
    }
    private Character nextChar(){//取下一个字符
        Character ch='0';
        if(index<biList.length()){
            ch=biList.charAt(index);
```

```
            index++;
        }
        return ch;
    }
    private BiTNode<Character> build(){
        Character ch=nextChar();
        if(ch.equals('0'))return null;//读入0时，该结点为空结点
        //如果非空结点，填充数据
        DataType<Character> data=new DataType<Character>(ch.hashCode());
        data.setData(ch);
        BiTNode<Character> lchild=build();//递归生成左子树
        BiTNode<Character> rchild=build();//递归生成右子树
        //返回该结点
        return new BiTNode<Character>(data, lchild,rchild);
    }
    public LinkBiTree<Character> buildTree(){//利用给出的二叉链表字符串生成二叉树
        LinkBiTree<Character> tree=new LinkBiTree<Character>();
        tree.setRoot(build());
        return tree;
    }
}
public class BiListToTree {
    public static void main(String[] args) {
        Scanner scanner=new Scanner(System.in);
        BiListBuilder blb=new BiListBuilder(scanner.next());
        scanner.close();
        LinkBiTree<Character> tree=blb.buildTree();
        ...  //进一步处理
    }
}
```

3.4.2 在二叉树中查找值为 x 的数据元素

在二叉树 bt 中查找数据元素值为 x 的结点。查找成功时，返回指向该结点的引用；查找失败时，返回空引用。

算法思路：按照遍历的过程进行查找，在遍历算法中访问根结点时做数据域的比较即可。

【算法 3-12】 在二叉树 bt 中查找值为 x 的数据元素。

```
public BiTNode<T> Search(BiTNode<T> bt, DataType<T> x) {
    if (bt != null) {
        if (bt.getData().getKey() == x.getKey())
            return bt; //查找成功返回
        BiTNode<T> p = null;
        if (bt.getLchild() != null) {
            p = Search(bt.getLchild(), x); //若有左子树，在左子树中继续查找
            if (p != null)
                return p;
        }
        if (bt.getRchild() != null) {
            p = Search(bt.getRchild(), x);
            if (p != null)
                return p;
        }
    }
    return null; //查找失败返回
}
```

3.4.3 统计给定二叉树中叶子结点的数目

很明显，二叉树中某根结点下叶子结点的数量为其左子树叶子结点和右子树叶子结点的

和，这是一个递归过程。叶子结点的特点为其本身不为空，但左孩子和右孩子均为空，如果是叶子结点返回 1。若给定的结点为空结点，它下面不可能有叶子结点，叶子结点数返回 0 即可。

【算法 3-13】 统计二叉树 bt 中叶子结点的个数。

```
public int CountLeaf(BiTNode<T> bt) {
    //返回 bt 子树的叶子数，如果 bt 为根结点返回整棵树的叶子数
    if(bt == null)
        return (0);
    if(bt.getLchild() == null && bt.getRchild() == null)
        return (1); //若 bt 为叶子，返回 1
    return (CountLeaf(bt.getLchild()) + CountLeaf(bt.getRchild()));
    //若 bt 为分支结点，叶子数目等于 bt 的左右子树中的叶子之和
}
```

3.4.4　由遍历序列恢复二叉树

授课视频

3-5　由遍历序列恢复二叉树

从前面讨论的二叉树的遍历可知，任意一棵二叉树结点的先序序列和中序序列都是唯一的。反过来，若已知结点的先序序列和中序序列，能否确定这棵二叉树呢？这样确定的二叉树是否是唯一的呢？回答是肯定的。

根据定义，二叉树的先序遍历是先访问根结点，再按先序遍历方式遍历根结点的左子树，最后按先序遍历方式遍历根结点的右子树。这就是说，在先序序列中，第一个结点一定是二叉树的根结点。另一方面，中序遍历是先遍历左子树，然后访问根结点，最后遍历右子树。这样，根结点必然将中序序列分割成两个子序列，前一个子序列是根结点的左子树的中序序列，而后一个子序列是根结点的右子树的中序序列。根据这两个子序列，在先序序列中找到对应的左子序列和右子序列。在先序序列中，左子序列的第一个结点是左子树的根结点，右子序列的第一个结点是右子树的根结点。这样，就确定了二叉树的三个结点。同时，左子树和右子树的根结点又可以分别把左子序列和右子序列划分成两个子序列。如此递归下去，当取尽先序序列中的结点时，便可以得到一棵二叉树。

同样的道理，由二叉树的后序序列和中序序列也可唯一地确定一棵二叉树。

下面通过一个例子，给出由二叉树的先序序列和中序序列构造唯一的一棵二叉树的实现算法。

已知一棵二叉树的先序序列与中序序列分别为

```
A B C D E F G H I
B C A E D G H F I
```

试恢复该二叉树。

首先，由先序序列可知，结点 A 是二叉树的根结点。其次，根据中序序列，在 A 之前的所有结点都是根结点左子树的结点，在 A 之后的所有结点都是根结点右子树的结点，由此得到图 3-13a 所示的状态。然后，对左子树进行分解，得知 B 是左子树的根结点，又从中序序列可知，B 的左子树为空，B 的右子树只有一个结点 C。接着对 A 的右子树进行分解，得知 A 的右子树的根结点为 D；而结点 D 把其余结点分成两部分，即左子树为 E，右子树为 F、G、H、I，如图 3-13b 所示。接下去的工作就是按上述原则对 D 的右子树继续分解下去，最后得到图 3-13c 所示的二叉树。

上述过程是一个递归过程，其递归算法的思想是：先根据先序序列的第一个元素建立根结点；然后在中序序列中找到该元素，确定根结点的左、右子树的中序序列；再在先序序列中确

定左、右子树的先序序列；最后由左子树的先序序列与中序序列建立左子树，由右子树的先序序列与中序序列建立右子树。

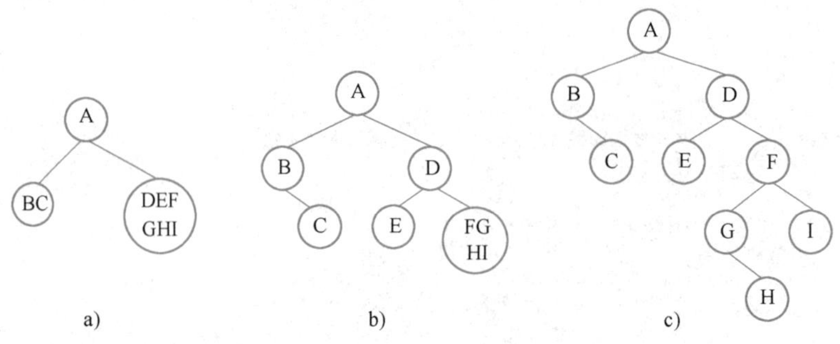

图 3-13 一棵二叉树的恢复过程

假设二叉树的先序序列和中序序列分别存放在一维数组 preod[n]与 inod[n]中，n 是二叉树结点的个数，并假设二叉树各结点的数据值均不相同。

【算法 3-14】 根据先序序列和中序序列恢复二叉树。

```
    public static LinkBiTree<Character> ReBiTree(char[] preod, char[] inod, int n) {
        LinkBiTree<Character> tree = new LinkBiTree<Character>();
        if(n > 0) {
            BiTNode<Character> node = PreInOd(preod, 0, n - 1, inod, 0, n - 1);
            tree.setRoot(node);
        }
    return tree;
    }

    public static BiTNode<Character> PreInOd(char[] preod, int i, int j, char[] inod, int
k, int h) {
        //preod[i…j]为先序子序列，inod[k…h]为中子序序列
        DataType<Character> data = new DataType<Character>(preod[i]);
        data.setData(preod[i]);
        BiTNode<Character> bt = new BiTNode<Character>(data, null, null);
        //先序序列的第一个结点是子树的根
        int m = k;
        while(inod[m] != preod[i])
            m++; //在中序序列中寻找根结点的位置
        if(m != k)//递归调用，生成左子树
            bt.setLchild(PreInOd(preod, i + 1, i + m - k, inod, k, m - 1));
        if(m != h)//递归调用，生成右子树
            bt.setRchild(PreInOd(preod, i + m - k + 1, j, inod, m + 1, h));
        return bt;
    }
```

需要说明的是，数组 preod 和 inod 的元素类型可根据实际需要来设定，这里设为字符型。

另外，如果只知道二叉树的先序序列和后序序列，则不能唯一地确定一棵二叉树。请读者思考其原因。

3.5 线索二叉树

授课视频

3-6 线索二叉树

在前面介绍的二叉树的遍历中，不是用递归就是用堆栈或队列，本节将讨论通过构建线索二叉树来简化对二叉树遍历的实现。

3.5.1　线索二叉树的定义及其结构

1. 线索二叉树的定义

按照某种遍历方式对二叉树进行遍历，可以把二叉树中所有结点排列为一个线性序列。在该序列中，除第一个结点外，每个结点有且仅有一个直接前驱结点；除最后一个结点外，每个结点有且仅有一个直接后继结点。但是，二叉树中每个结点在这个序列中的直接前驱结点和直接后继结点是什么，在二叉树的存储结构中并没有反映出来，只能在对二叉树遍历的动态过程中得到这些信息。为了保留结点在某种遍历序列中直接前驱和直接后继的位置信息，可以利用二叉树的二叉链表存储结构中的那些空引用域来指示。这些指向直接前驱结点和指向直接后继结点的引用被称为线索（Thread），加了线索的二叉树称为线索二叉树。

线索二叉树将为二叉树的遍历提供许多便利。

2. 线索二叉树的结构

一个具有 n 个结点的二叉树若采用二叉链表存储结构，共有 2n 个引用域，在 2n 个引用域中只有 n-1 个引用域是用来存储结点孩子的地址，而另外 n+1 个引用域存放的都是空引用，因此，可以利用这些空引用域存放线索。当结点的左孩子为空（lchild==null）时，用左引用域存储该结点在某种遍历序列中的直接前驱结点的存储地址；当结点的右孩子为空（rchild==null）时，用右引用域存储该结点在某种遍历序列中的直接后继结点的存储地址；对于那些非空的引用域，则仍然存放指向该结点左、右孩子的引用，这样，就得到了一棵线索二叉树。

由于序列可由不同的遍历方法得到，因此，线索树有先序线索二叉树、中序线索二叉树和后序线索二叉树三种。把二叉树改造成线索二叉树的过程称为线索化。

图 3-14a、b、c 分别是先序线索二叉树、中序线索二叉树、后序线索二叉树。图中实线表示引用，虚线表示线索。

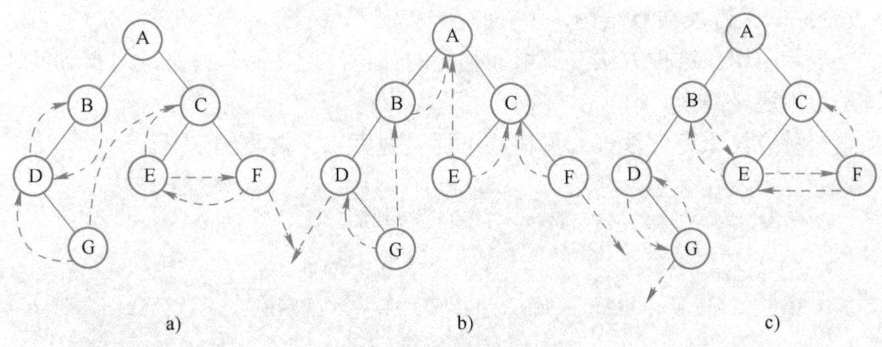

图 3-14　线索二叉树

a) 先序线索二叉树　b) 中序线索二叉树　c) 后序线索二叉树

无论是指向孩子结点的引用还是线索，都是所指向结点的地址。在程序中如何区别某结点的引用域内存放的是引用还是线索？通常采用下面两种方法来实现。

1）改变原二叉链表结点结构，为每个结点增设两个标志位域 ltag 和 rtag，令

$$\text{ltag}=\begin{cases}\text{true} & \text{lchild指向结点的左孩子}\\ \text{false} & \text{lchild指向结点的前驱结点}\end{cases}$$

$$rtag = \begin{cases} \text{true} & \text{rchild指向结点的右孩子} \\ \text{false} & \text{rchild指向结点的后继结点} \end{cases}$$

每个标志位只需占 1bit，这样就只需增加很少的存储空间。结点的结构如下所示。

ltag	lchild	data	rchild	rtag

线索二叉树的结点类定义如下所示。

```
public class LinkBiThrNode<T> {
    private DataType<T> data;
    private LinkBiThrNode<T> lchild;
    private LinkBiThrNode<T> rchild;
    private boolean ltag;
    private boolean rtag;

    LinkBiThrNode(DataType<T> elem, LinkBiThrNode<T> lchildval, LinkBiThrNode<T> rchildval,
            boolean leftChildIsDataNode, boolean rightChildIsDataNode) //构造函数 1
    {
        data = elem;
        lchild = lchildval;
        rchild = rchildval;
        ltag = leftChildIsDataNode;
        rtag = rightChildIsDataNode;
    }

    LinkBiThrNode(LinkBiThrNode<T> lchildval, LinkBiThrNode<T> rchildval) //构造函数 2
    {
        lchild = lchildval;
        rchild = rchildval;
    }
    … //其他成员函数
}
```

2）不改变原二叉链表结点结构，仅在作为线索的地址前加一个负号，即负的地址表示线索，正的地址表示引用。这种方法没有增加存储的开销，但在操作时必须对得到的地址进行判断才能知道是引用还是线索。

本书按第一种方法来存储线索二叉树。下面是线索二叉树类的定义。

```
public class LinkBiThrTree<T> {
    private LinkBiThrNode<T> root; //用于指示线索二叉树的头结点

    LinkBiThrTree() {
        root = new LinkBiThrNode<T>(null, null); //构造函数，建立空线索二叉树的头结点
    };
    … //其他成员函数
}
```

定义一个线索二叉树类的实例。

```
LinkBiThrTree<实际类型> T=new LinkBiThrTree<实际类型> ( );
```

为了操作便利，有时在存储线索二叉树时往往增设一头结点，其结构与其他线索二叉树的结点结构一样，只是其数据域不存放信息，头结点的左引用域指向二叉树的根结点，右引用域指向自己或指向按照相应序列遍历的最后一个结点。而遍历序列中第一个结点的前驱线索和最后一个结点的后继线索都指向该头结点，这样便形成了一个封闭的结构。

图 3-15 给出了图 3-14b 所示的中序线索二叉树存储结构。

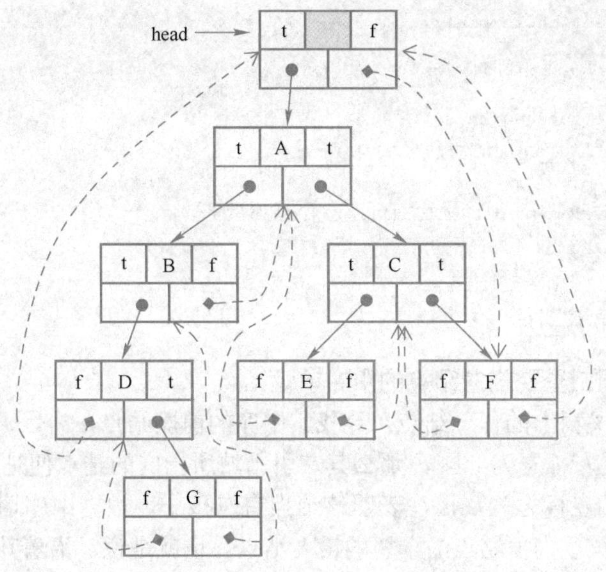

图 3-15　中序线索二叉树的存储结构

3.5.2　线索二叉树的创建

建立线索二叉树或者说对二叉树线索化，实质上就是遍历一棵二叉树。在遍历过程中，访问结点的操作是检查当前结点的左、右引用域是否为空，如果为空，将它们改为指向前驱结点或后继结点的线索。为实现这一过程，设引用变量 pre 始终指向刚刚访问过的结点，即若引用变量 p 指向当前结点，则 pre 指向它的前驱，以便增设线索。

另外，在对一棵二叉树加线索时，必须首先申请一个头结点，建立头结点与二叉树的根结点的指向关系，对二叉树线索化后，还需建立最后一个结点与头结点之间的线索。

下面是建立中序线索二叉树的递归算法，其中 pre 为全局变量。

【算法 3-15】 建立中序线索二叉树。

```
private LinkBiThrNode<T> pre = null;

public void InOrderThr(LinkBiThrTree<T> tree) {
    //中序遍历二叉树 tree，并将其中序线索化
    //构造带头结点的线索二叉树，头结点左孩子指向根节点，右孩子为空
    //按照线索二叉树的构造原则，头结点的 ltag 为 true，rtag 为 false
    root = new LinkBiThrNode<T>(null, null, null, true, false);
    root.setRchild(root); //右引用回指
    if(tree.getRoot().getLchild() == null)
        root.setLchild(root);//若二叉树为空，则左引用回指
    else {
        root.setLchild(tree.getRoot());
        pre = root;
        InThreading(tree.getRoot()); //中序遍历进行中序线索化
        pre.setRchild(root);
        pre.setLtag(false); //最后一个结点线索化
        root.setRchild(pre);
    }
}

public void InThreading(LinkBiThrNode<T> p) {//通过中序遍历进行中序线索化
    if(p != null) {
        InThreading(p.getLchild()); //左子树线索化
        if(p.getLchild() == null) //前驱线索
        {
            p.setLtag(false);
```

```
            p.setLchild(pre);
        }
        if(pre.getRchild() == null) //后继线索
        {
            pre.setRtag(false);
            pre.setRchild(p);
        }
        pre = p;
        InThreading(p.getRchild()); //右子树线索化
    }
}
```

3.5.3 线索二叉树的遍历

1. 在中序线索树上查找任意结点的中序前驱结点

对于中序线索二叉树上的任一结点，寻找其中序的前驱结点，有以下两种情况。

1）如果该结点的左标志为 false，那么其左引用域所指向的结点便是它的前驱结点。

2）如果该结点的左标志为 true，表明该结点有左孩子，根据中序遍历的定义，它的前驱结点是以该结点的左孩子为根结点的子树的最右结点。也就是说，沿着其左子树的右引用链向下查找，当某结点的右标志为 false 时，它就是所要找的前驱结点。

【算法 3-16】 在中序线索二叉树上寻找结点 p 的中序前驱结点。

```
public LinkBiThrNode<T> InPreNode(LinkBiThrNode<T> p) {
    //在中序线索二叉树上寻找结点 p 的中序前驱结点
    LinkBiThrNode<T> pre;
    pre = p.getLchild();
    if(p.getLtag())
        while (pre.getRtag())
            pre = pre.getRchild();
    return (pre);
}
```

2. 在中序线索树上查找某结点的中序后继结点

与上面类似，也分为两种情况。

1）如果该结点的右标志为 false，那么其右引用域所指向的结点便是它的后继结点。

2）如果该结点的右标志为 true，表明该结点有右孩子，根据中序遍历的定义，它的后继结点是以该结点的右孩子为根结点的子树的最左结点，即沿着其右孩子的左引用链向下查找，当某结点的左标志为 false 时，它就是所要找的后继结点。

【算法 3-17】 在中序线索二叉树上寻找结点 p 的中序后继结点。

```
public  LinkBiThrNode<T> InPostNode(LinkBiThrNode<T> p) {
//在中序线索二叉树上寻找结点 p 的中序后继结点
    LinkBiThrNode<T> post;
    post = p.getRchild();
    if(p.getRtag())
        while (post.getLtag())
            post = post.getLchild();
    return (post);
}
```

在先序线索二叉树中寻找结点的后继结点，以及在后序线索二叉树中寻找结点的前驱结点，可以采用同样的方法分析和实现，读者不难仿照上面算法写出，在此不再赘述。但若要在先序线索二叉树中寻找结点的前驱结点以及在后序线索二叉树中寻找结点的后继结点，线索的作用就不大了，只能通过遍历来实现。

3. 线索树的遍历

以中序为例，利用在中序线索二叉树上寻找后继结点和前驱结点的算法，就可以遍历二叉

树的所有结点。也就是说，先找到按某序遍历的第一个结点，再依次查询其后继；或先找到按某序遍历的最后一个结点，然后再依次查询其前驱。这样，既不用栈也不用递归就可以访问二叉树的所有结点。

【算法 3-18】　遍历中序线索二叉树。

```
public void traversal () {
    LinkBiThrNode<T> p;
    p = root.getLchild(); //指向根结点
    while(p.getLtag() && p.getData() != null)
        p = p.getLchild(); //找中序遍历的第一个结点
    while(p.getData() != null) {
        p = InPostNode(p);
        Visit(p);
    }
}
```

读者可依据线索树的特点，思考先序线索树和后序线索树上的遍历实现，这里不再赘述。

4．在中序线索二叉树上的更新

线索二叉树的更新是指，在线索二叉树中插入一个结点或者删除一个结点。一般情况下，这些操作有可能破坏原来已有的线索，因此，在修改引用时，还需要对线索做相应的修改。一般来说，这个过程的代价几乎与重新进行线索化相同。这里仅讨论一种比较简单的情况，即在中序线索二叉树中插入一个结点 p，使它成为结点 s 的右孩子。

下面分两种情况来分析。

1）若 s 的右子树为空，如图 3-16a 所示，则插入结点 p 之后成为图 3-16b 所示的情形。在这种情况中，s 的后继将成为 p 的中序后继，s 成为 p 的中序前驱，而 p 成为 s 的右孩子。二叉树中其他部分的引用和线索不发生变化。

2）若 s 的右子树非空，如图 3-16c 所示，插入结点 p 之后如图 3-16d 所示。s 原来的右子树变成 p 的右子树，由于 p 没有左子树，故 s 成为 p 的中序前驱，p 成为 s 的右孩子；又由于 s 原来的后继成为 p 的后继，因此还要将本来指向 s 的前驱左线索，改为指向 p。

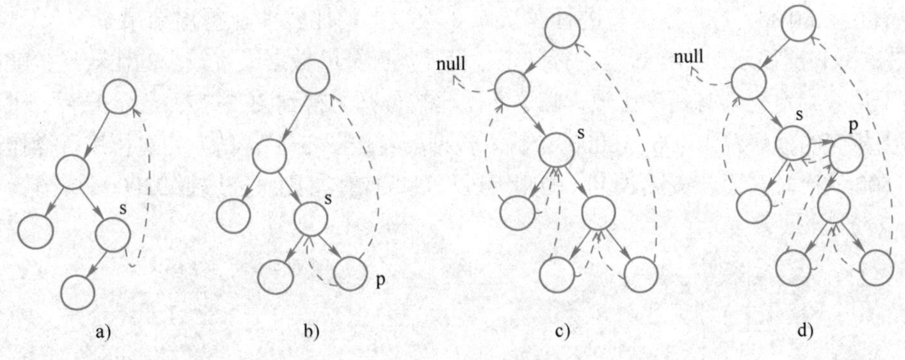

图 3-16　中序线索树更新

下面给出上述操作的算法。

【算法 3-19】　线索二叉树的更新。

```
public void InsertThrRight(LinkBiThrNode<T> s, LinkBiThrNode<T> p) {
    //在中序线索二叉树中插入结点 p 使其成为结点 s 的右孩子
    LinkBiThrNode<T> w;
    p.setRchild(s.getRchild());
    p.setRtag(s.getRtag());
    p.setLchild(s);
    p.setLtag(false); //将 s 变为 p 的中序前驱
```

```
        s.setRchild(p);
        s.setRtag(true); //p成为s的右孩子
        if(p.getRtag()) //当s右子树不空时，找到s的后继w，变w为p的后继，p为w的前驱
        {
            w = InPostNode(p); //在以p为根结点的子树上找中序遍历的第一个结点
            w.setLchild(p);
        }
    }
```

3.6 最优二叉树

授课视频

3-7 最优二叉树

最优二叉树是二叉树的典型应用。下面将通过简单示例阐明最优二叉树的概念，并重点介绍其在哈夫曼编码中的应用。

3.6.1 最优二叉树的概念

先来看一个例子。编制一个将百分制转换为五级分制的程序。显然，此程序很简单，利用条件语句便可完成。

```
if(a<60) b="bad";
else if(a<70) b="pass";
    else if(a<80) b="general";
        else if(a<90) b="good";
          else b="excellent";
```

这个判定过程可用图 3-17a 所示的判定树来表示。如果上述程序需反复使用，而且每次的数据量很大，则应考虑上述程序的质量问题，即其操作所需要的时间。因为在实际中，学生的成绩在五个等级上的分布是不均匀的。假设其分布规律见表 3-2。

表 3-2 学生成绩分布规律

分数	0～59	60～69	70～79	80～89	90～100
比例	0.05	0.15	0.40	0.30	0.10

可以看出，80%以上的数据需进行 3 次或 3 次以上的比较才能得出结果。

若按图 3-17b 所示的判定过程进行判定，可使大部分的数据经过较少的比较次数就能得出结果。但由于每个判定框都有两次比较，将这两次比较分开，得到图 3-17c 所示的判定树，按此判定树可写出相应的程序。假设有 10000 个输入数据，若按图 3-17a 的判定过程进行操作，则总共需进行 31500 次比较；而若按图 3-17c 的判定过程进行操作，则仅需进行 22000 次比较。

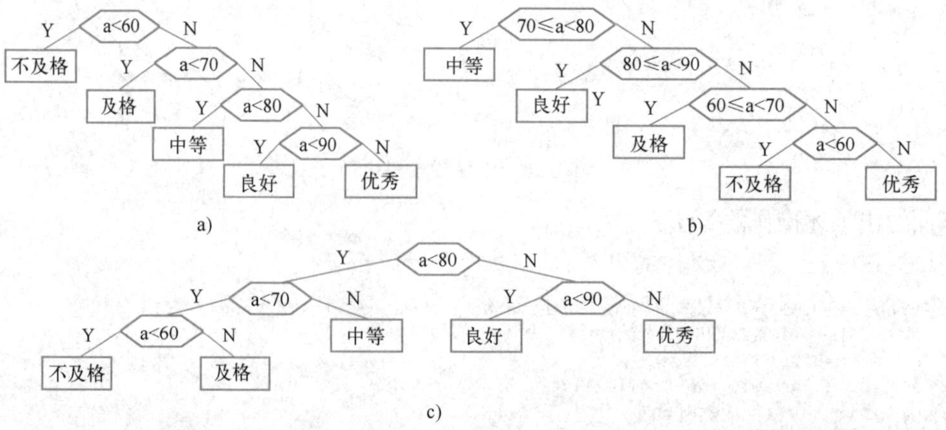

图 3-17 转换五级分制的判定过程

由此可见，同一个问题，采用不同的判定树来解决，效率是不一样的。通常希望出现概率高的结果能够更快地被搜索到，这样就提出了一个问题：以怎样的顺序搜索效率最高？这就是最优树要解决的问题。以下是几个相关的基本概念。

（1）结点的权

在实际问题中，二叉树中的每个叶子结点经常对应一个有实际意义的数据，如不及格结点对应 0.05、及格结点对应 0.15、中等结点对应 0.4、良好结点对应 0.3、优秀结点对应 0.1，这个数据称为该结点的权。

（2）带权路径长度

前面介绍过路径和结点的路径长度的概念，而二叉树的路径长度则是指由根结点到所有叶子结点的路径长度之和。如果二叉树中的叶子结点都具有一定的权值，则可将这一概念加以推广。

设二叉树具有 n 个带权值的叶子结点，那么从根结点到各个叶子结点的路径长度与相应结点权值的乘积之和叫作二叉树的带权路径长度，记为

$$\text{WPL}=\sum_{k=1}^{n} W_k \times L_k$$

式中，W_k 为第 k 个叶子结点的权值；L_k 为第 k 个叶子结点的路径长度。

给定一组具有确定权值的叶子结点，可以构造出不同的带权二叉树。例如，给出 4 个叶子结点，设其权值分别为 1,3,5,7，可以构造出形状不同的多个二叉树。这些形状不同的二叉树的带权路径长度将各不相同。

图 3-18 给出了其中五棵不同形状的二叉树。

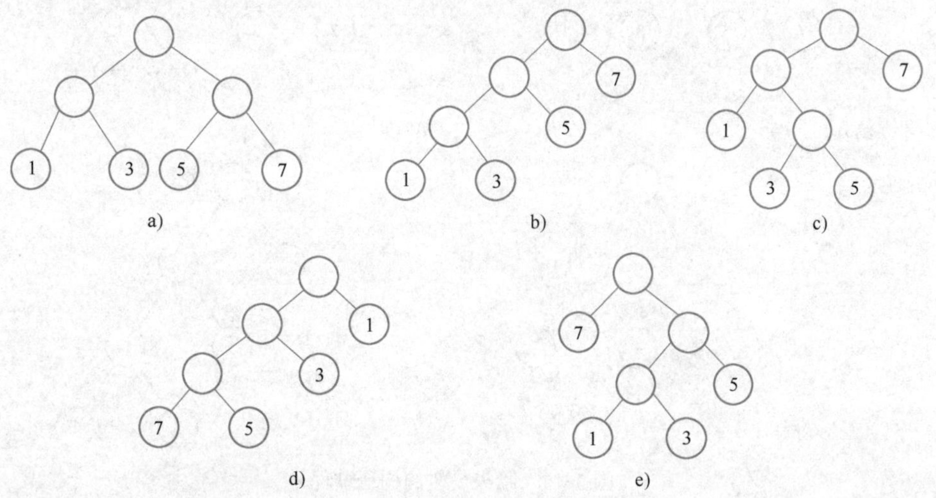

图 3-18　具有相同叶子结点和不同带权路径长度的二叉树

这五棵树的带权路径长度分别为

a）WPL=1×2+3×2+5×2+7×2=32

b）WPL=1×3+3×3+5×2+7×1=29

c）WPL=1×2+3×3+5×3+7×1=33

d）WPL=7×3+5×3+3×2+1×1=43

e）WPL=7×1+5×2+3×3+1×3=29

（3）哈夫曼（Huffman）树

由上面的例子可见，由相同权值的一组叶子结点所构成的二叉树可能有不同的形态和不同

的带权路径长度，具有最小带权路径长度的二叉树称为哈夫曼（Huffman）树，也称最优二叉树。最优二叉树在实际问题中有很重要的应用。

3.6.2 最优二叉树的构造

那么如何找到带权路径长度最小的二叉树（即哈夫曼树）呢？根据哈夫曼树的定义，一棵二叉树要使其 WPL 值最小，必须使权值越大的叶子结点越靠近根结点，而权值越小的叶子结点越远离根结点。

哈夫曼（Huffman）依据这一特点提出了一种方法，这种方法的基本思想如下。

1）由给定的 n 个权值$\{W_1,W_2,\cdots,W_n\}$构造 n 棵只有一个结点的二叉树，从而得到一个二叉树的集合 $F=\{T_1,T_2,\cdots,T_n\}$。

2）在 F 中选取根结点的权值最小和次小的两棵二叉树作为左、右子树构造一棵新的二叉树，这棵新的二叉树根结点的权值为其左、右子树根结点权值之和。

3）在集合 F 中删除作为左、右子树的两棵二叉树，将新建立的二叉树加入集合 F。

4）重复 2）和 3）两步，当 F 中只剩下一棵二叉树时，这棵二叉树就是所要建立的哈夫曼树。

图 3-19 给出了前面提到的叶子结点权值集合 W={1,3,5,7}的哈夫曼树的构造过程。可以计算出其带权路径长度为 29。由此可见，对于同一组给定叶子结点所构造的哈夫曼树，树的形状可能不同，但带权路径长度值是相同的，一定是最小的。

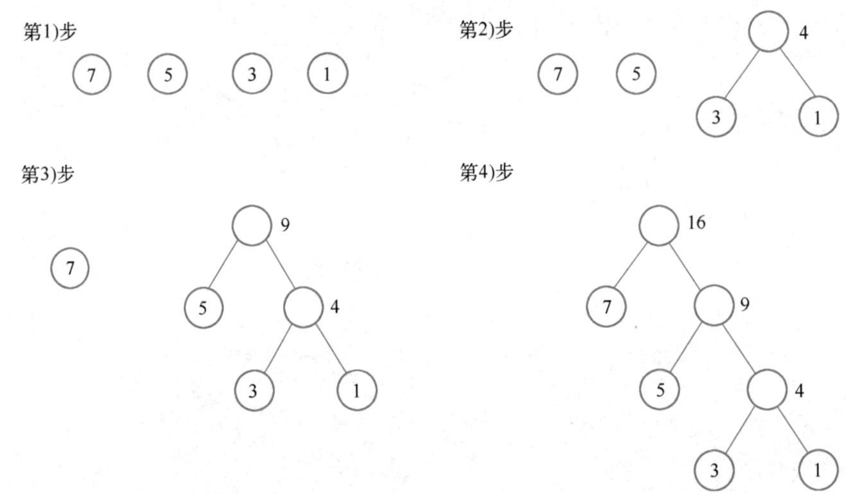

图 3-19 哈夫曼树的构造过程

下面讨论如何实现构造哈夫曼树。为了方便操作，用静态链表作为哈夫曼树的存储形式。结点的结构形式如下所示。

weight	lchild	rchild	parent

其中，weight 域保存结点的权值；lchild、rchild 和 parent 域分别保存该结点的左、右孩子结点引用和其双亲结点的引用（静态引用）。

在构建过程中，通过 parent 域的值来确定某结点是不是一棵二叉树的根结点，因为每次都选择根结点的权值为最小和次最小的两棵树，当某结点的 parent 的值为-1，说明它没有双亲结点，是一个二叉树的根结点。初始时每个结点的 parent 的值为-1，当某两个结点已合并到哈夫

曼树中时，该结点 parent 的值为其双亲结点的地址，就不会是-1 了，最后只有根结点的 parent 的值为-1。

用数组 HFMTree 作为哈夫曼树的存储。根据二叉树的性质可知，具有 n 个叶子结点的哈夫曼树共有 2n-1 个结点，所以数组 HFMTree 的大小设置为 2n-1。构造哈夫曼树时，首先将由 n 个字符形成的 n 个叶子结点存放到数组 HFMTree 的前 n 个分量中，然后根据前面介绍的哈夫曼方法的基本思想，不断将最小和次小的两个子树合并为一个较大的子树，每次构成的新子树的根结点顺序放到 HFMTree 数组中。

图 3-19 所示的哈夫曼树最后的 HFMTree 如图 3-20 所示

	weight	lchild	rchild	parent
0	7	-1	-1	6
1	5	-1	-1	5
2	3	-1	-1	4
3	1	-1	-1	4
4	4	3	2	5
5	9	4	1	6
6	16	0	5	-1

图 3-20 图 3-19 所示哈夫曼树的存储表示

根据以上分析，定义以下哈夫曼树的结点结构类。设叶子结点的个数为 n。

```
public class HFMTreeNode {
    private int weight;
    private int parent;
    private int lchild;
    private int rchild;

    HFMTreeNode() {
        weight = 0;
        parent = -1;
        lchild = 0;
        rchild = 0;
    }
    … //其他方法，getters & setters
}
```

哈夫曼树空间的定义：

```
HFMTreeNode[ ] HFMTree=new HFMTreeNode[2*n-1];
```

下面给出哈夫曼树的构造算法。

【算法 3-20】 哈夫曼树的构造。

```
private static final int MAXVALUE = 10000; //为找最小，定义一个较大的数
public HFMTreeNode[] Create_HuffMTree(int[] data) {
    //返回构造好的哈夫曼树，data 为待构建的数据
    int m1, x1, m2, x2; //x1 和 x2 存储最小和次小权值，m1 和 m2 存储其位置
    HFMTreeNode[] HFMTree=new HFMTreeNode[2*data.length];
    for(int i = 0; i < 2 * data.length; i++) //HFMTree 初始化
    {
        HFMTree[i]=new HFMTreeNode();
        HFMTree[i].setWeight(0);
        HFMTree[i].setParent(-1);
        HFMTree[i].setLchild(-1);
        HFMTree[i].setRchild(-1);
    }
    for(int i=0;i<data.length;i++){
```

```
            HFMTree[i].setWeight(data[i]);
        }
        for(int i = 0; i < data.length; i++) //构造哈夫曼树
        {
            x1 = x2 = MAXVALUE;
            m1 = m2 = 0;
            for(int j = 0; j < data.length + i; j++) {
                if(HFMTree[j].getParent() == -1 && HFMTree[j].getWeight() < x1) {
                    //找出根结点具有最小和次小权值的两棵树
                    x2 = x1;
                    m2 = m1;
                    x1 = HFMTree[j].getWeight();
                    m1 = j;
                } else if(HFMTree[j].getParent() == -1 && HFMTree[j].getWeight() < x2) {
                    x2 = HFMTree[j].getWeight();
                    m2 = j;
                }
            }
            //将找出的两棵子树合并为一棵子树
            HFMTree[m1].setParent(data.length + i);
            HFMTree[m2].setParent(data.length + i);
            HFMTree[data.length + i].setWeight(HFMTree[m1].getWeight() + HFMTree[m2].getWeight());
            HFMTree[data.length + i].setLchild(m1);
            HFMTree[data.length + i].setRchild(m2);
        }
        return HFMTree;
    }
```

3.6.3 最优二叉树的应用——哈夫曼编码

在数据通信中，经常需要将传送的文字转换成由二进制字符0和1组成的二进制串，称之为编码。例如，假设要传送的电文为ABACCDA，电文中只含有A、B、C、D四种字符，若这四种字符采用图3-21a所示的编码，则电文的代码为000010000100100111000，长度为21bit。在传送电文时，人们总是希望传送时间尽可能短，这就要求电文代码尽可能短。显然，这种编码方案产生的电文代码不够短。图3-21b所示为另一种编码方案，用此编码对上述电文进行编码所建立的代码为00010010101100，长度为14bit。在这种编码方案中，四种字符的编码均为两位，是一种等长编码。如果在编码时考虑字符出现的频率，让出现频率高的字符采用尽可能短的编码，出现频率低的字符采用稍长的编码，构造一种不等长编码，则电文的代码就可能更短。例如当字符A、B、C、D采用图3-21c所示的编码时，上述电文的代码为0110010101110，长度仅为13bit。

字符	编码
A	000
B	010
C	100
D	111

a)

字符	编码
A	00
B	01
C	10
D	11

b)

字符	编码
A	0
B	110
C	10
D	111

c)

字符	编码
A	01
B	010
C	001
D	10

d)

图3-21 所给字符的四种不同的编码方案

哈夫曼树可用于构造使电文的编码总长最短的编码方案。具体做法是：设需要编码的字符集合为$\{d_1,d_2,\cdots,d_n\}$，它们在电文中出现的次数或频率集合为$\{w_1,w_2,\cdots,w_n\}$。首先以$\{d_1,d_2,\cdots,d_n\}$作为叶子结点，$\{w_1,w_2,\cdots,w_n\}$作为它们的权值，构造一棵哈夫曼树。规定哈夫曼树中的左分支

代表 0，右分支代表 1，则从根结点到每个叶子结点所经过的路径分支组成的 0 和 1 的序列便为该结点对应字符的编码，称之为哈夫曼编码。

例如，对图 3-19 所得到的哈夫曼树进行编码的过程如图 3-22 所示。其中，权值为 7 的字符编码为 0，权值为 5 的字符编码为 10，权值为 3 的字符编码为 110，权值为 1 的字符编码为 111。可以看出，权值越大编码长度越短，权值越小编码长度越长。

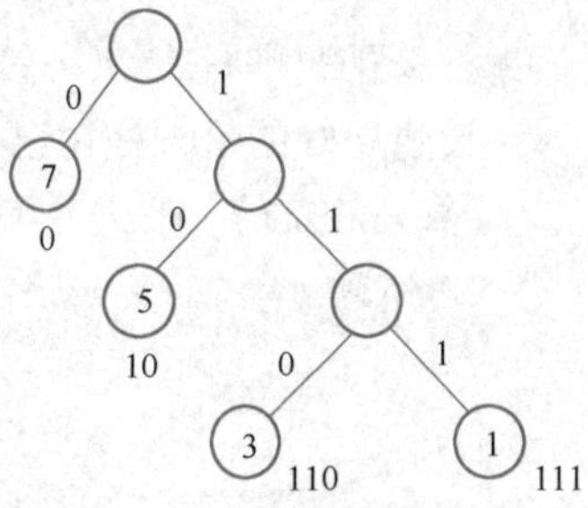

图 3-22　根据哈夫曼树进行编码

在哈夫曼编码树中，树的带权路径长度的含义是各个字符的码长与其出现次数或频度的乘积之和，也就是电文的代码总长或平均码长。所以，采用哈夫曼树构造的编码是一种能使电文代码总长最短的不等长编码。

在建立不等长编码时，必须使任何一个字符的编码都不是另一个字符编码的前缀，这样才能保证译码的唯一性。例如，图 3-21d 所示的编码方案，字符 A 的编码 01 是字符 B 的编码 010 的前缀部分，这样对于代码串 0101001，既是 AAC 的代码，也是 ABD 和 BDA 的代码。因此，这样的编码不能保证译码的唯一性，称之为具有二义性的译码。显然，这样的编码是不可用的。

采用哈夫曼树进行编码则不会产生上述二义性问题。因为在哈夫曼树中，每个字符结点都是叶子结点，它们不可能在根结点到其他字符结点的路径上，所以一个字符的哈夫曼编码不可能是另一个字符的哈夫曼编码的前缀，从而保证了译码的唯一性。

下面来讨论实现哈夫曼编码的算法。

实现哈夫曼编码的算法可分为构造哈夫曼树和在哈夫曼树上求叶子结点的编码两大部分。

在求哈夫曼编码时，若从根结点出发到每个叶子结点的方向进行要比从每个叶子结点出发到根结点方向进行困难得多。因此从叶子结点开始，沿结点的双亲链域回退到根结点，每回退一步，就走过了哈夫曼树的一个分支，从而得到一位哈夫曼编码值，直到根结点为止。但一个字符的哈夫曼编码是从根结点到相应叶子结点的方向所经过的路径上各分支所组成的 0 和 1 序列，因此，按逆方向先得到的分支代码为所求编码的低位码，后得到的分支代码为所求编码的高位码。

设置存放各字符哈夫曼编码信息的数据结构如下所示。

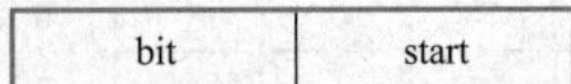

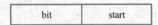

bit	start

其中，分量 bit 为一维数组，用来保存字符的哈夫曼编码；start 表示该编码在数组 bit 中的开始位置。

用结构数组 HuffCode 存储各字符的编码。对于第 i 个字符，它的哈夫曼编码存放在 HuffCode[i].bit 中的从 HuffCode[i].start 到 n-1 的分量上。

编码存储的结点结构定义为如下的类。

```
public class HFMCodeNode {
    private int[] bit;
    private int start;
    public int[] getBit() {
        return bit;
    }
    public int getStart() {
        return start;
    }
    public void setStart(int start) {
        this.start = start;
    }
    HFMCodeNode(int n)//n 为叶节点个数
    {
```

```
        int[] bit = new int[n];
    }
}

HFMCodeNode[ ] HuffCode=new HFMCodeNode[n];        //各字符的编码
```

设建立好的哈夫曼树已存放在数组 HFMTree 中，哈夫曼编码算法描述如下。

【算法 3-21】 哈夫曼编码。

```
public static HFMCodeNode[] HuffmanCode(HFMTreeNode[] HFMTree) {
    //假设哈夫曼树已构造好存于 HFMTree，其原始数据个数为 HFMTree.length/2
    int codeLength = HFMTree.length / 2;
    HFMCodeNode cd = new HFMCodeNode(codeLength); //字符编码的缓冲变量
    int c, p;
    HFMCodeNode[] HuffCode=new HFMCodeNode[codeLength];
    for(int i = 0; i < HFMTree.length / 2; i++) //求每个叶子结点的哈夫曼编码
    {
        cd.setStart(codeLength);
        c = i;
        p = HFMTree[c].getParent();
        while(p != -1) //由叶子结点向上直到树根
        {
            if(HFMTree[p].getLchild() == c)
                cd.getBit()[cd.getStart()] = 0;
            else
                cd.getBit()[cd.getStart()] = 1;
            cd.setStart(cd.getStart() - 1);
            c = p;
            p = HFMTree[c].getParent();
        }
        for (int j = cd.getStart() + 1; j < codeLength; j++)
        //保存求出的每个叶结点的哈夫曼编码和编码起始位
            HuffCode[i].getBit()[j] = cd.getBit()[j];
        HuffCode[i].setStart(cd.getStart() + 1);
    }
    return HuffCode;
}
```

对于图 3-22 所示的各字符编码在 Huffcode 中的表示如图 3-23 所示。

Huffcode	bit				start
	0	1	2	3	
0				0	3
1			1	0	2
2		1	1	0	1
3		1	1	1	1

图 3-23 各字符编码在 Huffcode 中的表示

3.7 树

本节将讨论普通树结构的基本运算、存储表示、遍历，以及与二叉树的对应关系等内容。

3.7.1 树的基本运算

树的基本运算通常有以下几种。

1）Initiate(t)：初始化一棵空树 t。

2）Root(x)：求结点 x 所在树的根结点。

3）Parent(t,x)：求树 t 中结点 x 的双亲结点。

4）Child(t,x,i)：求树 t 中结点 x 的第 i 个孩子结点。

5）RightSibling(t,x)：求树 t 中结点 x 的第一个右边兄弟结点。

6）Insert(t,x,i,s)：把以 s 为根结点的树插入树 t 中作为结点 x 的第 i 棵子树。

7）Delete(t,x,i)：在树 t 中删除结点 x 的第 i 棵子树。

8）Tranverse(t)：对树进行遍历，即按某种方式访问树 t 中的每个结点，且使每个结点只被访问一次。

3.7.2　树的表示

树的表示方法有以下四种，各用于不同的目的。

1．直观表示法

树的直观表示法就是以倒着的分支树的形式表示，图 3-3a 所示为一棵树的直观表示。其特点就是对树的逻辑结构的描述非常直观，是数据结构中最常用的树的描述方法。

2．嵌套集合表示法

所谓嵌套集合是指对于一些集合，其中任何两个集合，或者不相交，或者一个包含另一个。用嵌套集合的形式表示树，就是将根结点视为一个大的集合，其若干棵子树构成这个大集合中若干个互不相交的子集，如此嵌套下去，即构成一棵树的嵌套集合表示。图 3-24a 所示为图 3-3a 所示的树的嵌套集合表示。

3．凹入表示法

树的凹入表示法如图 3-24b 所示。树的凹入表示法主要用于树的屏幕显示和打印输出。

4．广义表表示法

树用广义表表示，就是将根作为由子树森林组成的表的名字写在表的左边，这样依次将树表示出来。图 3-24c 所示就是树的广义表表示。

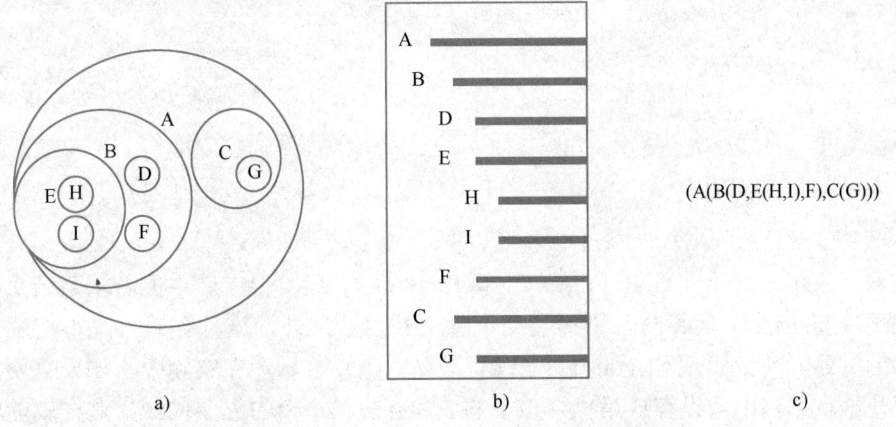

图 3-24　对图 3-3a 所示树的其他三种表示法

3.7.3　树的存储

在计算机中，树的存储有多种方式，既可以采用顺序存储结构，也可以采用链式存储结构。但无论采用何种存储方式，都要求存储结构不但能存储各结点本身的数据信息，还能唯一地反映树中各结点之间的逻辑关系。下面介绍几种基本的树的存储方式。

1．双亲链表存储方法

由树的定义可以知道，树中的每个结点都有唯一的一个双亲结点。根据这一特性，可用一组连续的存储空间存储树中的各个结点，每个结点中除了存放本身的信息外还有其双亲结点的存储位置，树的这种存储方法称为双亲链表表示法。

图 3-25 所示就是树的双亲静态链表表示。

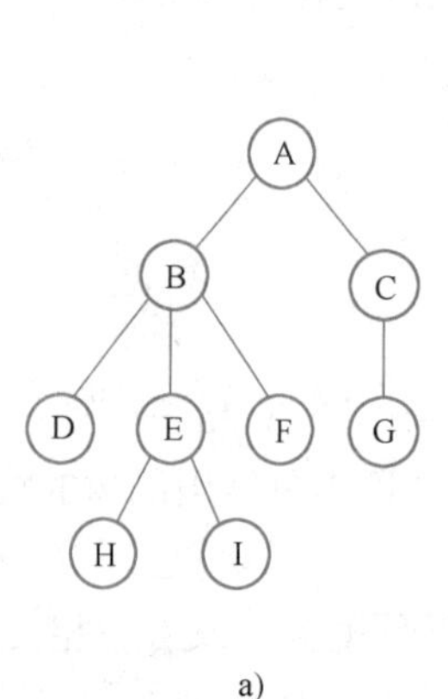

a)

序号	data	parent
0	A	-1
1	B	0
2	C	0
3	D	1
4	E	1
5	F	1
6	G	2
7	H	4
8	I	4

b)

图 3-25　一棵树及其双亲静态链表表示

可以看到，有一个结点的 parent 域的值为-1，表示该结点无双亲结点，即该结点是一个根结点。

双亲表示的结点类及双亲表示的树空间可描述如下。

```
private static final int MAXNODE=1024; //树中结点的最大个数，可根据实际情况进行修改
class PtreeNode
{
    public DataType data;
    public int parent;
    public PTreeNode ()    //构造函数
    {
        parent=-1;
    }
  … //其他成员函数
};
```

双亲表示的树空间的定义：

```
PTreeNode[ ] PTree=new PTreeNode[MAXNODE];
```

树的双亲表示法对于实现 Parent(t,x) 运算和 Root(x) 运算很方便，但若求某结点的孩子结点，即实现 Child(t,x,i) 运算时，则需要查询整个数组。此外，这种存储方式不能反映各兄弟结点之间的关系，所以实现 RightSibling(t,x) 运算也比较困难。在实际中，如果需要实现这些运算，可在结点结构中增设存放第一个孩子的域和存放第一个右兄弟的域，这样就能较方便地实现上述运算了。

2. 指向孩子的链表存储方法

（1）多重链表存储方法

由于树中每个结点都有零个或多个孩子结点，因此，可以令每个结点包括一个结点信息域和多个引用域，每个引用域指向该结点的一个孩子结点，各个引用域的值反映了树中各结点之间的逻辑关系。在这种表示法中，树中每个结点有多个引用域，形成了多条链表，所以这种方法又常被称为多重链表法。

在一棵树中，各结点的度数各异，因此结点的引用域个数的设置有两种方法。

1）每个结点引用域的个数等于该结点的度数。

2）每个结点引用域的个数等于树的度数。

对于方法 1），它虽然在一定程度上节约了存储空间，但由于树中各结点是不同构的，各种运算不容易实现，所以这种方法很少采用；方法 2）中各结点是同构的，各种运算相对容易实现，但为此付出的代价是存储空间的浪费。图 3-26 是图 3-25 所示的树采用这种方法的存储结构。显然，方法 2）适用于各结点的度数相差不大的情况。

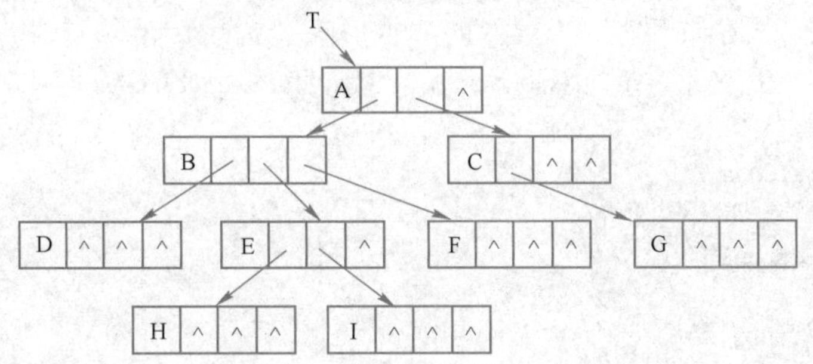

图 3-26　图 3-25 所示树的多重链表法存储结构

树中结点的存储表示可描述如下。

```
private static final int MAXSON=10   //定义树中结点的最大孩子数
class TreeNode
{
   private DataType data;
   private TreeNode[ ] son;
   public TreeNode()
   {
      son=new TreeNode[MAXSON];
   }
}
```

存放树的根结点的空间的定义：

```
TreeNode T=new TreeNode();
```

（2）孩子链表存储方法

孩子链表存储方法的思想：树中每一个数据元素对应一个结点，结点中有两部分信息，一是其本身的数据信息，二是其孩子链表的头引用，即将每个数据元素的孩子们链接成一个孩子链表，链表的头引用和它们的双亲信息组成了一个结点，再将这些结点顺序存储起来。

图 3-27 是一棵树及对应的孩子链表存储。

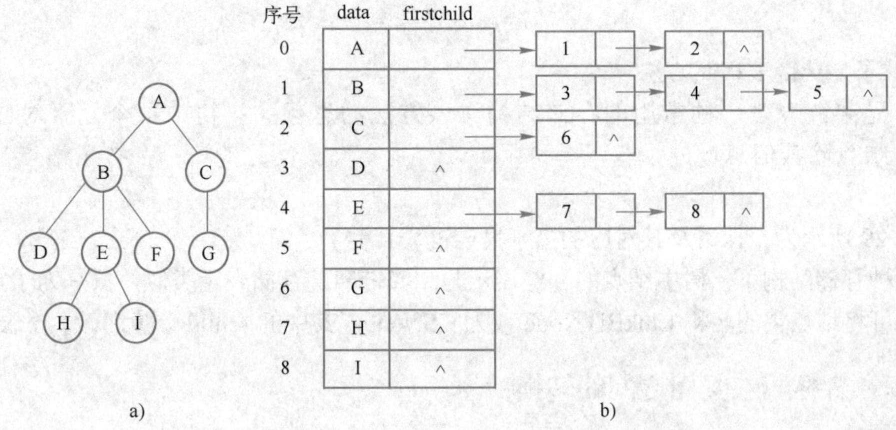

图 3-27　一棵树及其对应的孩子链表存储

这种存储方法中有两种结点：一种是主结点（顺序存储的结点），树中每个结点都有一个这样的结点；另一种是孩子链表中的结点。主结点由两个域组成，一个域用来存放元素的数据信息，另一个域用来存放指向孩子单链表的首位置；孩子结点也由两个域组成，一个存放孩子对应自身结点的存储序号，另一个是引用域，指向它的下一个兄弟。

在用孩子链表法存储的树中，查找双亲比较困难，查找孩子却十分方便，故适用于对孩子运算多的应用。

孩子链表存储可描述如下。

```
private static final int MAXNODE=100;        //树中结点的最大个数
class ChildNode
{
    int childcode;
    ChildNode nextchild;
};
class CTreeNode
{
    datatype  data;
    ChildNode firstchild;
};
CTreeNode[ ] CTree=new CTreeNode[MAXNODE];
```

3．双亲孩子链表存储方法

双亲孩子链表存储方法是将双亲链表法和孩子链表存储方法相结合的结果。在孩子链表存储的基础上，其主结点又加上了其双亲的静态引用，即在 CTreeNode 类的定义中加入“int parent;”。

图 3-28 给出了图 3-27 所示树的双亲孩子链表存储。

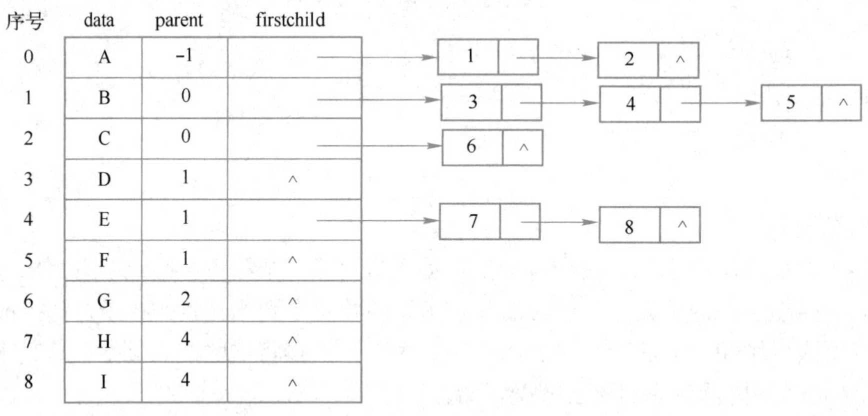

图 3-28 图 3-27 所示树及其双亲孩子链表存储

4．孩子兄弟链表存储方法

孩子兄弟链表是一种常用的存储结构。该方法的思想：在树中每个元素对应一个结点，每个结点除其信息域外，有两个引用域，分别指向该结点的第一个孩子结点和下一个兄弟结点。

图 3-29 所示为一棵树及其对应的孩子兄弟链表存储。

在这种存储结构下，树中结点的存储表示与二叉链表的存储表示类似，只是为了定义的名称达意，可将结点类的名称 LinkBiTNode 改为 CSNode，其中的 rchild 分量名改为 nextsibing。

3.7.4 树和森林与二叉树之间的转换

从树的孩子兄弟链表存储方法可以看到，如果设定一定规则，就可用二叉树结构表示树和

森林。这样，对树的运算实现就可以借助二叉树存储，利用二叉树上的运算来实现。本小节将讨论树和森林与二叉树之间的转换方法。

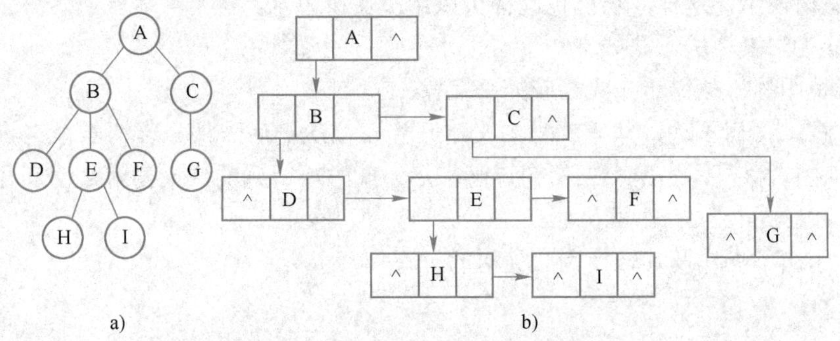

图 3-29　一棵树的及其孩子兄弟链表存储

a) 一棵树　b) 树的孩子兄弟链表存储

1. 树转换为二叉树

对于一棵无序树，树中结点的各孩子的次序是无关紧要的，而二叉树中结点的左、右孩子结点是有区别的。为避免发生混淆，约定树中每一个结点的孩子结点按从左到右的次序顺序编号。图 3-30a 所示的一棵树的根结点 A 有 B、C、D 三个孩子，可以认为结点 B 为 A 的第一个孩子结点，结点 C 为 A 的第二个孩子结点，结点 D 为 A 的第三个孩子结点。

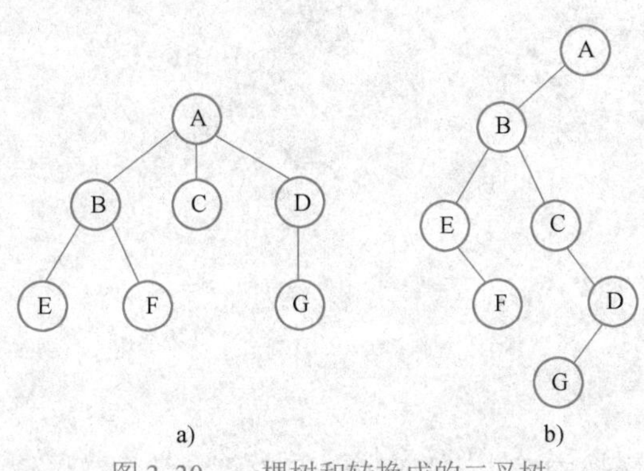

图 3-30　一棵树和转换成的二叉树

a) 一棵树　b) 生成的二叉树

依据树的孩子兄弟链表存储方法，将一棵树转换为二叉树的方法如下。

1）树中每个结点的第一个孩子留作该结点的左孩子；删去它与其他孩子结点之间的连线。

2）从结点的第二个孩子起，将其作为原左兄弟的右孩子。

可以证明，树做这样的转换所构成的二叉树是唯一的。图 3-30a 所示的树转换成的二叉树如图 3-30b 所示。

由图 3-30 所示的转换可以看出，在二叉树中，左分支上的各结点在原来的树中是父子关系，而右分支上的各结点在原来的树中是兄弟关系。由于树的根结点没有兄弟，所以变换后的二叉树的根结点的右子树必为空。

事实上，一棵树采用孩子兄弟链表存储方法所建立的存储结构与它所对应的二叉树的二叉链表存储结构是完全相同的。图 3-30a 所示树的孩子兄弟链表存储可以解释为它对应的图 3-29b 所示的二叉链表存储。

2．森林转换为二叉树

由森林的概念可知，森林是若干棵树的集合，只要将森林中各棵树的根视为兄弟，每棵树又可以用二叉树表示，这样，森林也同样可以用二叉树表示。

森林转换为二叉树的方法如下。

1）将森林中的每棵树转换成相应的二叉树。

2）第一棵二叉树不动，从第二棵二叉树开始，依次把后一棵二叉树的根结点作为前一棵二叉树根结点的右孩子，当所有二叉树连起来后，此时所得到的二叉树就是由森林转换得到的二叉树。

图3-31给出了森林及其转换为二叉树的过程。

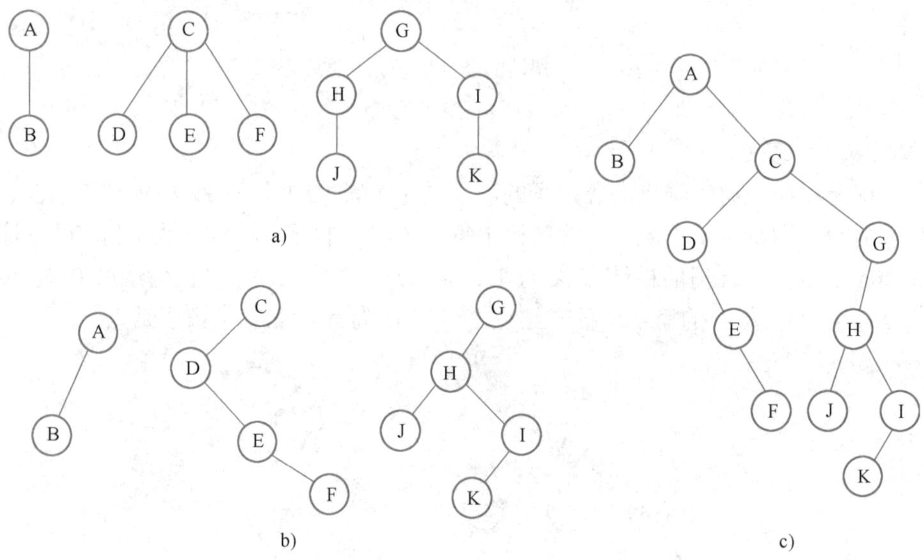

图3-31 森林及其转换为二叉树的过程

a) 一个森林 b) 森林中每棵树转换为二叉树 c) 所有二叉树连接后的二叉树

3．二叉树转换为树和森林

上面讨论了树和森林转换为二叉树的方法，显然这一转换过程是可逆的，即二叉树中某结点若是其双亲的左孩子，则在对应的树中它是原双亲结点的第一个孩子，二叉树中某结点若是其双亲的右孩子，则它是原二叉树中双亲结点的右兄弟。根据树和森林转换为二叉树的方法可知：若一棵二叉树根结点的右子树为空，则对应一棵树，原二叉树的根结点还是对应的树的根结点；若一棵二叉树根结点的右子树非空，根结点及其左子树对应一棵树，根结点的右孩子及其右孩子的左子树对应第二棵树，即对应的森林中至少有两棵以上的树，其右孩子的右孩子对应第三棵树的根结点……

还可以采用以下转换方法。

1）若某结点是其双亲的左孩子，则把该结点的右孩子、右孩子的右孩子……都与该结点的双亲结点用线连起来，如图3-32b所示。

2）删去原二叉树中所有的双亲结点与右孩子结点的连线，如图3-32c所示。

3）整理由1）、2）两步所得的树或森林，使之结构层次分明，如图3-32d所示。

图3-32给出了一棵二叉树还原为森林的过程。

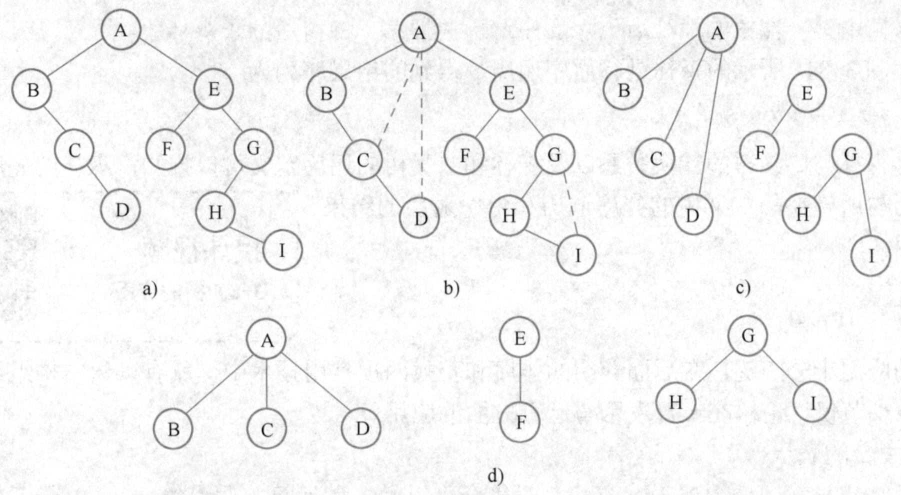

图 3-32　二叉树还原为森林的过程

a) 一棵二叉树　b) 加连线　c) 去掉与右孩子的连线　d) 还原后的森林

3.7.5　树或森林的遍历

1．树的遍历

树的遍历通常有以下两种方式。

（1）先序遍历

先序遍历的定义：若树为空，遍历结束；否则，①访问根结点；②按照从左到右的顺序先序遍历根结点的每一棵子树。

按照树的先序遍历的定义，对图 3-29a 所示的树进行先序遍历，得到的结果序列为

```
A B D E H I F C G
```

（2）后序遍历

后序遍历的定义：若树为空，遍历结束；否则，①按照从左到右的顺序后序遍历根结点的每一棵子树；②访问根结点。

按照树的后序遍历的定义，对图 3-29a 所示的树进行后序遍历，得到的结果序列为

```
D H I E F B G C A
```

根据树与二叉树的转换关系以及树和二叉树的遍历定义可以推知，树的先序遍历与其转换的相应二叉树的先序遍历的结果序列相同；树的后序遍历与其转换的相应二叉树的中序遍历的结果序列相同。因此，树的遍历算法是可以采用相应二叉树的遍历算法来实现的。

2．森林的遍历

森林的遍历也有先序遍历和后序遍历两种方式。

（1）先序遍历

先序遍历的定义：若森林为空，遍历结束；否则，①访问森林中第一棵树的根结点；②先序遍历第一棵树的根结点的子树；③先序遍历去掉第一棵树后的子森林。

对于图 3-31a 所示的森林进行先序遍历，得到的结果序列为

```
A B C D E F G H J I K
```

（2）后序遍历

后序遍历的定义：若森林为空，遍历结束；否则，①后序遍历第一棵树的根结点的子树；

②访问森林中第一棵树的根结点；③后序遍历去掉第一棵树后的子森林。

对于图 3-31a 所示的森林进行后序遍历，得到的结果序列为

```
B A D E F C J H K I G
```

根据森林与二叉树的转换关系以及森林和二叉树的遍历定义可以推知，森林的先序遍历和后序遍历与所转换的二叉树的先序遍历和中序遍历的结果序列相同。

授课视频
3-8　树的应用

3.7.6　树的应用

树的应用十分广泛，在后面介绍的排序和查找两项常用技术中，就有以树结构组织数据进行的。本小节仅讨论树在集合表示与运算方面的应用。

1．集合的表示

集合是一种常用的数据表示方法，对集合可以做多种运算。假设集合 S 由若干个元素组成，可以按照某一规则把集合 S 划分成若干个互不相交的子集合。例如，集合 S={1,2,3,4,5,6,7,8,9,10}，可以被分成如下三个互不相交的子集合。

```
S1={1,2,4,7}
S2={3,5,8}
S3={6,9,10}
```

集合{S1,S2,S3}就被称为集合 S 的一个划分。

此外，在集合上还有最常用的一些运算，如集合的交、并、补、差，以及判定一个元素是否是集合中的元素，等等。

为了有效地对集合执行各种运算，可以用树结构表示集合。用树中的一个结点表示集合中的一个元素，树结构采用双亲表示法存储。例如，集合 S1、S2 和 S3 可分别表示为图 3-33a、b、c 所示的结构。将它们作为集合 S 的一个划分，存储在一维数组中，如图 3-34 所示。

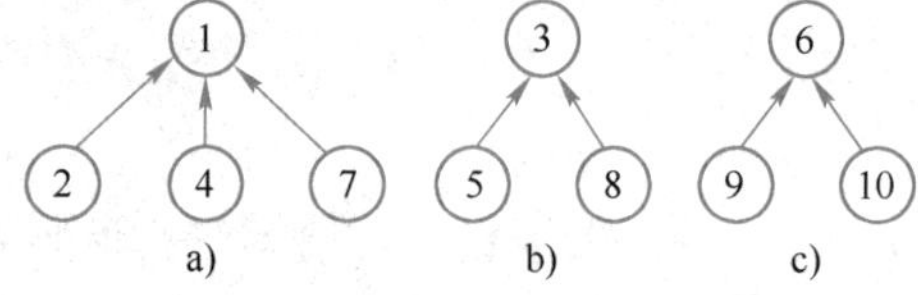

图 3-33　集合的树结构表示

a) 集合 S1　b) 集合 S2　c) 集合 S3

数组元素结构的存储表示采用双亲链表存储方法中的定义类 PTreeNode。其中，data 域存储结点本身的数据；parent 域为指向双亲结点的引用，即存储双亲结点在数组中的序号。

序号	data	parent
0	1	−1
1	2	0
2	3	−1
3	4	0
4	5	2
5	6	−1
6	7	0
7	8	2
8	9	5
9	10	5

图 3-34　集合 S1、S2、S3 的树结构双亲链表存储

2．集合的运算

当集合采用树结构表示时，很容易实现集合的一些基本运算。

例如，求两个集合的并集，就可以简单地把一个集合的树根结点作为另一个集合的树根结点的孩子结点。例如，求上述集合 S1 和 S2 的并集，可以表示为

```
S1∪S2={1,2,3,4,5,7,8}
```

该结果的树结构表示如图 3-35 所示。

【算法 3-22】 集合并运算。

```
public static void Union(PTreeNode[ ] a, int i, int j)
```

```
//合并以数组 a 第 i 个元素和第 j 个元素为根结点的集合
    {
        if(a[i].parent!=-1||a[j].parent!=-1)
    {
        System.out.println("调用参数不正确");
        return;
    }
    a[j].parent=i; //将 i 置为两个集合共同的根结点
}
```

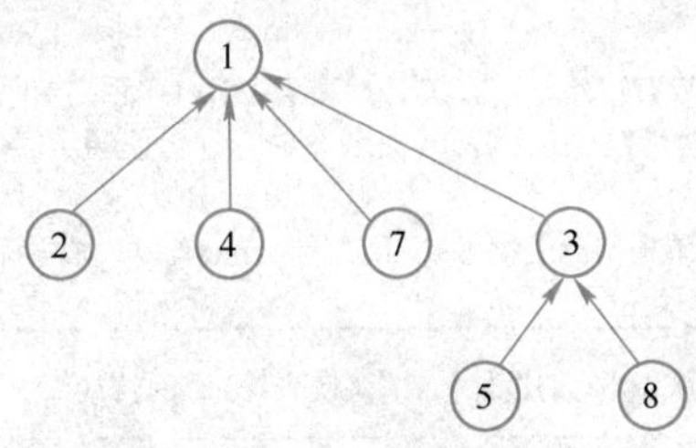

图 3-35　S1∪S2 的树结构

如果要查找某个元素所在的集合，可以沿着该元素的双亲域向上查，当查到某个元素的双亲域值为-1 时，该元素就是所查元素所属集合的树根结点，算法如下：

【算法 3-23】 查找集合体。

```
public static int Find(PTreeNode[ ] a, DataType x)
{//在数组 a 中查找值为 x 的元素所属的集合，若找到，返回树根结点在数组 a 中的序号；
//否则，返回-1。常量 MAXNODE 为数组 a 的最大容量
    int i=0, j;
    while(i<MAXNODE && a[i].data!=x) i++;
    if(i>=MAXNODE) return -1;       //值为 x 的元素不属于该组集合，返回-1
    j=i;
    while(a[j].parent!=-1) j=a[j].parent;
    return j;                        //j 为该集合的树根结点在数组 a 中的序号
}
```

3.8　本章小结

知识点	描述	学习要求
二叉树的定义	二叉树是 n（n≥0）个结点的有限集，它或者为空（n=0），或者由一个根结点及两棵互不相交的、分别称为这个根的左子树和右子树组成。左子树和右子树又是一棵二叉树 注意：二叉树定义的递归性使得可以采用递归算法实现其上面的操作；二叉树的定义确定了二叉树的五种基本形态，可作为二叉树基本运算和应用算法思路分析的出发点	理解二叉树定义的递归性
树的定义	树是 n（n≥0）个结点的有限集 T，T 为空时称为空树，否则它满足如下两个条件：①有且仅有一个特定的称为根的结点；②其余的结点可分为 m（m≥0）个互不相交的子集 $T_1,T_2,\cdots,T_m$，其中每个子集本身又是一棵树，并称为根的子树 注意：递归定义的树可以用递归的方法实现其上的运算	理解树定义中的递归性
满二叉树	若二叉树中每一层结点的个数都达到了最大，则称之为一棵满二叉树	掌握满二叉树的特征，能进行判别
完全二叉树	若一棵二叉树至多只有最下面的两层上结点的度数可以小于 2，并且最下一层上的结点都集中在该层最左边的若干位置上，则此二叉树称为完全二叉树。满二叉树是完全二叉树的特例 注意：完全二叉树一般采用顺序存储	掌握完全二叉树的特征，能进行判别
二叉树的性质	性质 1：二叉树的第 i 层上最多有 2^{i-1} 个结点 性质 2：深度为 k 的二叉树最多有 2^k-1 个结点 性质 3：任意一棵二叉树中，若终端结点的个数为 n_0，度数为 2 的结点个数为 n_2，则 $n_2=n_0-1$	掌握二叉树的五个性质

（续）

知识点	描述	学习要求
二叉树的性质	性质4：具有n个结点的完全二叉树的深度 $k=\lfloor \log_2 n \rfloor+1$ 性质5：对于具有 n 个结点的完全二叉树，按层次从上至下、每层从左至右对每个结点进行编号，则编号为i的结点有如下性质： ① 若i=1，则 k_i 为根结点，无双亲；否则，k_i 的双亲编号为i/2 ② 若 2i≤n，则 k_i 有左孩子，左孩子的编号为 2i；否则，k_i 无左孩子，k_i 肯定是叶子结点 ③ 若2i+1≤n，则 k_i 有右孩子，右孩子的编号为2i+1；否则，k_i 无右孩子 ④ 除根外，编号为奇数的结点为其双亲的右孩子，偶数结点为其双亲的左孩子 注意：性质 5 中如果根结点的编号从 0 开始，结点与左、右孩子结点编号的对应关系会发生变化	掌握二叉树的五个性质
二叉树的存储	顺序存储（适于完全二叉树的存储）、二叉链表、三叉链表	能够根据需要选择适合的存储方法
二叉树的先序遍历	若二叉树非空，则先访问根结点，再先序遍历左子树，最后先序遍历右子树 算法实现提示：可以用递归方式实现，也可用非递归方式实现。访问结点的时机是在第一次遇到结点的时候，即进入其左子树之前访问。在用非递归方法实现时，需要用栈或其他别的方式记住当前进入的是哪个点的左子树，以便将来返回时可进入其右子树	熟练掌握二叉树的先序遍历方法、递归的遍历算法和非递归的遍历算法
二叉树的中序遍历	若二叉树非空，则先中序遍历左子树，再访问根结点，最后中序遍历右子树 算法实现提示：可以用递归方式实现，也可用非递归方式实现。访问结点的时机是在第二次遇到结点时，即进入其左子树之后并从其左子树返回时访问。在用非递归方法实现时，需要用栈或其他方式记住当前进入的是哪个点的左子树，以便将来返回时可访问该结点并进入其右子树	熟练掌握二叉树的中序遍历方法、递归的遍历算法和非递归的遍历算法
二叉树的后序遍历	若二叉树非空，则先后序遍历左子树，再后序遍历右子树，最后访问根结点 算法实现提示：可以用递归方式实现，也可用非递归方式实现。访问结点的时机是在第三次遇到结点的时候，即进入其左子树之后返回，又进入其右子树之后返回时才访问该结点。在用非递归方法实现时，需要用栈或其他方式记住当前进入的是哪个点的左子树，同时还需要设置标记标识返回前进入的是左子树还是右子树，以便将来从右子树返回时访问该结点	熟练掌握二叉树的后序遍历方法、递归的遍历算法和非递归的遍历算法
二叉树的层次遍历	从二叉树的根结点开始，按自上而下、从左到右的顺序进行遍历 算法实现提示：可以利用队列帮助实现遍历	熟练掌握二叉树的层次遍历方法和遍历算法
由二叉树的遍历序列恢复二叉树	由二叉树的先序和中序恢复二叉树，由二叉树的中序和后序恢复二叉树 注意：由二叉树的先序和后序、先序和层次遍历、后序和层次遍历均不能唯一地确定一棵二叉树	能够画出对应的二叉树，写出相应算法
线索二叉树的定义	利用二叉链表中的 n+1 个空引用域存放指向结点在某种遍历次序下的前驱结点和后继结点的引用，为了区别指向左、右孩子结点的引用，把前者称为线索，加了线索的二叉链表称为线索链表，相应的二叉树称为线索二叉树。按中序线索建立的线索树称为中序线索树；同理，有先序线索树和后序线索树	能够根据线索二叉树的定义画出中序线索树、先序线索树和后序线索树 拓展目标：认识到科学研究的创新源于发现问题，寻求突破
线索二叉树的存储	在二叉链表中为每个结点的 lchild 域和 rchild 域分别加标记 ltag 和 rtag。取值为 false，则为线索；否则，取值为 true	能够定义线索二叉树的存储
线索二叉树的创建	可通过对二叉树进行先序、中序和后序遍历创建相应的线索二叉树	能够写出线索二叉树的创建算法
线索二叉树的遍历	遍历不加线索的二叉树（二叉链表存储）时，通常用递归方法，不用递归方法时，就要用到栈；遍历线索二叉树则不需要递归和堆栈，其时间性能为O(n)	能够写出对中序线索二叉树进行中序遍历的算法
最优二叉树的概念	在权为 $w_1,w_2,\cdots,w_n$ 的 n 个叶子所构成的所有二叉树中，带权路径长度最小（即树的代价最小）的二叉树称为最优二叉树或哈夫曼树 注意：最优二叉树的形状不唯一，带权路径长度是唯一的	掌握构造最优二叉树的方法，并会计算二叉树的带权路径长度
前缀码	为了保证解码的唯一性，在编码时要求字符集中任一字符的编码都不是其他字符编码的前缀，这种编码称为前缀（编）码 注意：采用最优二叉树方法构造的哈夫曼编码就是前缀码	理解前缀码的概念，并能进行判别

（续）

知识点	描述	学习要求
平均码长	设对 n 个字符$\{c_1,c_2,\cdots,c_n\}$进行编码，字符 c_i 出现的概率为 p_i，码长为 l_i，则平均码长为$\sum_{i=1}^{n} p_i l_i$	能够计算编码的平均码长
最优前缀码	平均码长最小的前缀码为最优前缀码	理解最优前缀码
哈夫曼编码	由哈夫曼树求得的编码是最优前缀码，称为哈夫曼编码	掌握哈夫曼编码的求法 拓展目标：了解戴维·哈夫曼在二十七岁读博士时发明的哈夫曼编码；认识到提高效率的一个思路就是要区别对待
树的存储	双亲链表存储方法、孩子链表存储方法、双亲孩子链表存储方法、孩子兄弟链表存储方法	能够定义并建立相应方法的树存储
树与二叉树的相互转换	转换规则：①原树的根为转换后二叉树的根；②原树中每个非终端结点的第一个孩子转换后成为其双亲的左孩子；③原树中每个结点右边的第一个兄弟孩子转换后成为它的右孩子 树转换为二叉树后的特点：①所转换成的二叉树其根结点的右子树为空；②其二叉链表可解释为原树的孩子兄弟链表 二叉树转换成树是上述规则的逆过程	掌握树与二叉树的相互转换，以及转换后二叉树的特点 拓展目标：了解复杂结构简单化的方法
森林与二叉树的相互转换	转换规则：将森林中第二棵树的树根结点视为第一棵树树根的第一个兄弟，第三棵树的树根结点视为第二棵树根结点的第一个兄弟，依次类推，仍按树的转换规则进行即可 二叉树转换成森林是上述规则的逆过程	掌握森林与二叉树的相互转换，以及转换后二叉树的特点
树的遍历	先序遍历：若树 T 非空，则①访问根结点 R；②依次先序遍历 R 的各个子树 $T_1,T_2,\cdots,T_k$ 后序遍历：若树 T 非空，则①依次后序遍历根 R 的各个子树 $T_1,T_2,\cdots,T_k$；②访问根 R	掌握树的遍历方法
森林的遍历	先序遍历：若森林 F 非空，则①访问其第一棵树的根结点；②先序遍历第一棵树的根的子树；③先序遍历去掉第一棵树后的子森林 后序遍历：若森林 F 非空，则①后序遍历第一棵树的根结点的子树；②访问第一棵树的根结点；③后序遍历去掉第一棵树后的子森林	掌握森林的遍历方法
树和森林的遍历与其转换的二叉树的遍历次序的关系	树和森林的先序遍历和后序遍历与所转换的二叉树的先序遍历和中序遍历的结果序列对应相同 注意：正因为有这样的对应关系，所以对树和森林的遍历可通过对对应二叉树的遍历实现	理解树和森林的遍历与其转换的二叉树遍历次序的关系
树表示集合及其运算	集合是一种常用的数据结构，采用树结构表示集合，树中的一个结点表示集合中的一个元素，具有同一树根的结点在同一集合中，因此能够很方便地判定一个元素是否属于一个集合，以及实现集合上的交、并、补、差等基本运算。表示集合的树常采用双亲链表法存储 注意：可扩展阅读第 7 章中并查集的相关内容	理解用树表示集合的方法，以及集合运算的实现

练习题

一、简答题

1．一棵度为 2 的树与一棵二叉树有何区别？树与二叉树之间有何区别？

2．对于图 3-36 所示的二叉树，试给出：

（1）它的顺序存储结构。

（2）它的二叉链表存储结构。

（3）它的三叉链表存储结构。

3．对于图 3-37 所示的树，试给出：

（1）双亲链表存储。

（2）孩子链表存储。

（3）孩子兄弟链表存储。

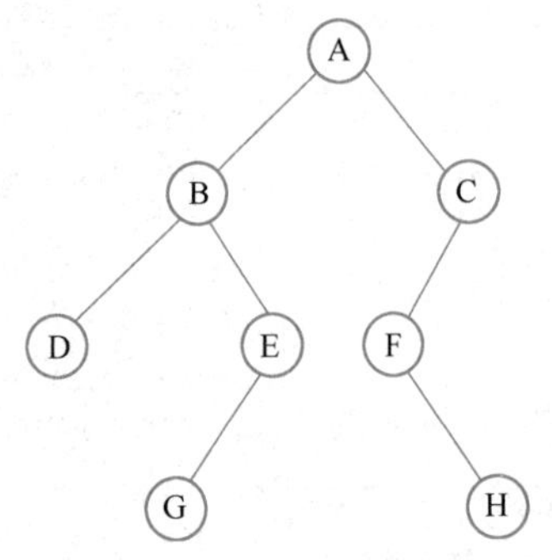

图 3-36 题 2 的二叉树

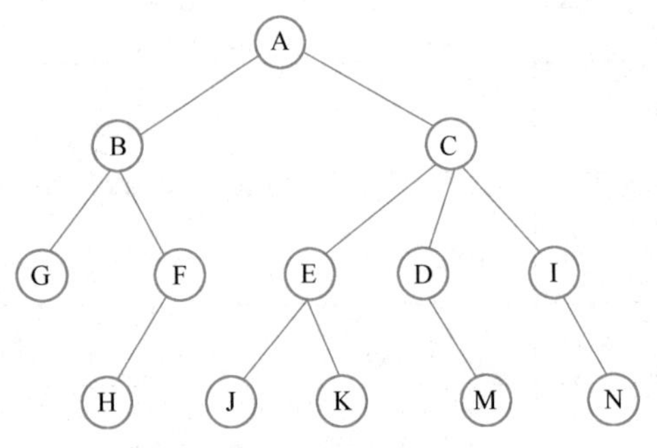

图 3-37 题 3 的树

4．画出图 3-38 所示的森林转换后的二叉树，并指出森林中满足什么条件的结点在二叉树中是叶子结点。

5．将图 3-39 所示的二叉树转换成相应的森林。

6．证明：在结点数多于 1 的哈夫曼树中不存在度为 1 的结点。

7．证明：若哈夫曼树中有 n 个叶子结点，则树中共有 2n-1 个结点。

8．证明：由二叉树的先序序列和中序序列可以唯一地确定一棵二叉树。

9．已知一棵度为 m 的树中有 n_1 个度为 1 的结点、n_2 个度为 2 的结点、……、n_m 个度为 m 的结点，问该树中共有多少个叶子结点？有多少个非终端结点？

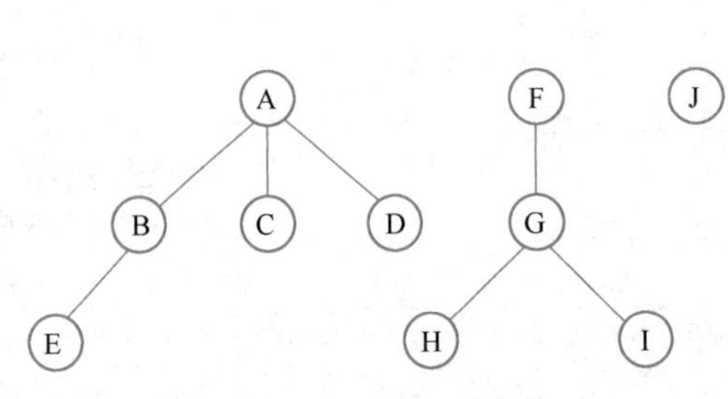

图 3-38 题 4 的森林

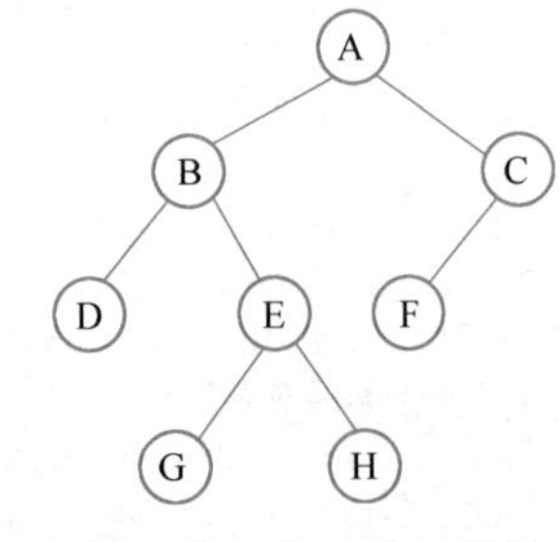

图 3-39 题 5 的二叉树

10．在具有 n（n>1）个结点的树中，深度最小的那棵树其深度是多少？它有多少个叶子和非叶子结点？深度最大的那棵树其深度是多少？它有多少个叶子和非叶子结点？

11．设高度为 h 的二叉树上只有度为 0 和度为 2 的结点，问该二叉树的结点数可能达到的最大值和最小值。

12．求表达式 a+b×(c-d)-e/f 的波兰式（前缀式）和逆波兰式（后缀式）。

13．画出和下列已知序列对应的树 T。

树的先序访问序列为 GFKDAIEBCHJ。

树的后序访问次序为 DIAEKFCJHBG。

14．画出和下列已知序列对应的森林 F。

森林的先序访问序列为 ABCDEFGHIJKL。

森林的后序访问序列为 CBEFDGAJIKLH。

15．画出和下列已知序列对应的树 T。

二叉树的层次序列为 ABCDEFGHIJ。

二叉树的中序序列为 DBGEHJACIF。

16．假设用于通信的电文由字符集{a,b,c,d,e,f,g}中的字母构成。它们在电文中出现的频率分别为{0.31,0.16,0.10,0.08,0.11,0.20,0.04}。

（1）为这 7 个字母设计哈夫曼编码。

（2）对这 7 个字母进行等长编码，至少需要几位二进制数？哈夫曼编码比等长编码使电文总长压缩了多少？

二、算法设计题

1．给定一棵用二叉链表表示的二叉树，其根引用为 root，试写出求二叉树结点数目的算法。

2．请设计一个算法，要求该算法把二叉树的叶子结点按从左至右的顺序链成一个单链表。二叉树按 lchild-rchild 方式存储，链接时用叶子结点的 rchild 域存放链引用。

3．给定一棵用二叉链表表示的二叉树，其根引用为 root，试写出求二叉树深度的算法。

4．给定一棵用二叉链表表示的二叉树，其根引用为 root，试写出求二叉树各结点的层数的算法。

5．给定一棵用二叉链表表示的二叉树，其根引用为 root，试写出将二叉树中所有结点的左、右子树相互交换的算法。

6．一棵具有 n 个结点的完全二叉树采用顺序结构存储，试设计非递归算法对其进行先序遍历。

7．在二叉树中查找值为 x 的结点，试设计输出值为 x 的结点的所有祖先结点的算法。

8．已知一棵二叉树的后序遍历序列和中序遍历序列，写出可以确定这棵二叉树的算法。

9．编写算法判断一棵二叉链表表示的二叉树是否是完全二叉树。

10．有 n 个结点的完全二叉树存放在一维数组 A[1..n]中，试据此建立一棵用二叉链表表示的二叉树。

11．编写算法判定两棵二叉树是否相似。所谓两棵二叉树 s 和 t 相似，即要么它们都为空或都只有一个结点，要么它们的左、右子树都相似。

12．对以孩子兄弟链表存储的树编写计算树的深度的算法。

13．对以孩子链表存储的树编写计算树的深度的算法。

14．对以双亲链表存储的树编写计算树的深度的算法。

实验题

授课视频

3-9　哈夫曼编码/译码器

题目：哈夫曼编码/译码器

一、问题描述

哈夫曼编码是一种应用广泛而有效的数据压缩技术。利用哈夫曼编码进行通信可以大大提高信道的利用率，加快信息的传输速度，降低传输成本。数据压缩的过程称为编码，

解压缩的过程称为译码。进行信息传输时，发送端通过一个编码系统对待传数据（明文）预先编码，而接收端将传来的数据（密文）进行译码。要求设计一个简单的哈夫曼编码/译码系统。

二、基本要求

系统应具备如下几项功能：

1．构造哈夫曼树及哈夫曼编码。从终端读入字符集大小 n、n 个字符以及 n 个对应的权值，建立哈夫曼树；利用已经建好的哈夫曼树求每个叶子结点的哈夫曼编码，并保存。

2．编码。利用已构造的哈夫曼编码对“明文”文件中的正文进行编码，然后将结果存入“密文”文件中。

3．译码。将“密文”文件中的 0、1 代码序列进行译码。

4．打印“密文”文件。将文件以紧凑格式显示在终端上，每行 30 个代码；同时，将此字符形式的编码文件保存。

5．输出哈夫曼树及哈夫曼编码。将已在内存中的哈夫曼树以凹入表形式显示在终端上，同时将每个字符的哈夫曼编码显示出来，并保存到文件。

三、提示与分析

1．采用静态链表作为哈夫曼树的存储结构。

2．求哈夫曼编码时使用一维结构数组 HCode 作为哈夫曼编码的存储。

3．基本功能分析。

（1）初始化。从键盘接收字符集大小 n，以及 n 个字符和 n 个权值。

（2）建立哈夫曼树。构造哈夫曼树，即将 HNode 数组中的各个位置的各个域都添上相关的值，并将这个结构体数组存于文件 HTree.txt 中。

（3）构造哈夫曼编码。为从文件 HTree.txt 中读入相关的字符信息进行哈夫曼编码，然后将结果存入 HNode.txt 中，同时将字符与 0、1 代码串的一一对应关系输出到屏幕上。

（4）编码。利用已构造的哈夫曼编码（HNode.txt）对文件 SourceFile.txt（明文）中的正文进行编码。然后将结果存入文件 CodeFile.txt（密文）中。

（5）译码。将文件 CodeFile.txt（密文）中的代码按照（3）中建立的编码规则将其翻译成字符集中字符所组成的字符串形式，即进行译码，结果存入文件 TextFile.txt（明文）中（如果正确，TextFile.txt 的内容与 SourceFile.txt 的内容一致）。

（6）输出哈夫曼树。从 HNode 数组中读入相关的结点信息，以凹入表方式将各个结点，以及叶子结点的权值和左分支上的 0、右分支上的 1 显示出来。

四、测试数据

1．令叶子结点的个数 N 为 4，权值集合为{1,3,5,7}，字符集合为{A,B,C,D}，且字符集合与权值集合一一对应。

2．令叶子结点的个数 N 为 7，权值集合为{12,6,8,18,3,20,2}，字符集合为{A,B,C,D,E,F,G}，且字符集合与权值集合一一对应。

3．请自行选定一段英文文本，统计给出的字符集，统计字符出现的频率，建立哈夫曼树，构造哈夫曼编码，并实现其编码和译码。

4．用表 3-3 给出的字符和频率的实际统计数据建立哈夫曼树，并实现对报文“THIS PROGRAM IS MY FAVORITE”的编码和译码。

表 3-3　字符及其出现的频率

字符	（空格）	A	B	C	D	E	F	G	H	I	J	K	L	M
频率	186	64	13	22	32	103	21	15	47	57	1	5	32	20
字符	N	O	P	Q	R	S	T	U	V	W	X	Y	Z	
频率	57	63	15	1	48	51	80	23	8	18	1	16	1	

五、选作内容

1．系统能够统计待编码文本中所使用的字符和其出现的频率，并据此自动构造哈夫曼编码。

2．实现各个转换操作的源/目文件均可由用户在选择该操作时指定和命名。

3．修改你的系统，对你的系统的源程序进行编码和译码（注意处理行尾符编/译码问题）。

4．以直观的形式在屏幕上显示哈夫曼树。

第4章 图 结 构

内容导读

图结构（简称为图）是一种比树结构更复杂的非线性结构。在图结构中，任意两个结点之间都可能相关，即结点之间的邻接关系可以是任意的。因此，图结构被用于描述各种复杂的数据对象，在自然科学、社会科学和人文科学等许多领域有着非常广泛的应用。

【主要内容提示】

- 图的基本概念、逻辑结构、存储结构
- 图的遍历及应用
- 图的最小生成树
- 图的经典应用：求最短路径、拓扑排序、关键路径

【学习目标】

- 准确描述图中的一些基本概念
- 能够写出图遍历的 DFS 和 BFS 算法
- 准确描述最小生成树的概念以及 Prim 算法和 Kruskal 算法的执行过程
- 准确描述最短路径的概念以及 Dijkstra 算法和 Floyd 算法的执行过程
- 准确描述拓扑排序的概念以及其实现算法的过程
- 准确描述关键路径的概念以及实现算法的过程

4.1 引言

本节将通过大家熟悉的问题引出图结构的相关概念及图结构要解决的问题。

4.1.1 问题提出

除了前两章讨论的线性结构和树结构，还有一种常见的数据的逻辑结构——图结构，即元素之间可以有多个前驱元素和多个后继元素。图结构在日常生活中很常见，如地图、公园的游览路线图、动物园的动物展馆分布图和城市的交通图等。图结构在科学研究中经常用于对问题的抽象表示，以便于对问题求解的研究。下面一些常见问题，都可以通过图结构来表示并求解。

问题 1：寻求走迷宫问题的解，迷宫可表示成图，求解即为寻求满足某种要求的从迷宫的入口结点到迷宫的出口结点的路径。

问题 2：从公园入口处寻找一条参观某个动物的最短路径。

问题 3：在几个村落之间铺设通信线路，如何铺设最省钱。

问题 4：计算机科学与技术专业的大学生，本科四年需要学习公共基础课、专业基础课、专业课几十门课程，每门课程都可能有先修课程的要求，如何合理安排课程的教学顺序，使学生能够顺利完成学业。解决该问题时，可将课程的先修的制约关系用图表示，如图 1-2 所示。

问题 5：GPS 给出的最佳行车路线的推荐。

问题 6：工程中最短工期和关键活动的确定。

问题 7：地图的着色问题，即使地图中相邻区域着不同的颜色，如何选择满足条件的着色方案。也可以用图表示这个问题，即用结点表示各个区域，区域相邻则结点之间就有连接的边，这样地图的着色问题就变成了图的结点着色问题，即给出将相邻结点着不同颜色的方案。

上述各个问题都涉及一种相对复杂的数据之间的逻辑结构——图结构，要想让计算机解决上述各个问题，首先就要掌握如何存储图结构，然后考虑如何按照一定的顺序搜索到图的每个点和每条边，这是解决上述各个问题的基础。

4.1.2　相关概念

1. 图的定义

图（Graph）由一个顶点集合 V 和一条边（或者弧）集合 E 组成，通常记为 $G=(V,E)$。其中，V 中有 n（$n>0$）个顶点，E 中有 e（$e\geqslant 0$）条边，且每一条边都依附于 V 中的两个顶点 v_i 和 v_j（$i, j=1,2,\cdots,n$），该边用顶点偶对来表示，记为(v_i,v_j)。

图 4-1 所示为一个无向图 G_1 的示例，在该图中

$$V_1=\{v_1,v_2,v_3,v_4,v_5\}$$

$$E_1=\{(v_1,v_2),(v_1,v_4),(v_2,v_3),(v_3,v_4),(v_3,v_5),(v_2,v_5)\}$$

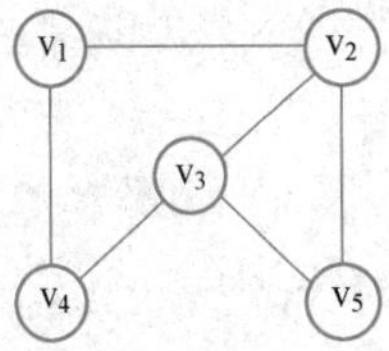

图 4-1　无向图 G_1

2. 图的相关术语

1）无向图。在一个图中，如果任意两个顶点构成的偶对$(v_i,v_j)\in E_n$ 是无序的，即顶点之间的连线是没有方向的，则称该图为无向图。无向图中的(v_i,v_j)和(v_j,v_i)是同一条边。

2）有向图。在一个图中，如果两个顶点之间的边是有方向的，即构成的偶对$(v_i,v_j)\in E_n$ 是有序的，则称该图为有向图。为了与无向图区别开，有向图的边用$<v_i,v_j>$表示。在有向图中，$<v_i,v_j>$和$<v_j,v_i>$不是同一条边。有向边也称为弧，箭头一端称为弧头，另一端称为弧尾。

图 4-2 所示是一个有向图 G_2，可表示为

$$G_2=(V_2,E_2)$$

$$V_2=\{v_1,v_2,v_3,v_4\}$$

$$E_2=\{<v_1,v_2>,<v_1,v_3>,<v_3,v_4>,<v_4,v_1>\}$$

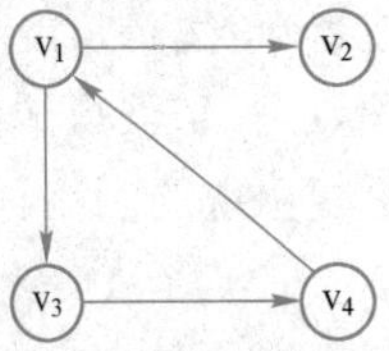

图 4-2　有向图 G_2

3）邻接点、邻接边。若(v_i,v_j)存在，即 v_i 和 v_j 之间有边，互相称对方为邻接点，(v_i,v_j)称为 v_i 和 v_j 的邻接边。对于有向图，若$<v_i,v_j>$存在，称 v_i 邻接至 v_j，或称 v_j 邻接自 v_i。

4）完全图。在一个无向图中，如果任意两顶点都有一条边直接连接，则称该图为无向完全图。在一个有向图中，如果任意两顶点之间都有方向互为相反的两条弧相连接，则称该图为有向完全图。显然，在一个含有 n 个顶点的无向完全图中，有 $n(n-1)/2$ 条边。在一个含有 n 个顶点的有向完全图中，有 $n(n-1)$条边。

5）稠密图、稀疏图。若一个图接近完全图，称为稠密图；边数很少的图称为稀疏图。

6）顶点的度、入度、出度。顶点的度是指依附于某顶点 v 的边数，通常记为 TD(v)。在有向图中，要区别顶点的入度与出度的概念。顶点 v 的入度是指以顶点 v 为终点的弧的数目，记为 ID(v)；顶点 v 的出度是指以顶点 v 为始点的弧的数目，记为 OD(v)。显然，$TD(v)=ID(v)+OD(v)$。

例如，在 G_1 中有

$$TD(v_1)=2\quad TD(v_2)=3\quad TD(v_3)=3\quad TD(v_4)=2\quad TD(v_5)=2$$

在 G_2 中有

$$ID(v_1)=1 \quad OD(v_1)=2 \quad TD(v_1)=3$$
$$ID(v_2)=1 \quad OD(v_2)=0 \quad TD(v_2)=1$$
$$ID(v_3)=1 \quad OD(v_3)=1 \quad TD(v_3)=2$$
$$ID(v_4)=1 \quad OD(v_4)=1 \quad TD(v_4)=2$$

根据以上的定义可知，对于具有 n 个顶点、e 条边的图，顶点 v_i 的度 TD (v_i)与顶点的个数及边的数目满足关系：

$$e=\left(\sum_{i=1}^{n}TD(v_i)\right)/2$$

7）边的权、网图。与边有关的数据信息称为权。

在实际应用中，权值可以有某种含义。例如，在一个反映城市交通线路的图中，边上的权值可以表示该条线路的长度或者等级；对于一个电子线路图，边上的权值可以表示两个端点之间的电阻、电流或电压值；对于反映工程进度的图而言，边上的权值可以表示从前一个工程到后一个工程所需要的时间；等等。边上带权的图称为带权图或网图或网络（Network）。图 4-3 所示即为一个无向网图。如果边是有方向的带权图，就是一个有向网图。

8）路径和路径长度。顶点 v_p 到顶点 v_q 之间的路径是指一个从顶点 v_p 到顶点 v_q 的顶点序列 $v_p,v_{i1},v_{i2},\cdots,v_{im},v_q$。其中，$(v_p,v_{i1}),(v_{i1},v_{i2}),\cdots,(v_{im},v_q)$分别为图中的边；对于有向图则是有向边 $<v_p,v_{i1}>,<v_{i1},v_{i2}>,\cdots,<v_{im},v_q>$。路径上边的数目称为路径长度。

在图 4-1 所示的无向图 G_1 中，$v_1\rightarrow v_4\rightarrow v_3\rightarrow v_5$ 与 $v_1\rightarrow v_2\rightarrow v_5$ 是从顶点 v_1 到顶点 v_5 的两条路径，路径长度分别为 3 和 2。

在图 4-2 所示的有向图 G_2 中，$v_1\rightarrow v_3\rightarrow v_4$ 是从顶点 v_1 到顶点 v_4 的一条路径，路径长度为 2。

9）回路、简单路径、简单回路。若一条路径的始点和终点是同一个点，则该路径为回路或者环（Cycle）；若路径中的顶点不重复出现，则该路径称为简单路径。前面提到的图 4-1 中顶点 v_1 到顶点 v_5 的两条路径都为简单路径。除第一个顶点与最后一个顶点之外，其他顶点不重复出现的回路称为简单回路，或者简单环，如图 4-2 中的 $v_1\rightarrow v_3\rightarrow v_4\rightarrow v_1$。

10）子图。对于图 $G=(V_n,E_n)$，若存在 V'是 V_n 的子集，E'是 E_n 的子集，且 E'中的边都依附于 V'中的点，则称图 G'=(V',E')是 G 的一个子图。

图 4-4 给出了前述 G_1 和 G_2 的两个子图 G'和 G"。

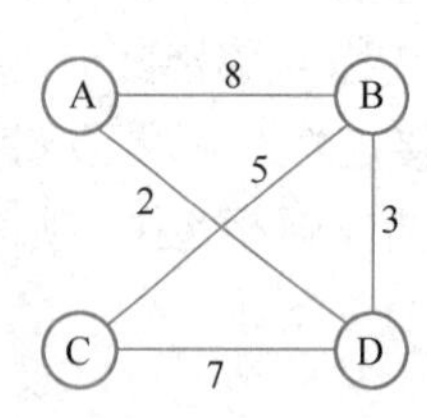

图 4-3　一个无向网图

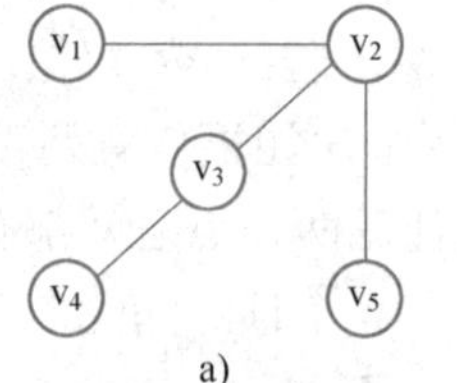

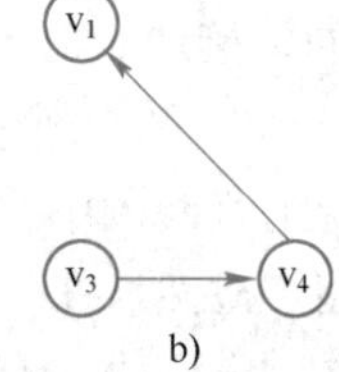

图 4-4　图 G_1 和 G_2 的子图 G'和 G"

a) G'　b) G"

11）连通的、连通图、连通分量。在无向图中，如果从一个顶点 v_i 到另一个顶点 v_j（$i\neq j$）有路径，则称顶点 v_i 和 v_j 是连通的。如果图中任意两顶点都是连通的，则称该图是连通图。无向图的极大连通子图称为连通分量。图 4-5a 是一个非连通图，它有两个连通分量，如图 4-5b 所示。而对于连通图而言，连通分量就是它本身。

12）强连通图、强连通分量。对于有向图来说，若图中任意一对顶点 v_i 和 v_j（$i\neq j$）之

间，既有从顶点 v_i 到顶点 v_j 的路径，也有从顶点 v_j 到顶点 v_i 的路径，则称该有向图是强连通图。有向图的极大强连通子图称为强连通分量。图 4-2 是一个非强连通图 G_2，它有两个强连通分量，如图 4-6 所示。

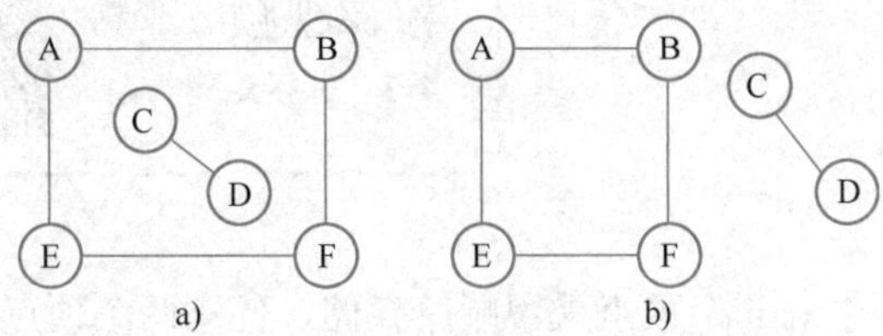

图 4-5　无向图 G_3 及两个连通分量

a) 无向非连通图 G_3　b) G_3 的两个连通分量

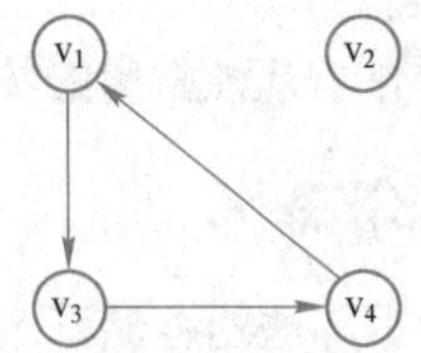

图 4-6　有向图 G_2 的两个强连通分量

13）连通图（或子图）的生成树。所谓连通图 G 的生成树，是包含 G 的全部 n 个顶点的一个极小连通子图。它必定包含且仅包含 G 的 n-1 条边。

图 4-4a 所示的子图 G'就是图 4-1 所示无向图 G_1 的一棵生成树。在生成树中添加任意一条属于原图中的边必定会产生回路，因为新添加的边使其所依附的两个顶点之间会产生第二条路径。若生成树中减少任意一条边，则必然不能连通 n 个顶点。

14）非连通图的生成森林。在非连通图中，由每个连通分量都可得到一个极小连通子图，即一棵生成树，这些连通分量的生成树就组成了一个非连通图的生成森林。

4.1.3　图的基本运算

1）CreateGraph(G)：建立图 G 的存储。

2）DestroyGraph(G)：释放图 G 占用的存储空间。

3）GetVex(G,v)：在图 G 中找到顶点 v，并返回顶点 v 的相关信息。

4）PutVex(G,v,value)：在图 G 中找到顶点 v，并将 value 值赋给顶点 v。

5）InsertVex(G,v)：在图 G 中增添新顶点 v。

6）DeleteVex(G,v)：在图 G 中，删除顶点 v 以及所有和顶点 v 相关联的边或弧。

7）InsertArc(G,v,w)：在图 G 中增添一条从顶点 v 到顶点 w 的边或弧。

8）DeleteArc(G,v,w)：在图 G 中删除一条从顶点 v 到顶点 w 的边或弧。

9）Traverse(G,v)：在图 G 中，从顶点 v 出发遍历图 G。

10）LocateVex(G,u)：在图 G 中找到顶点 u，返回该顶点在图中的存储位置。

11）FirstAdjVex(G,v)：在图 G 中，返回 v 的第一个邻接点。若顶点在 G 中没有邻接点，则返回“空”。

12）NextAdjVex(G,v,w)：在图 G 中，返回 v 的（相对于 w 的）下一个邻接点。若 w 是 v 的最后一个邻接点，则返回“空”。

需要注意的是，在一个图中，顶点是没有先后次序的，但当它的存储中确定了顶点的次序后，存储中的顶点次序构成了顶点之间的相对次序。同样的道理，对一个顶点的邻接点，也根据存储顺序决定了第 1 个、第 2 个……

4.2　图的存储

图是一种结构复杂的数据结构，表现在不仅各个顶点的度可以千差万别，而且顶点之间的逻辑关系也不确定。从图的定义可知，一个图的信息包括两部分，即图中顶点的信息，以及描述顶点之间的关系——边或者弧的信息。因此，无论采用什么方法建立图的存储结构，都要完整、准确地反映这两方面的信息。

授课视频
4-1 邻接矩阵

下面介绍几种常用的图的存储结构。

4.2.1 邻接矩阵

邻接矩阵法的存储基本思想：对于图中的 n 个顶点采用顺序存储，任意两个顶点之间是否有邻接关系，即是否有边，则用一个 n×n 的矩阵来表示。规定矩阵的元素为

$$a_{ij}=\begin{cases}1 & 若(v_i,v_j)（有向图为<v_i,v_j>）是E_n中的边\\0 & 若(v_i,v_j)（有向图为<v_i,v_j>）不是E_n中的边\end{cases}$$

若 G 是网图，则邻接矩阵可定义为

$$a_{ij}=\begin{cases}w_{ij} & 若(v_i,v_j)（有向图为<v_i,v_j>）是E_n中的边\\0或\infty & 若(v_i,v_j)（有向图为<v_i,v_j>）不是E_n中的边\end{cases}$$

其中，w_{ij} 表示边(v_i,v_j)或$<v_i,v_j>$上的权值；∞表示一个计算机允许的、大于所有边上权值的数，或者用一个能够在程序中识别的特殊值来表示。

图 4-7a 和图 4-7b 分别是一个无向图和一个有向图的邻接矩阵。

图 4-8 是一个无向网的邻接矩阵。

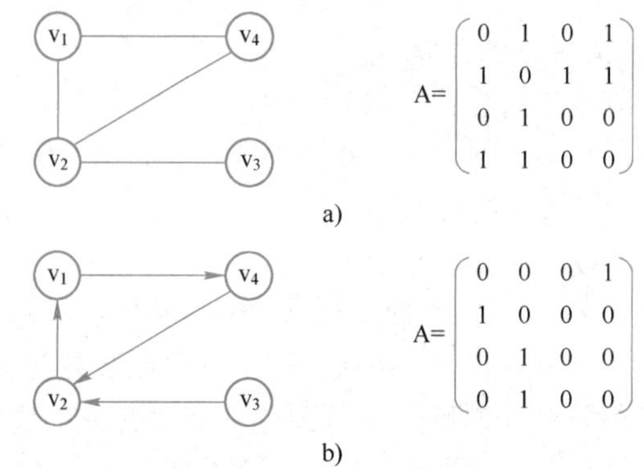

图 4-7 一个无向图和一个有向图的邻接矩阵

a) 一个无向图的邻接矩阵 b) 一个有向图的邻接矩阵

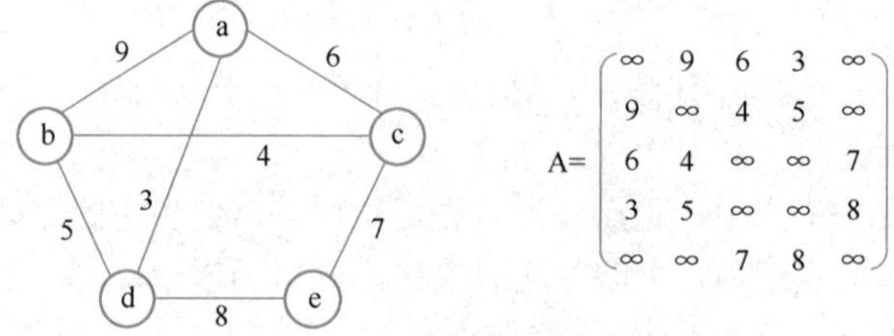

图 4-8 一个无向网的邻接矩阵

从图的邻接矩阵存储方法容易看出，这种表示具有以下一些特点。

1）无向图的邻接矩阵一定是一个对称矩阵。因此，在具体存放邻接矩阵时只需存放上（或下）三角矩阵的元素。当然，这样的存储会给一些运算带来麻烦。

2）对于无向图，邻接矩阵的第 i 行（或第 i 列）非零元素（或非∞元素）的个数是第 i 个顶点的度 TD(v_i)。

3）对于有向图，邻接矩阵的第 i 行（或第 i 列）非零元素（或非∞元素）的个数是第 i 个顶点的出度 OD(v_i)（或入度 ID(v_i)）。

根据邻接矩阵的存储思想可知，用邻接矩阵方法存储图，很容易确定图中任意两个顶点之间是否有边相连；但是，要确定图中有多少条边，则必须按行（或列）对每个元素进行检测，所花费的时间代价很大。这是用邻接矩阵存储图的局限性。

根据以上设计思想，用一个一维数组顺序存储顶点信息，用一个二维数组表示顶点间的邻接关系，称之为邻接矩阵。将图的结点信息、图的邻接矩阵与图的结点数与边数封装到图的邻接矩阵存储类中的定义如下。其中，VertexType 为图的顶点类，EdgeType 为图的边信息类。

```
public class MGraph<V,E> {
   private VertexType<V>[] vexs; //顶点表
   private EdgeType<E>[][] edges; //邻接矩阵
   private int vexnum; //图中顶点的个数
   private int edgenum; //图中边的个数

   @SuppressWarnings("unchecked")
   MGraph(int vnums, int enums) //构造函数
   {
      vexs = (VertexType<V>[]) new Object[vnums];
      edges = (EdgeType<E>[][])new Object[vnums][vnums];
      vexnum = vnums;
      edgenum = enums;
   }
   … //其他成员函数
}
```

为了描述形式上的简便，使读者容易抓住主要问题，本章以下部分的讨论中，在数据结构的定义和算法中，用 N 和 E 分别表示图中顶点的个数和边的个数，并设为常量使用。而在分析问题和算法的复杂度时，还用变量 n 和 e 来表示顶点的个数和边的个数，以表明时间复杂度和空间复杂度是顶点数 n 和边数 e 的函数。

需要说明以下两点。

1）在图中没有一个特殊的顶点是“第一个，第二个……”，因此存储时也是如此，顶点的存储顺序可以依实际问题的某个顺序人为地来规定，一旦顶点的存储顺序确定，就构成了顶点之间的相对次序，邻接矩阵一定要与其对应。除了顶点数组的每个分量中的顶点信息域中存放的是顶点的信息，其他地方存放的都是顶点的存储序号。

2）图中的 N 个顶点依次存储在顶点数组的[0],…,[N−1]分量中，称 0,…,N−1 为各顶点的存储序号，简称为顶点 0,…,顶点 N−1。如不加说明，在其他的存储方法中也是如此。

【算法 4-1】 建立一个有向图的邻接矩阵存储。

```
public static void CreateMGraph(MGraph<String, Integer> G)
//建立有向图 G 的邻接矩阵存储
{
   int vnums, enums;
   Scanner scanner = new Scanner(System.in);
   vnums = scanner.nextInt(); //读入图的顶点数目
   enums = scanner.nextInt(); //读入图的边数
for (int i = 0; i < vnums; i++)
      //输入顶点信息，建立顶点表
      //假设图的顶点信息为字符串
      G.setVertex(i, scanner.next());
   for (int i = 0; i < vnums; i++)
```

```
        for (int j = 0; j < vnums; j++)
                G.setEdge(i, j, 0); //初始化邻接矩阵，假设边信息类型为整型
         for (int k = 0; k < enums; k++) {
         int i = scanner.nextInt(); //依次输入enum条边，每一条边用顶点对<i,j>表示
              int j = scanner.nextInt();
              G.setEdge(i, j, 1); //若为无向图，还要建立(j,i)边，即G.setEdge(j,i,1);
           }
           scanner.close();
        }
```

4.2.2 邻接表

邻接矩阵是图的顺序存储方法，邻接表是图的顺序存储与链式存储结合的存储方法。邻接表表示法类似于树的孩子链表表示法。邻接表的存储思想：每一条边存储一个顶点，把某个顶点 v_i 所有邻接边（有向图中以 v_i 为弧尾的）链接成一个单链表，将该单链表的头位置和这个顶点的信息作为顶点结点依次顺序存储起来，就构成了图的邻接表。图 4-9 给出了图 4-7 对应的邻接表表示。

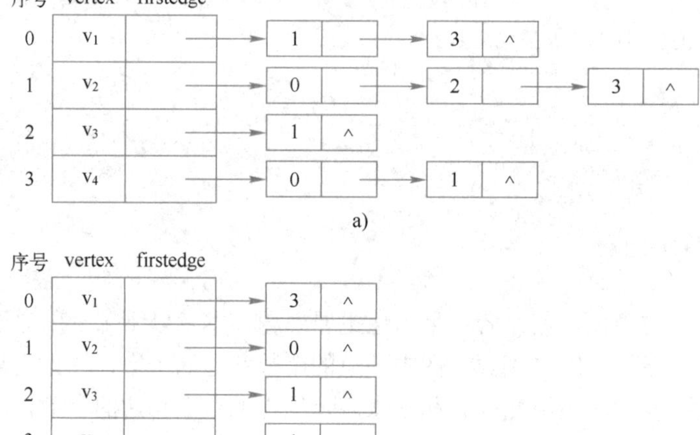

图 4-9 图 4-7 对应的邻接表表示

a) 无向图 4-7 a 的邻接表表示 b) 有向图 4-7 b 的邻接表表示

在邻接表表示中有两种结点结构，如图 4-10 所示。

图 4-10 邻接表表示的结点结构

一种是顶点结点的结构，它由顶点域（vertex）和指向第一条邻接边的引用域（firstedge）构成；另一种是边（即邻接表）结点结构，它由邻接点域（adjvex）和指向下一条邻接边的引用域（next）构成。

边的存储需要注意两点。

1）一条边由两个顶点构成，在边结点中却只有一个顶点的信息，这是因为在同一个链表中的边都是该点的邻接边，即这些边和同一个顶点相关联，因此就省略了该顶点，只存储了它的邻接点。

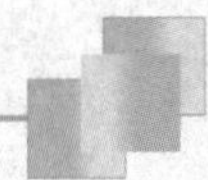

2）存放的是顶点的序号而不是顶点的信息，顶点的信息只存放在顶点结点的 vertex 域中。

对于网图的边结点可根据需要再增设一个存储边上信息（如权值等）的域（info）。网图的边结点结构如图 4-11 所示。

邻接点域	边上信息	引用域
adjvex	info	next

图 4-11　网图的边结点结构

根据上述思想设计的采用邻接表表示图可定义为如下的类。

```
public class EdgeNode {
   private int adjvex; //用于存放邻接点序号
   private EdgeNode next; //指向下一个邻接点（或边）
   public int getAdjvex() {
      return adjvex;
   }
   public EdgeNode getNext() {
      return next;
   }
   public void setAdjvex(int j) {
      adjvex=j;
   }
   public void setNext(EdgeNode edge) {
      next=edge;
   }
}
   public class VertexNode<T> {
   private VertexType<T> vertex; //用于存放顶点信息
      private EdgeNode firstedge; //第一条边的位置
      public VertexNode(T info,EdgeNode edge){
         vertex=new VertexType<T>();
         vertex.setInfo(info);
         firstedge=edge;
      }
      public VertexType<T> getVertex() {
         return vertex;
      }
      public void setVertexInfo(T info) {
         vertex.setInfo(info);
      }
      public EdgeNode getFirstedge() {
         return firstedge;
      }
      public void setFirstedge(EdgeNode firstedge) {
         this.firstedge = firstedge;
      }
}
```

【算法 4-2】 建立一个有向图的邻接表存储。

```
public static void CreateALGraph(ALGraph<String> G) //建立有向图的邻接表存储
{
   int vnums, enums;
   EdgeNode s;
   Scanner scanner = new Scanner(System.in);
vnums = scanner.nextInt(); //读入图的结点数目
   enums = scanner.nextInt(); //读入图的边数
   G.setVexnum(vnums);
   G.setEdgenum(enums);
   for(int i = 0; i < vnums; i++) //建立有 n 个顶点的顶点表
   {
      //读入顶点信息，假设顶点信息为字符
      //顶点的边表头引用设为空
      G.setAdj(i, scanner.next());
   }
```

```
        for (int k = 0; k < enums; k++) //建立边表
        {
            int i = scanner.nextInt(); //依次输入 enum 条边，用顶点对<i,j>表示
            int j = scanner.nextInt();
            s = new EdgeNode(); //生成新边表结点 s
            s.setAdjvex(j);//邻接点序号为 j
            s.setNext(G.getEdge(i));
            G.setEdge(i, s);//将新边表结点 s 插入顶点 vi 的边表头部
        }
        scanner.close();
    }
```

若建立的是无向图的邻接表，则需要将边（v_i,v_j）同时也要插入 v_j 的邻接边表中。

若无向图中有 n 个顶点和 e 条边，则它的邻接表需 n 个头结点和 2e 个边结点。显然，在边稀疏（e<<n(n−1)/2）的情况下，用邻接表表示图比用邻接矩阵表示节省存储空间，当和边相关的信息较多时更是如此。

在无向图的邻接表中，顶点 v_i 的度为第 i 个链表中的边结点数；而在有向图中，第 i 个链表中的结点个数只是顶点 v_i 的出度，为求入度，必须遍历整个邻接表：在所有链表中其邻接点域的值为 i 的结点的个数是顶点 v_i 的入度，当然为了操作上的方便有时可在顶点结点中加一个域，用来存放顶点的入度或其他信息。

有时需要建立有向图的逆邻接表，在逆邻接表中是把以每个顶点为弧头的边连接在一起的。例如，图 4-12 所示为有向图 G_2（见图 4-2）的邻接表和逆邻接表。

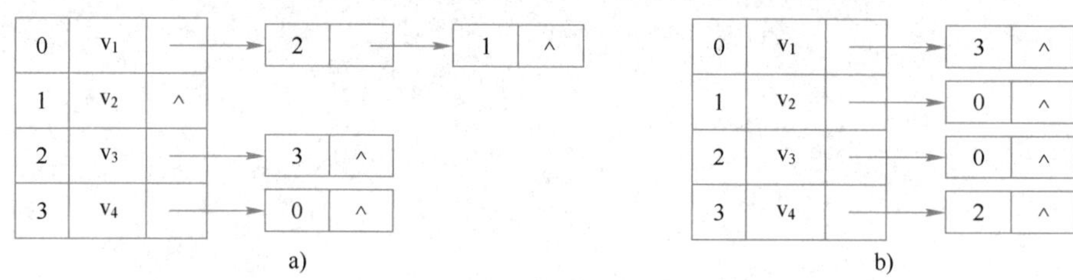

图 4-12　图 4-2 的邻接表和逆邻接表

a) 邻接表　b) 逆邻接表

在建立邻接表或逆邻接表时，输入的顶点信息若为顶点的编号，则建立邻接表的复杂度为 O(n+e)；若输入的是顶点的信息，需要通过查找才能得到顶点在图中的位置，则时间复杂度为 O(n×e)。

在邻接表上容易找到任一顶点的第一个邻接点和下一个邻接点，但要判定任意两个顶点(v_i ,v_j)之间是否有边或弧相连，则需搜索 v_i 或 v_j 的邻接边表，不及邻接矩阵方便。

授课视频

4-3　图的遍历

4.3　图的遍历

图的遍历是指从图中的任一顶点出发，对图中的所有顶点访问一次且只访问一次。图的遍历操作和树的遍历操作功能相似。图的遍历是图的一种基本操作，图的许多其他操作都是建立在遍历操作的基础之上的。

由于图结构本身的复杂性，所以图的遍历操作也较复杂，主要表现在以下四个方面。

1）在图结构中，没有一个“自然”的首结点，图中任意一个顶点都可作为第一个被访问的结点。

2）在非连通图中，从一个顶点出发，只能够访问它所在的连通分量上的所有顶点，因此，还需考虑如何选取下一个出发点以访问图中其余的连通分量。

3）在图结构中，如果有回路存在，那么一个顶点被访问之后，有可能沿回路又回到该顶点。

4）在图结构中，一个顶点可以和其他多个顶点相连，当这样的顶点被访问过后，存在如何选取下一个要访问的顶点的问题。

下面分别介绍图的深度优先搜索和广度优先搜索两种遍历方法。

4.3.1　深度优先搜索

深度优先搜索（Depth_First Search）遍历类似于树的先序遍历，是树的先序遍历的推广。

假设初始状态是图中所有顶点未曾被访问，则深度优先搜索可从图中某个顶点 v 出发，访问此顶点，然后依次从 v 的未被访问的邻接点出发深度优先遍历该图，直至图中所有和 v 有路径的顶点都被访问到；若此时图中尚有顶点未被访问，则另选图中一个未曾被访问的顶点作起始点，重复上述过程，直至图中所有顶点都被访问到为止。

显然这个定义是递归的。

以图 4-13 所示的无向图 G_5 为例进行图的深度优先搜索。

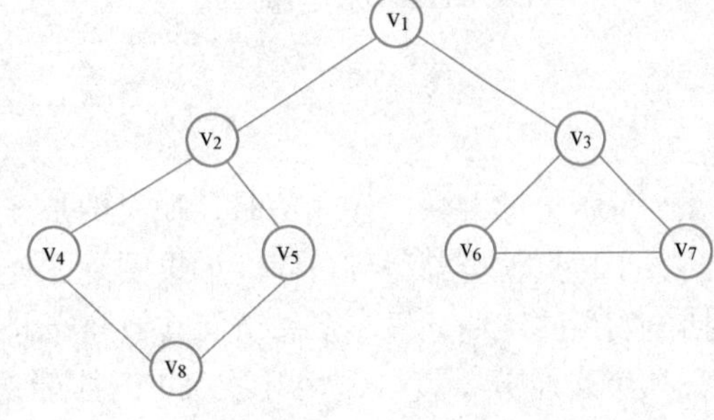

图 4-13　一个无向图 G_5

假设从顶点 v_1 出发进行深度优先搜索。在访问了顶点 v_1 之后，选择邻接点 v_2。因为 v_2 未曾被访问，则从 v_2 出发进行深度优先搜索，即访问 v_2 之后，选择 v_2 的一个未被访问的邻接点如 v_4，继续从 v_4 出发进行深度优先搜索，依次类推，接着从 v_8、v_5 出发进行深度优先搜索。在访问了 v_5 之后，由于 v_5 的邻接点都已被访问，则搜索回到 v_8，同样理由，搜索继续回到 v_4、v_2 直至 v_1，此时由于 v_1 的另一个邻接点未被访问，则搜索又从 v_1 到 v_3，再继续进行下去，由此得到的顶点访问序列为

$$v_1 \to v_2 \to v_4 \to v_8 \to v_5 \to v_3 \to v_6 \to v_7$$

在遍历过程中必须能够区分顶点是否已被访问过，因此需附设访问标志数组 flag[N]，用 flag[0]～flag[N-1]来标示相应的顶点是否被访问过，其初值为 0，一旦某个顶点被访问了，则其相应的分量置为 1。

按照深度有限的定义，从图的某一顶点 v 出发，进行深度优先遍历的形式化算法如下（其中 Graph 为图的形式化存储类型，以下同）。

【算法 4-3】 图的深度优先遍历。

```
static boolean[] flag;  //标志某个顶点是否被访问过，在进行遍历前需要按照图的顶点数构建数组，并全
                        //部初始化为 false
public static void DFSTraverse(Graph G, int v) //从顶点 v 出发深度优先遍历图 G
{
    Visited(v);
    flag[v] = true; //访问顶点 v，并置访问标记
    for(int w = FisrAdjVex(G, v); w != -1; w = NextAdjVex(G, v, w))
        if(!flag[w])
            DFSTraverse(G, w); //对顶点 v 的尚未访问的邻接顶点 w 递归，调用 DFSTraverse
}
```

上面算法只是一个形式化的算法，算法4-4给出了对用邻接表存储的图进行深度优先遍历的过程。

【算法4-4】 深度优先遍历邻接表存储的图。

```
private boolean[] flag;
public void DFS(VertexNode<String>[] AdjList, int i) {
//以顶点i为出发点，对邻接表存储的图G进行DFS搜索
    EdgeNode p;
    System.out.println(AdjList[i].getVertex().getInfo());//访问顶点vi
    flag[i] = true; //标记顶点i已被访问
    p = AdjList[i].getFirstedge();//取顶点i邻接边链表的头位置
    while(p != null) {
        int j = p.getAdjvex(); //搜索顶点i的邻接点顶点j
        if(!flag[j]) //若顶点j尚未被访问，则以顶点j为出发点进行深度搜索
            DFS(AdjList, j);
        p = p.getNext(); //找顶点i的下一个邻接点
    }
}
void DFSTraverseAL(VertexNode<String>[] AdjList, int vnum) {
//AdjList是图G的邻接表，vnum是顶点个数，对图G进行深度优先遍历
    flag = new boolean[AdjList.length];
    for(int i = 0; i < flag.length; i++)
        flag[i] = false;
    for(int i = 0; i < vnum; i++)
        if(!flag[i])
            DFS(AdjList, i); //若vi未被访问过，从vi开始DFS搜索
}
```

分析上述算法，在遍历时，如果图是连通的，函数DFS只需被外界函数调用一次，图中的各个顶点就全部得到访问。如果图是非连通的，函数DFS被外界函数调用一次仅访问了包括出发点的连通分量，要想访问其他连通分量，必须找另一个连通分量上的顶点作为出发点，有几个连通分量就要调用几次DFS才能访问全图，因此需要函数DFSTraverseAL。虽然对DFS的调用出现在循环中，对每个顶点都可以调用一次DFS函数，但一旦某个顶点被标记成已访问，就不再从它出发进行搜索，所以实质上是图中有几个连通分量，通过DFSTraverseAL就会几次调用DFS函数。

遍历图的过程实质上是对每个顶点查找其邻接点的过程，其耗费的时间取决于所采用的存储结构。当用二维数组表示邻接矩阵图的存储结构时，查找每个顶点的邻接点所需时间为$O(n^2)$，其中n为图的顶点数。而当以邻接表作为图的存储结构时，找邻接点所需时间为$O(e)$，其中e为无向图的边数或有向图的弧数。由此，当以邻接表作为存储结构时，深度优先搜索遍历图的时间复杂度为$O(n+e)$。

4.3.2 广度优先搜索

广度优先搜索（Breadth_First Search）遍历类似于树的按层次遍历的过程。

假设从图中某顶点v出发，在访问了v之后，依次访问v的各个未曾访问过的邻接点，然后按照访问的顺序，分别从这些邻接点出发依次访问它们的邻接点，并使“先被访问的顶点的邻接点”先于“后被访问的顶点的邻接点”被访问，直至图中所有已被访问的顶点的邻接点都被访问到。若此时图中尚有顶点未被访问，则另选图中一个未曾被访问的顶点作为起始点，重复上述过程，直至图中所有顶点都被访问到为止。换句话说，广度优先搜索以v为起始点，由近至远，依次访问和v有路径相通且路径长度为1,2,…的顶点。

例如，对图4-13所示的无向图G_5进行广度优先搜索遍历。首先访问v_1，再访问v_1的邻

接点 v_2 和 v_3，然后依次访问 v_2 的邻接点 v_4 和 v_5，以及 v_3 的邻接点 v_6 和 v_7，最后访问 v_4 的邻接点 v_8。因为 v_5、v_3、v_6、v_7、v_8 的邻接点均已被访问，并且图中所有顶点都被访问，因此完成了图的遍历。广度优先搜索得到的顶点序列为

$$v_1 \to v_2 \to v_3 \to v_4 \to v_5 \to v_6 \to v_7 \to v_8$$

和深度优先搜索类似，在遍历的过程中也需要设置一个访问标志数组 flag，并且为了广度搜索，需附设队列依次存储已访问过的顶点。

【算法 4-5】 图的广度优先遍历。

```
private boolean[] flag;
//标志某个顶点是否被访问过，在进行遍历前需要按照图的顶点数构建数组，并全部初始化为 false
public static void  BFSTraverse(Graph G, int v) //对 G 进行广度优先遍历
{
    InitQueue(Q);                                       //置空的队列 Q
    if(!flag[v])                                        //v 尚未被访问
    {
        EnQueue(Q, v);                                  //v 入队
        while(!QueueEmpty(Q))                           //队列不空
        {
            DeQueue(Q, u);                              //队头元素出队
             Visited (u);                               //访问该顶点
             flag[u]=true;                              //置访问标志
             for(int w=FirstAdjVex(G,u); w; w=NextAdjVex(G,u,w))
                 if(!flag[w])                           //依次将尚未被访问的邻接顶点 w 入队
                     EnQueue(Q,w);
        }
    }
}
```

同样，上面算法未给出图的具体存储方法，算法 4-6 给出了以邻接矩阵为存储结构、对图 G 进行广度优先遍历的过程，注意队列的使用。

【算法 4-6】 广度优先遍历邻接矩阵存储的图。

```
private boolean[] flag;
//标志某个顶点是否被访问过，在进行遍历前需要按照图的顶点数构建数组，并全部初始化为 false
public void BFSM(MGraph<String, Integer> G, int i) {
//以顶点 i 为出发点，对邻接矩阵存储的图 G 进行 BFS 搜索
    int[] Q = new int[G.getVertexNum()]; //定义队列空间
    int front, rear; //定义和队头队尾变量
    front = 0;
    rear = -1; //初始化为空
    Visited(G.getVertex(i).getInfo()); //访问顶点 i
    flag[i] = true; //置访问标志
    rear++;
    Q[rear] = i; //出发点顶点 i 入队
    while(front <= rear) //当队不空
    {
        i = Q[rear];
        front++; //出队
        for(int j = 0; j < G.getVertexNum(); j++) //依次搜索顶点 i 的邻接点
            if(G.getEdge(i, j) != null && !flag[j]) //若邻接点顶点 j 未被访问
            {
                Visited(G.getVertex(i).getInfo()); //访问顶点 j
                flag[j] = true; //置访问标志
                rear++;
                Q[rear] = j; //访问过的顶点 j 入队
            }
    }
}
```

```
public void BFSTraverseAL(MGraph<String, Integer> G) //广度优先遍历以邻接矩阵存储的图 G
{
    flag=new boolean[G.getVertexNum()];
    for(int i=0;i<flag.length;i++)flag[i]=false;
    for(int i = 0; i < G.getVertexNum(); i++)
       if(!flag[i])
          BFSM(G, i); //若顶点 i 未被访问，从顶点 i 开始 BFS 搜索
}
```

同样，对于一个连通图一次调用 BFS 就能访问所有的顶点，对于非连通图只能遍历包括出发点的连通分量，如遍历其他的连通分量，需再选择其他连通分量上的顶点作为出发点。

分析上述算法可知，每个顶点至多进一次队列。遍历图的过程实质是通过边或弧找邻接点的过程，因此广度优先搜索遍历图的时间复杂度和深度优先搜索遍历图的相同，两者不同之处仅仅在于对顶点访问的顺序不同。

4.3.3 遍历图的简单应用

判定一个图的连通性是图的一个应用问题，可以利用图的遍历算法来求解这一问题。

1．无向图的连通性

在对无向图进行遍历时，对于连通图，仅需从图中任一顶点出发，进行深度优先搜索或广度优先搜索，便可访问到图中所有顶点。对非连通图，则需从多个顶点出发进行搜索，而每一次从一个新的起始点出发进行搜索得到的顶点访问序列是包含出发点的这个连通分量中的顶点集。例如，图 4-14a 是一个非连通图 G_3，图 4-14b 是它的邻接表，对它进行深度优先遍历，采用算法 4-4，需两次调用 DFS（即分别从顶点 A 和 D 出发），得到的顶点访问序列分别为 A B F E 和 C D。

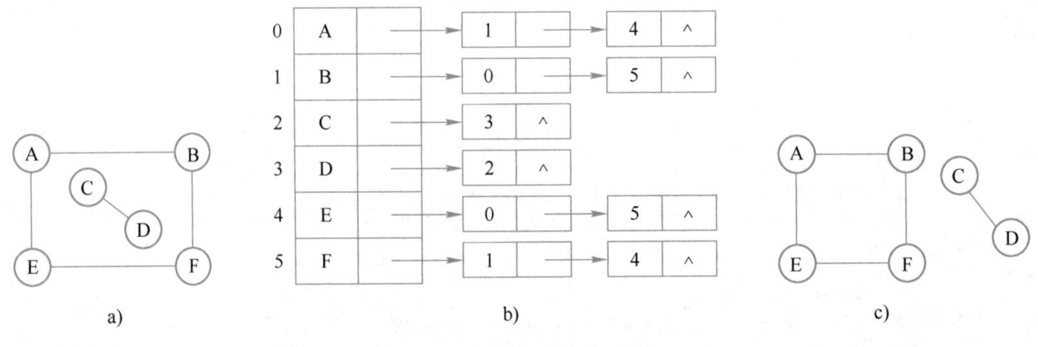

图 4-14 无向图的连通性

a) 非连通图 G_3 b) G_3 的邻接表 c) G_3 的两个连通分量

这两个顶点集分别加上所有依附于这些顶点的边，便构成了非连通图 G_3 的两个连通分量，如图 4-14 c 所示。

因此，要想判定一个无向图是否为连通图或有几个连通分量，就可设一个计数变量 count，初始时取值为 0，在算法 4-4 中 DFSTraverseAL 函数的 for 循环中，每调用一次 DFS，count 就增 1。这样，当整个算法结束时，依据 count 的值，就可确定图的连通性了。

2．有向图的连通性

有向图的连通性不同于无向图的连通性，可分为弱连通、单侧连通和强连通。对有向图的强连通性及强连通分量的判定，可通过对以十字链表为存储结构的有向图的深度优先搜索实现。

由于强连通分量中的顶点相互可达，故可先按出度深度优先搜索，记录下访问顶点的顺序

和连通子集的划分，再按入度深度优先搜索，对前一步的结果再划分，最终得到各强连通分量。若所有顶点在同一个强连通分量中，则该图为强连通图。

4.4　最小生成树

4.4.1　生成树和生成森林

本小节将通过对图的遍历，得到图的生成树或生成森林。

设 $G=(V_n,E_n)$，则从图中任一顶点出发遍历图时，E_n 必定被分成两个集合 T(G)和 B(G)。其中，T(G)是遍历图过程中历经的边的集合；B(G)是剩余的边的集合。显然，T(G)和图 G 中所有顶点一起构成连通图 G 的极大连通子图。按照 4.1.1 节的定义，它是连通图的一棵生成树，并且深度优先搜索得到的为深度优先生成树，广度优先搜索得到的为广度优先生成树。例如，图 4-15a 和图 4-15b 所示分别为图 4-13 所示无向连通图 G_5 的深度优先生成树和广度优先生成树。图中虚线为集合 B(G)中的边，实线为集合 T(G)中的边。

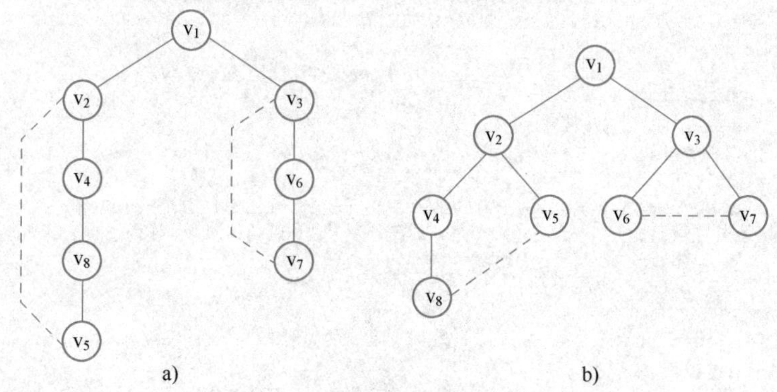

图 4-15　图 4-13 G_5 的生成树

a) G_5 的深度优先生成树　b) G_5 的广度优先生成树

对于非连通图，通过这样的遍历，得到的是生成森林。例如，图 4-16 所示为一非连通图 G_6 及它的深度优先生成森林，它由三棵深度优先生成树组成。

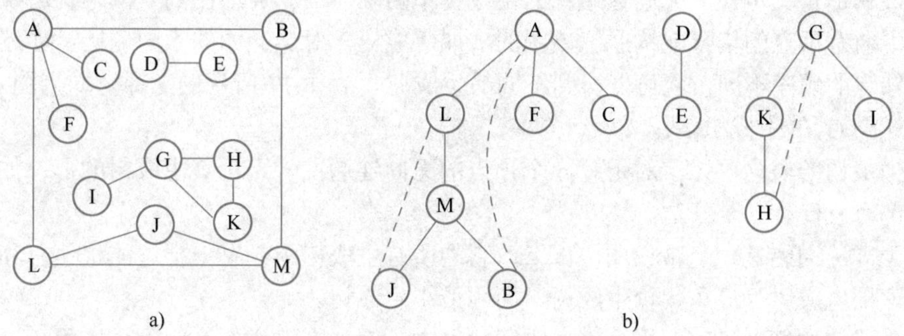

图 4-16　非连通图 G_6 及其生成森林

a) 一个非连通无向图 G_6　b) G_6 的深度优先生成森林

设以孩子兄弟链表作为生成森林的存储结构，则算法 4-7 是非连通图采用深度优先生成森林的形式化算法。算法 4-7 的时间复杂度和深度优先遍历相同。

【算法 4-7】 建立无向图的深度优先生成森林的孩子兄弟链表。

```
int[] flag=new int[vnum]; //vnum为图的顶点个数，全局数组flag初始化为0
public static CSTree DFSForest(Graph G)    //CSTree与LinkBiTree定义相同
{ //建立无向图G的深度优先生成森林T，森林用孩子兄弟链表存储，N是图的顶点个数
   CSNode p,q;          //CSNode是孩子兄弟存储方法的结点类型，
                        //与LinkBiTNode结构相同，仅是将rchild的名称改为nextsibling
   CSTree T=new CSTree ( );
   for(int v=0;v<G.getVertexNum();v++)
   if(!flag[v])                                        //顶点v为新的生成树的根结点
   {
      CSNode p=new CSNode(GetVex(G,v),null,null);
                                                       //分配根结点，给根结点赋值
      if(!(T.getRoot()))    T.setRoot(p);              //T是第一棵生成树的根
      else  q.setNextsibling(p);                       //前一棵的根的兄弟是其他生成树的根
      q=p;                                             //指示当前生成树的根
      DFSTree(G, v, p);                                //建立以p为根的生成树
   }
   return T;
}
public static void  DFSTree(Graph G, int v, CSNode bt)
   {           //从第v个顶点出发深度优先遍历图G，建立以T为根的生成树
               //Graph是图G的形式存储类型，CSTree是孩子兄弟表示法的二叉树存储类，
               //CSNode是孩子兄弟表示法的二叉树结点类
   CSNode  p, q, w;
   boolean first;            //first用于标记是否访问了第一个孩子
   flag[v]=true;
   first=true;
   for(int w=FirstAdjVex(G,v); w; w=NextAdjVex(G,v,w))
   if(!flag[w])
   {     CSNode p=new CSNode(GetVex(G,v),null,null);//分配孩子结点
         if(first)           //w是v的第一个未被访问的邻接点，作为根的左孩子结点
         {     bt.setLchild(p);
               first=false;
         }
         else q.setNextsibling(p); //w是v的其他未被访问的邻接点，作为上一邻接点的右兄弟
         q=p;
         DFSTree(G, w, q);   //从第w个顶点出发深度优先遍历图G，建立生成子树q
   }
}
```

4.4.2 最小生成树算法分析

由生成树的定义可知，无向连通图的生成树不是唯一的。连通图的一次遍历所经过的边的集合及图中所有顶点的集合就构成了该图的一棵生成树，对连通图的不同遍历，如遍历出发点不同或存储点的顺序不同，就可能得到不同的生成树。图 4-17 所示的三棵树均为图 4-13 所示的无向连通图 G_5 的生成树。

根据生成树的概念可知，对于有 n 个顶点的无向连通图，无论其生成树的形态如何，所有生成树中都有且仅有 n-1 条边。

如果无向连通图是一个带权图，那么，它的所有生成树中必有一棵边的权值总和最小的生成树，称这棵生成树为最小代价生成树，简称最小生成树。

最小生成树的概念可以应用到许多实际问题中。例如有这样一个问题：以尽可能低的总造价建造城市间的通信网络，把十个城市联系在一起。在这十个城市中，任意两个城市之间可能都可以建造通信线路，每条通信线路的造价依据城市间的距离等情况不同而不同，这样，可以构造一个通信线路造价网络，在该网络中，每个顶点表示城市，顶点之间的边表示城市之间可构造通信线路，每条边的权值表示该条通信线路的造价，要想使总的造价最低，实际上就是寻

找该网络的最小生成树。

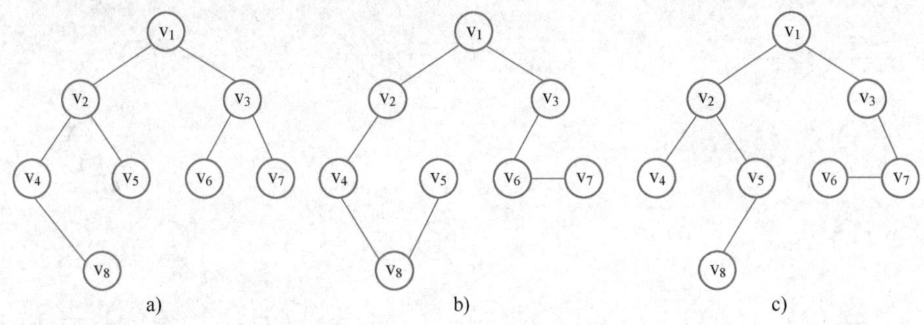

图 4-17　无向连通图 G_5 的三棵生成树

最小生成树的构造算法可依据下述最小生成树的 MST 性质得到。

MST 性质：设 $G=(V_n,E_n)$是一个连通网络，U 是顶点集 V_n 的一个真子集。若(u,v)是 G 中所有的一个端点在 U（即 $u\in U$）而另一个端点不在 U（即 $v\in V_n-U$）里的边中，具有最小权值的一条边，则一定存在 G 的一棵最小生成树包括此边(u,v)。

可以用反证法对 MST 性质进行证明。首先假设 G 的任何一棵最小生成树中都不含此边(u,v)，即设 T 是 G 的一棵最小生成树，但不包含边(u,v)。由于 T 是树且是连通的，因此有一条从 u 到 v 的路径；且该路径上必有一条连接两顶点集 U 和 V_n-U 的边(u',v')，其中 $u'\in U,v'\in V_n-U$，否则 u 和 v 不连通。当把边(u,v)加入树 T 时，得到一个含有边(u,v)的回路。若删去边(u',v')，则上述回路即被消除，由此得到另一棵生成树 T'，T'和 T 的区别仅在于用边(u,v)取代了 T 中的边(u',v')。因为(u,v)的权小于等于(u',v')的权，故 T'的权小于等于 T 的权，因此 T'也是 G 的最小生成树，它包含边(u,v)，与假设矛盾。MST 性质得以证明。

下面介绍两种依据 MST 性质构造最小生成树的方法：普里姆（Prim）算法和克鲁斯卡尔（Kruskal）算法。

4.4.3　构造最小生成树的 Prim 算法

授课视频
4-4　构造最小生成树的 Prim 算法

假设 $G=(V_n,E_n)$为一网图。其中，V_n 为网图中所有顶点的集合；E_n 为网图中所有带权边的集合。设置两个新的集合 U 和 T，其中集合 U 用于存放 G 的最小生成树中的顶点，集合 T 用于存放 G 的最小生成树中的边。令集合 U 的初值为 $U=\{u_0\}$（设从顶点 u_0 出发构造最小生成树），集合 T 的初值为 T={}。Prim 算法的思想：从所有 $u\in U,v\in V_n-U$ 的边中，选取具有最小权值的边(u,v)，将顶点 v 加入集合 U 中，将边(u,v)加入集合 T 中，如此不断重复，直到 $U=V_n$时，最小生成树构造完毕，这时集合 T 中包含了最小生成树的所有边。

Prim 算法可用下述过程描述，其中，w_{uv} 表示顶点 u 与顶点 v 边上的权值。

```
1）U={u0},T={};
2）while (U≠Vn)
    { (u,v) =min{wuv|u∈U; v∈Vn-U };
      T=T+{(u,v)}; U=U+{v};
    }
3）结束。
```

图 4-18a 所示是一个无向网图，图 4-18b~h 给出了从顶点 0 出发得到其最小生成树的过程。

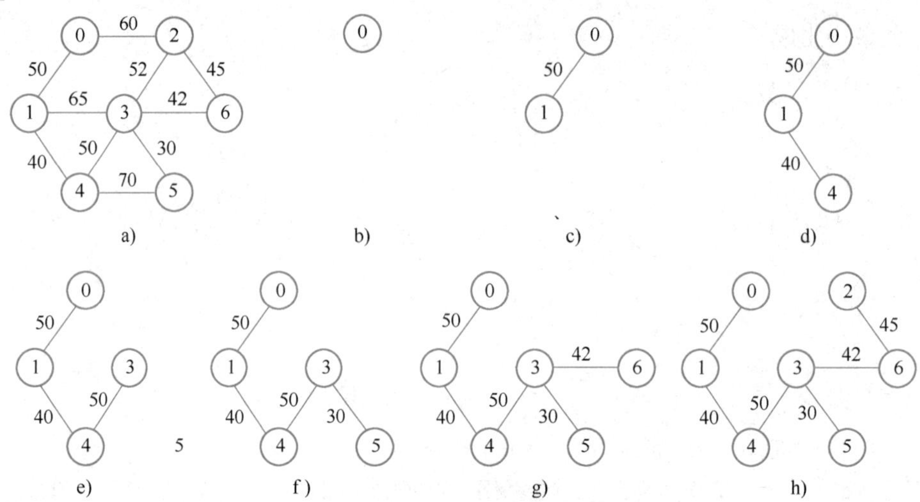

图 4-18 Prim 算法构造最小生成树的过程

为实现 Prim 算法，需考虑如何表示最小生成树。

这里设置三个辅助数组 cost[N]、tree[N]、flag[N]，其中 cost 用来保存属于集合 U 中的顶点连通不属于集合 U 中的每一顶点的边中具有最小边的权值，cost 的最终值是最小生成树中每条边的权值；数组 tree 对应 cost，用来保存依附于该边的在集合 U 中的顶点，如 tree [4]=1，说明当前这条边是(1,4)，即用顶点 1 连通的顶点 4，其权值为 cost[4]；flag 仍为标志数组，用来标明某一点是否进入了 U。

设定一个构造最小生成树的起始点，这样 cost 的初值为起始点到其余各点之间边的权。

不失一般性，设起始点为 u_0=0，即初始状态时 U={0}，相应地则有 flag[0]=1，它表示顶点 0 已加入集合 U 中。然后从一端顶点属于 U，而另一端顶点不属于 U（即 V_n−U）的所有边中选取权值最小的边，设为(u_0,u_k)，此边便是选中的第一条最小生成树中的边，它使得 u_k 也加入到集合 U 中，因此置 flag[k]=1，表明顶点 u_k 已加入集合 U 中。由于顶点 u_k 从集合 V_n−U 进入集合 U，依次检测所有(u_k,u_j)（$u_j \in V_n-U$）边的权值是否小于原来保存的最小边的权值，即用新进入 U 的点 u_k 连通未进入 U 的点是否代价更小，若是，则更新 cost[j]为新的更小的边的权值，同时 tree[j]更新为 k，重复操作 n−1 次选取之后，最后 tree 中即为所建立的最小生成树。

图 4-19 给出了用上述算法构造图 4-18a 所示的最小生成树的过程中，数组 tree、cost 以及集合 U 的变化情况，读者可进一步加深对 Prim 算法的了解。

图中带下划线的数字是即将选入 T 中的边，带方框的数字是最终在 T 中的边，黑体的数字代表得到更新的边。

设无向网用邻接矩阵存储。为操作简便，设 N 为图的顶点个数，顶点信息仅是顶点编号，为 0～N−1，在这种情况下只需要一个邻接矩阵即可表示这个无向网，设二维数组 gm[N][N]是其邻接矩阵，Prim 算法如下。

【算法 4-8】 用 Prim 算法构造无向连通网的最小生成树。

```
private static final int MAXCOST=…        //定义 MAXCOST 为一个足够大的常量值
public static void Prim(int[ ][ ] gm, int[ ] tree, int[ ] cost, int vnum)
{//从序号为 0 的顶点出发，建立连通网的最小生成树，二维数组 gm[vnum][vnum]是其邻接矩阵
    //顶点编号依次为 0～vnum-1，建立的最小生成树存于数组 tree 中，对应的边值在 cost 中，vnum 为图中顶
    //点的个数
    int[] flag=new int[vnum];             //vnum 为图的顶点个数，数组 flag 初始化为 0
    int i, j, k, mincost;
```

```
        for (i=0;i<vnum;i++)
        {
             cost[i]=gm[0][i];          //从存储序号为 0 的顶点出发生成最小生成树
             tree[i]=0;
        }
        flag[0]=1;
        for (i=1;i<vnum;i++)            //vnum-1 次循环，寻找当前最小权值的边
        {
             mincost=MAXCOST;
             for(j=1;j<vnum;j++)
             {
                  if (flag[j]==0&&cost[j]<mincost )
                  {
                       mincost=cost[j];
                       k=j;
                  }                     //记忆最小的边
             }
          flag[k]=0;                    //k 进入了 U 集合
          for (j=1;j<N;j++)             //是否用新点 k 连通不在 U 中的顶点
          if (gm[k][j]<cost[j])
          {
                  cost[j]=gm[k][j];
                  tree[j]=k;
          }
        }
}
```

顶点	(1)（初始状态）		(2)		(3)		(4)		(5)		(6)		(7)	
	cost	tree	cost	tree	cost	tree	cost	tree	cost	tree	cost	tree	cost	tree
0	0	0	0	0	0	0	0	0	0	0	0	0	0	0
1	**50**	**0**	50	0	50	0	50	0	50	0	50	0	50	0
2	60	0	60	0	60	0	**52**	**3**	52	3	**45**	**6**	45	6
3	∞	0	**65**	**1**	**50**	**4**	50	4	50	4	50	4	50	4
4	∞	0	**40**	**1**	40	1	40	1	40	1	40	1	40	1
5	∞	0	∞	0	**70**	**4**	**30**	**3**	30	3	30	3	30	**3**
6	∞	0	∞	0	∞	0	42	3	42	3	42	3	42	3
U	{0}		{0,1}		{ 0,1,4}		{0,1,4,3}		{0,1,4,3,5}		{0,1,4,3,5,6}		{0,1,4,3,5,6,2}	
T	{}		{(0,1)}		{(0,1), (1,4)}		{(0,1),(1,4),(4,3)}		{(0,1),(1,4),(4,3),(3,5)}		{(0,1),(1,4),(4,3),(3,5),(3,6)}		{(0,1),(1,4),(4,3),(3,5),(3,6),(6,2)}	

图 4-19　用 Prim 算法构造最小生成树过程中各参数的变化示意

在 Prim 算法中，第一个 for 循环的执行次数为 n−1，第二个 for 循环中又包括了两个 for 循环，执行次数为 $2(n-1)^2$，所以 Prim 算法的时间复杂度为 $O(n^2)$。

4.4.4　构造最小生成树的 Kruskal 算法

授课视频

4-5　构造最小生成树的 Kruskal 算法

Kruskal 算法是一种按照网中边的权值递增的顺序构造最小生成树的方法，其基本思想：设无向连通网为 $G=(V_n,E_n)$，令 G 的最小生成树为 $T=(V_T,E_T)$，其初态为 $V_T=V_n,E_T=\{\}$，即开始时顶点集 T 为

V_n，边集 E_T 为空，此时 T 中没有边，即各顶点各自构成一个连通子图。然后从没有进入 E_T 的边集（E_n-E_T）中不断选取权值最小的边，若该边的两个顶点属于 T 的两个不同的连通子图，加入该边不构成回路，则将此边作为最小生成树的边加入 E_T 中，若该边的加入造成回路，则舍去此边，选取下一条权值较小的边，如此下去，选取 n−1 次后，此时 E_T 中必有 n−1 条边，n−1 条边连通了 n 个顶点，连通子图的个数为 1，此连通子图便为 G 的一棵最小生成树。

对于图 4-18a 所示的网，按照 Kruskal 方法构造最小生成树的过程如图 4-20 所示。在构造过程中，按照网中边的权值由小到大的顺序，不断选取当前未被选取的边集中权值最小的边。依据生成树的概念，n 个顶点的生成树，有 n−1 条边，故反复上述过程，直到选取了 n−1 条边为止，就构成了一棵最小生成树。

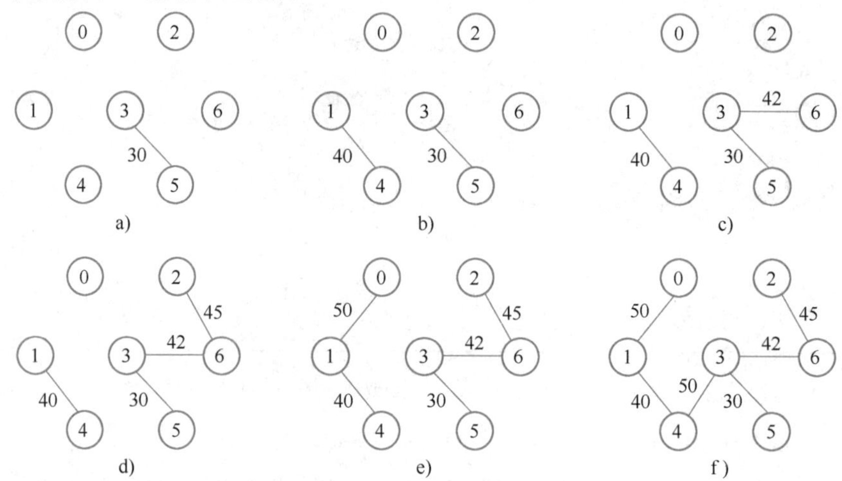

图 4-20　用 Kruskal 方法构造最小生成树的过程

下面讨论 Kruskal 算法的实现。

该算法的难点在于选取一条权值较小的边后是否将其加入 E_T 中。根据上面的讨论，如此时这条边的两个顶点属于 T 中的同一个连通子图就舍去，否则就加入。

有关的数据结构如下。

1．边的表示

```
class EdgeType
 {int v1;
   int v2;      //v1、v2 是两个顶点的序号
   int cost;    //边的权值
   }
EdgeType[ ] edges, T;
```

向量 edges 存储网中所有的边，每个分量 edges[i]代表网中的一条边，其中 edges[i].v1 和 edges[i].v2 表示该边的两个顶点的序号（0～N−1），edges[i].cost 表示这条边的权值；最终最小生成树的边存放在 T[N−1]。

为了简化操作，方便选取当前权值最小的边，设事先已把数组 edges 中的各边按照其权值由小到大的顺序排列。图 4-18a 的 edges 数组如图 4-21 所示。

v1	3	1	3	2	0	3	2	0	1	4
v2	5	4	6	6	1	4	3	2	3	5
cost	30	40	42	45	50	50	52	60	65	70

图 4-21　图 4-18a 的 edges 数组

2．数组 int[N] father

因为总要确定两个顶点是否属于同一个集合（一个连通子图中包含的顶点认为是一个集合），因此设计一个数组 int father[N]，利用 father[i]，可以通过回溯的方法最终确定顶点 i 所在的集合（找到集合的根结点，集合的表示及合并采用 3.7.6 小节介绍的方法）。其初值为 father[i]=−1（i=0,1,⋯,N−1），表示各个顶点在不同的集合上，然后，依次取出 edges 数组中没有选入 T 中的最小边的两个顶点，查找它们所属的集合，若不在一个集合中就选中这条边，即把这条边加入 T 中，因此连通了两个集合。

为此设 vf1 和 vf2 为两顶点所在集合的根结点，若 vf1 不等于 vf2，表明这条边的两个顶点不属于同一集合，则将这条边作为最小生成树的边选入 T 中，并合并它们所属的两个集合。father 数组的变化情况如图 4-22 所示。

father[ ] 0	1	2	3	4	5	6	加入的边	对应的顶点集合
−1	−1	−1	−1	−1	−1	−1		
−1	−1	−1	−1	−1	3	−1	(3,5)	(3,5)
−1	−1	−1	−1	1	3	−1	(1,4)	(3,5)(1,4)
−1	−1	−1	−1	1	3	3	(3,6)	(3,5,6),(1,4)
−1	−1	−1	2	1	3	3	(2,6)	(3,5,6,2),(1,4)
−1	0	−1	2	1	3	3	(0,1)	(3,5,6,2),(1,4,0)
2	0	−1	2	1	3	3	(3,4)	(3,5,6,2,1,4,0)

图 4-22　father 数组的变化

下面用 C 语言实现 Kruskal 算法，其中函数 Find 的作用是寻找顶点 v 的集合，返回所在的集合的根结点。

【算法 4-9】 使用 Kruskal 算法构造无向网的最小生成树。

```
public static void Kruskal(EdgeType[ ] edges, EdgeType[ ] T, int enum, int vnum)
{    //用 Kruskal 方法构造图的最小生成树
     //edge 中是图中各条边，且已按其权值从小到大有序排列，最小生成树的边在 T 中
     int[ ] father=new int[vnum];
     int i,j,vf1,vf2;
     for (i=0;i<vnum;i++)
          father[i]=-1;
     i=0;j=0;
     while(i<enum && j<vnum-1)
     {    vf1=Find(father,edges[i].v1);
          vf2=Find(father,edges[i].v2);
          if (vf1!=vf2)
          {
                 father[vf2]=vf1;
                 T[j]=edges[i];
                 j++;
          }
          i++;
     }
}
int Find(int[ ] father, int v)          //寻找顶点 v 所在树的根结点
{
     int t;
     t=v;
     while(father[t]>=0)
        t=father[t];
     return(t);
}
```

在 Kruskal 算法中，while 循环是影响时间效率的主要操作，其循环次数最多为 e 次，其内部调用的 Find 函数的内部循环次数最多为 n 次，所以 Kruskal 算法的时间复杂度为 O(n×e)。

4.5 最短路径

最短路径问题是图的应用中又一个比较典型的问题。例如，某地区的公路网构成一个图，图中的 n 个顶点表示 n 个城市，每条边表示某两个城市之间的公路，边上的权值表示其距离。例如，希望能从城市 A 到城市 B 的若干条路径中找到路径长度最短的那条路径，这就是最短路径问题。在无权图上两个顶点之间的最短路径是指边数最少的路径，在带权图中是指路径上的总权值最小的路径。本节将重点讨论如何求得从一个源点到其他各点的最短路径。

4.5.1 单源点最短路径——Dijkstra 算法

授课视频
4-6 单源点最短路径——Dijkstra 算法

设给定带权有向图 $G=(V_n,E_n)$和源点 $v_m \in V_n$，求从 v_m 到 G 中其余各顶点的最短路径。

下面就介绍解决这一问题的算法。

迪杰斯特拉（Dijkstra）提出了一个按路径长度（边的个数）递增次序产生最短路径的算法，即先求得只有 1 条边的最短路径，再求得有 2 条边组成的最短路径，3 条边组成的最短路径……该算法的基本思想：设置两个顶点集合 S 和 T（$T+S=V_n$），集合 S 中存放已找到最短路径的顶点，集合 T 存放当前还未找到最短路径的顶点。在初始状态时，集合 S 中只包含源点 v_m，然后不断从集合 T 中选取路径长度最短的顶点 v_j 加入集合 S 中，集合 S 每加入一个新的顶点 v_j，都要检测是否修改从顶点 v_m 到集合 T 中剩余顶点的最短路径长度值。集合 T 中各顶点新的最短路径长度值为原来保存的最短路径长度值与从源点 v_m 到顶点 v_j 的最短路径长度值加上从 v_j 到该顶点的路径长度值中的较小者。此过程不断重复，直到集合 T 的顶点全部加入 S 中为止。

Dijkstra 算法的正确性可以用反证法加以证明。假设下一条最短路径的终点为 v_x，那么，该路径必然是弧(v_m,v_x)，或者是中间只经过集合 S 中的顶点而到达顶点 v_x 的路径。因为假若此路径上除 v_x 之外有一个或一个以上的顶点不在集合 S 中，那么必然存在另外的终点不在 S 中而路径长度比此路径还短的路径，这与按路径长度递增的顺序产生最短路径的前提相矛盾，所以此假设不成立。

下面介绍实现 Dijkstra 算法的思路。为了方便理解，在下面的讨论中 N 个顶点表示为 v_0～v_{N-1}，这样 v_i 的存储序号就是 i。

1．相关的数据结构

1）用邻接矩阵来表示带权有向图 MGraph G，其中，G.edges[i][j]表示弧<v_i, v_j>上的权值。若<v_i, v_j>不存在，则置 G.edges[i][j]为∞（表示一个能够识别的特殊的数）。

2）辅助向量 float D[N]用来存储源点到其余各点的最短路径长度。

3）辅助向量 int P[N]用来存储源点到其余各点的最短路径。

因为求得最短路径的顺序是依路径中包含的边的数目按递增顺序进行的，尽管路径用顶点序列来表示，对每条路径仅需要保存终点的前驱结点即可。可以用一个向量 P 来存放相应的路径，向量 P 的每个分量中存放的仅是终点的前驱结点，通过回溯的方法可以找到相应的最短路径。例如，P[5]=3 说明到 v_5 的最短路径最后一段是从 v_3 到达的，而怎样到达的 v_3，在 v_3 的路径中有存储。

4）辅助向量 int final[N]用来表示集合 S。

final[j]=0，表示顶点 j 未进入集合 S；final[j]=1，表示顶点 j 进入集合 S，即它的最短路径已求得。

这样，它的初值除了源点对应的分量为 1 其余全为 0。

2．算法实现思路

先来看向量 D 的初值。

若从源点 v_m 到顶点 v_i 有弧，则 D[i]为弧上的权值；否则，置 D[i]为∞。

在运行过程中，每个分量 D[i]表示到当前为止，所找到的从源点到每个顶点 v_i 的最短路径的长度。算法结束后则是最终的最短路径长度。显然，初始状态下具有最小值的 D[j]，即 D[j]=Min{D[i]| $v_i \in V$}，就是找到的从源点出发的第一条最短路径，此路径为<v_m,v_j>。

刚刚找到了 v_j 的最短路径，那么，下一条长度次短的路径是哪一条呢？假设该次短路径的终点是 v_k，显然，这条路径或者是(v_m,v_k)，即从 v_m 到 v_k 弧上的权值，即 D[k]；或者是<v_m,v_j>+<v_j,v_k>，即先从 v_m 到 v_j（v_j 是刚求得最短路径的点），再由 v_j 到 v_k，其值为

D[j]+G.edges[j][k]

因此，当找到了某一点的最短路径长度之后，修改从源点 v_m 出发到集合 V_n−S（未求得最短路径的点）上任一顶点 v_k 可能的最短路径长度。

如果 D[j]+G.edges[j][k]<D[k]，则修改 D[k]为 D[k]=D[j]+G.edges[j][k]，相应的路径修改为 P[k]=j。

依据前面介绍的算法思想，那么下一条所求得的最短路径的终点就是满足下式的 v_k，即

D[k]=Min{D[i]| $v_i \in V-S$}

而此时对应的路径长度就是 D[k]。

根据以上分析，可以得到如下描述的算法思路。

1）向量 D 表示从源点 v_m 出发到达图上其余各顶点（终点）v_i 的可能最短路径长度，其初值为 D[i]=G.edges[m][i]（设 m 为源点的存储序号），$v_i \in V_n$。

2）选择 v_j，使得 D[j]=Min{D[i]| $v_i \in V_n-S$}，则 v_j 就是当前求得的从源点 v_m 出发的一条最短路径的终点，将 v_j 加入 S 中，即 S=S∪{v_j}。

3）修改从源点 v_m 出发到集合 V_n−S 上任一顶点 v_k 可能的最短路径长度。如果 D[j]+edges[j][k]<D[k]，则修改 D[k]为 D[k]=D[j]+ edges[j][k]。

重复操作 2）、3）共 n−1 次。由此求得从源点 v_m 到图上其余各顶点的最短路径。

图 4-23 所示为一个有向带权图 G_8 及其邻接矩阵。

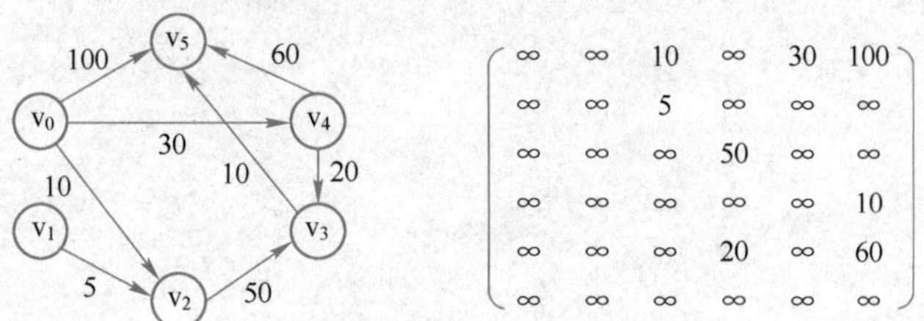

$$\begin{pmatrix} \infty & \infty & 10 & \infty & 30 & 100 \\ \infty & \infty & 5 & \infty & \infty & \infty \\ \infty & \infty & \infty & 50 & \infty & \infty \\ \infty & \infty & \infty & \infty & \infty & 10 \\ \infty & \infty & \infty & 20 & \infty & 60 \\ \infty & \infty & \infty & \infty & \infty & \infty \end{pmatrix}$$

图 4-23　一个有向带权图 G_8 及其邻接矩阵

图 4-24 给出了设源点为顶点 v_0 的情况下，在求从源点到其余各顶点的最短路径的过程中，数组 D 和数组 P 的变化状况。

求从顶点v_0到各终点的最短路径过程中向量D和向量P的变化过程										
顶点	D[ ]	P[ ]	D[ ]	P[ ]	D[ ]	P[ ]	D[ ]	P[ ]	D[ ]	P[ ]
v_0	0	−1								
v_1	∞	0	∞	0	∞	0	∞	0	**∞**	0
v_2	**10** (v_0,v_2)	0								
v_3	∞	−2	60 (v_0,v_2,v_3)	2	**50** (v_0,v_4,v_3)	4				
v_4	30 (v_0,v_4)	0	**30** (v_0,v_4)	0						
v_5	100 (v_0,v_5)	0	100 (v_0,v_5)	0	90 (v_0,v_4,v_5)	4	**60** (v_0,v_4,v_3,v_5)	3		
v_j	2(v_2)		4(v_4)		3(v_3)		5(v_5)			
S	(v_0,v_2)		(v_0,v_2,v_4)		(v_0,v_2,v_3,v_4)		(v_0,v_2,v_3,v_4,v_5)			

图 4-24　用 Dijkstra 算法构造单源点最短路径过程中各参数的变化状况

算法 4-10 为 Dijkstra 算法的实现。在算法实现中，不失一般性假设源点为顶点 v_0。

【算法 4-10】 求单源点到图上其余各顶点的最短路径（Dijkstra 算法）。

```
public static void ShortestPath(MGraph G, int[ ] P, float[ ] D)
{     //设源点为顶点 0，求到其余顶点的最短路径
      //D[v]存放从源点顶点 0 到终点 v 最短路径的长度
      //P[v]存放相应的最短路径终点的前驱结点
      //常量 INFINITY 为邻接矩阵中的∞
      int[ ] final=new int[G.vexnum];
      for(i=0;i<G.vexnum; i++)
       {
           D[i]=G.edges[0][i];
           P[i]=0;
       }
      D[0]=0; final[0]=1; P[0]=-1;                //初始化，源点属于 S 集
      for(i=1; i< G.vexnum; i++)
      {  //开始主循环，每次求得源点到某个顶点 k 的最短路径，并将 k 加入 S 集
           min=INFINITY+1;                        //为了将没有路径的点最后选中，初始化∞+1
           for(k=0; k< G.vexnum; j++)             //从未进入 S 的点中找最小的 D[k]
               if(final[k]==0&& D[k]<min)
               {                                  //顶点 k 没进入 S 中且当前的路径更短
                    j=k;                          //具有更小路径的点存储在 j 中
              min=D[k];
               }
         final[j]=1;                              //将 j 加入 S 集合
         for(k=0; k< G.getVertexNum(); k++)  //更新其他没进入 S 的点的当前最短路径及长度
       if(final[k]==0&&( D[j]+G.edges[j][k]<D[k]))  //对 k∈V-S 的点
         {  D[k]=D[j]+G.edges[j][k];              //将 D[k]修改为更短路径长度
            P[k]=j;                               //记忆对应的路径，将 k 的前驱结点改为 j
         }
     }
     for(i=1;i< G.vexnum;i++)                     //输出各最短路径的长度及路径上的结点
     {
         System.out.printf("%f: %d", D[i], i);
         pre=P[i];
         while(pre>=0)
         {
             System.out.printf("←%d", pre);
             pre=P[pre];
         }
         System.out.println(" ");
     }
}
```

输出的结果如下所示（各结点用结点的序号表示）。

```
∞: 0
10 : 2←0
50 : 3←4←0
30 : 4←0
60 : 5←3←4←0
```

下面分析一下这个算法的时间复杂度。第一个 for 循环的时间复杂度是 O(n)，第二个 for 循环共进行 n-1 次，每次执行的时间复杂度是 O(n)。所以总的时间复杂度是 $O(n^2)$。如果用带权的邻接表作为有向图的存储结构，则虽然修改 D 的时间可以减少，但由于在 D 向量中选择最小的分量的时间不变，所以总的时间仍为 $O(n^2)$。

如果只希望找到从源点到某一个特定的终点的最短路径，从上面求最短路径的原理来看，这个问题和求源点到其他所有顶点的最短路径一样复杂，其时间复杂度也是 $O(n^2)$。

授课视频

4-7　每一对顶点之间的最短路径

4.5.2　每一对顶点之间的最短路径

解决这个问题的一个办法是，每次以一个顶点为源点，重复调用 Dijkstra 算法 n 次。这样，便可求得每一对顶点之间的最短路径，总的时间复杂度为 $O(n^3)$。

弗洛伊德（Floyd）算法也是一种用于寻找给定的加权图中顶点间最短路径的算法。该算法名称以创始人之一、1978 年图灵奖获得者、斯坦福大学计算机科学系教授罗伯特·弗洛伊德命名。该算法依据的是以下递推关系。

$$\begin{cases} D^{(-1)}[i][j] = edges[i][j] \\ D^{(k)}[i][j] = \min\{D^{(k-1)}[i][j], D^{(k-1)}[i][k] + D^{(k-1)}[k][j] \qquad 0 \leqslant k \leqslant n-1 \end{cases}$$

其中，二维数组 edges 存放的是带权图的邻接矩阵的值，$D^{(k)}[i][j]$是从 v_i 到 v_j 的中间顶点的个数不大于 k 的最短路径的长度，因此，$D^{(n-1)}[i][j]$是从 v_i 到 v_j 最短路径的长度。

通过 Floyd 算法计算图 G=(V,E)中各个顶点的最短路径时，需要引入一个矩阵 S，矩阵 S 中的元素 S[i][j]表示顶点 i（第 i 个顶点）到顶点 j（第 j 个顶点）的距离。

此外，在算法中还需另外设置一个二维数组用于记录最短路径上的结点，例如，可用 P[v][w]存放从点 v 到点 w 的最短路径上点 w 的前驱结点的序号。

假设图 G 的顶点个数为 N，则需要对矩阵 S 进行 N 次更新。初始时，矩阵 S 中顶点 S[i][j]的距离为顶点 i 到顶点 j 的权值；如果 i 和 j 不相邻，则 S[i][j]=∞。接下来开始对矩阵 S 进行 N 次更新。第 1 次更新时，如果“S[i][j]的距离”>“S[i][0]+S[0][j]”（S[i][0]+S[0][j]表示 i 与 j 之间经过第 1 个顶点的距离），则更新 S[i][j]为 S[i][0]+S[0][j]。同理，第 k 次更新时，如果 S[i][j]的距离>S[i][k]+S[k][j]，则更新 S[i][j]为 S[i][k]+S[k][j]。更新 N 次之后，操作完成。

算法描述如下。

1）S 是记录各个顶点间最短路径的矩阵。

2）初始化 S。矩阵 S 中顶点 S[i][j]的距离为顶点 i 到顶点 j 的权值；如果 i 和 j 不相邻，则 S[i][j]=∞。也就是说，S 矩阵中最初值为图 G 的邻接矩阵。

3）k=0。

4）若 k>n-1，执行 6）；否则以顶点 v_k 为中介点，若 S[i][j]>S[i][k]+S[k][j]，则设置 S[i][j]= S[i][k]+S[k][j]。

5）k++；执行 4）。

6）结束。

图 4-25 所示为无向网图 G9。

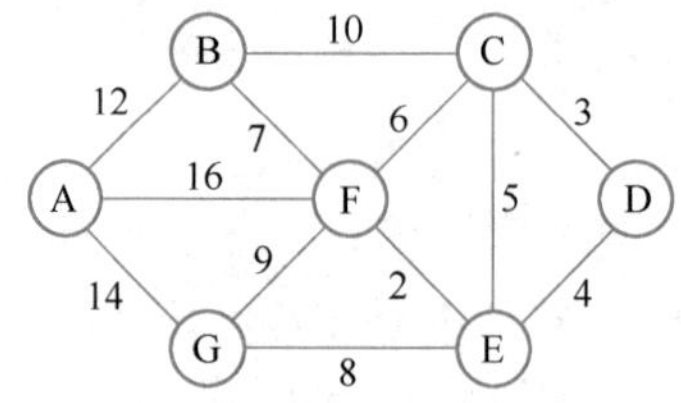

图 4-25 无向网图 G9

第一步：初始化 S 矩阵，如图 4-26 所示。

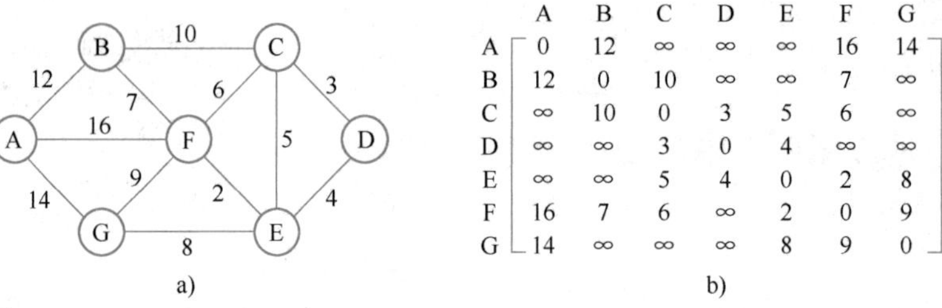

	A	B	C	D	E	F	G
A	0	12	∞	∞	∞	16	14
B	12	0	10	∞	∞	7	∞
C	∞	10	0	3	5	6	∞
D	∞	∞	3	0	4	∞	∞
E	∞	∞	5	4	0	2	8
F	16	7	6	∞	2	0	9
G	14	∞	∞	∞	8	9	0

图 4-26 初始化 S 矩阵

a) G9 b) S 矩阵

第二步：以顶点 A 为中介点更新 S 矩阵，如图 4-27 所示。

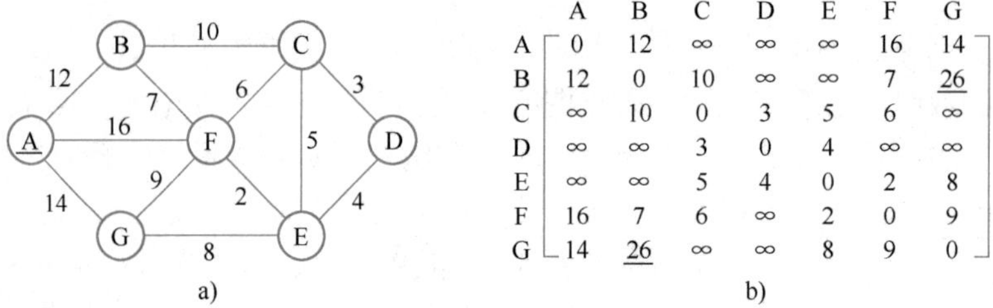

	A	B	C	D	E	F	G
A	0	12	∞	∞	∞	16	14
B	12	0	10	∞	∞	7	26
C	∞	10	0	3	5	6	∞
D	∞	∞	3	0	4	∞	∞
E	∞	∞	5	4	0	2	8
F	16	7	6	∞	2	0	9
G	14	26	∞	∞	8	9	0

图 4-27 以顶点 A 为中介点更新 S 矩阵

a) G9 b) S 矩阵

第三步：以顶点 B 为中介点更新 S 矩阵，如图 4-28 所示。

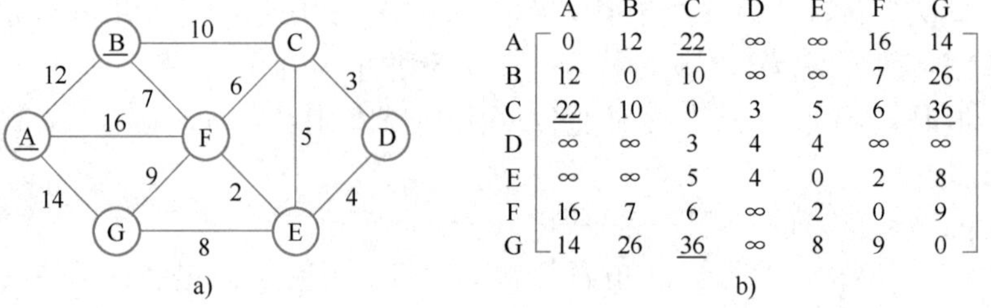

	A	B	C	D	E	F	G
A	0	12	22	∞	∞	16	14
B	12	0	10	∞	∞	7	26
C	22	10	0	3	5	6	36
D	∞	∞	3	4	4	∞	∞
E	∞	∞	5	4	0	2	8
F	16	7	6	∞	2	0	9
G	14	26	36	∞	8	9	0

图 4-28 以顶点 B 为中介点更新 S 矩阵

a) G9 b) S 矩阵

第四步：以顶点 C 为中介点更新 S 矩阵，如图 4-29 所示。

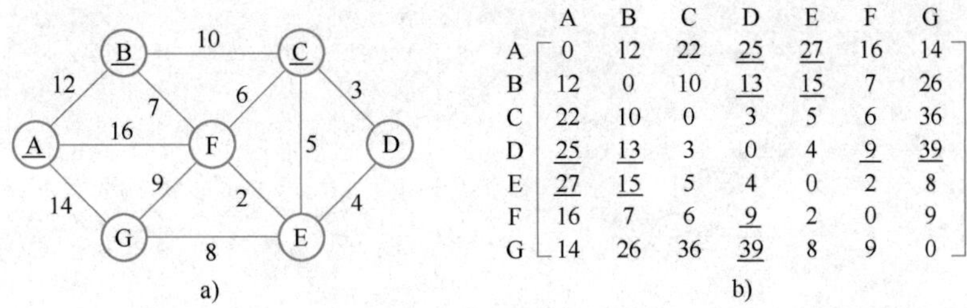

图 4-29　以顶点 C 为中介点更新 S 矩阵

a) G9　b) S 矩阵

第五步：以顶点 D 为中介点更新 S 矩阵，如图 4-30 所示。

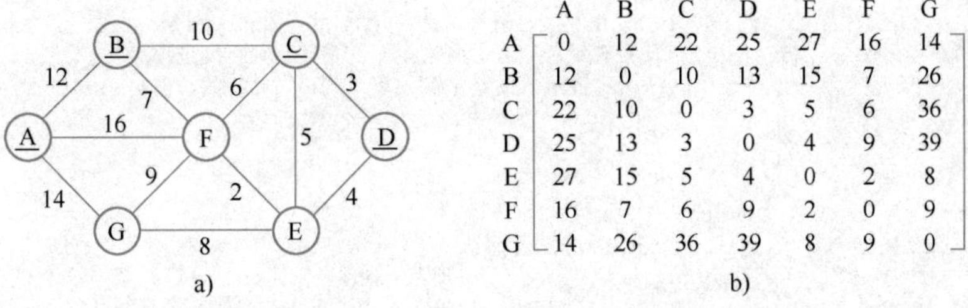

图 4-30　以顶点 D 为中介点更新 S 矩阵

a) G9　b) S 矩阵

第六步：以顶点 E 为中介点更新 S 矩阵，如图 4-31 所示。

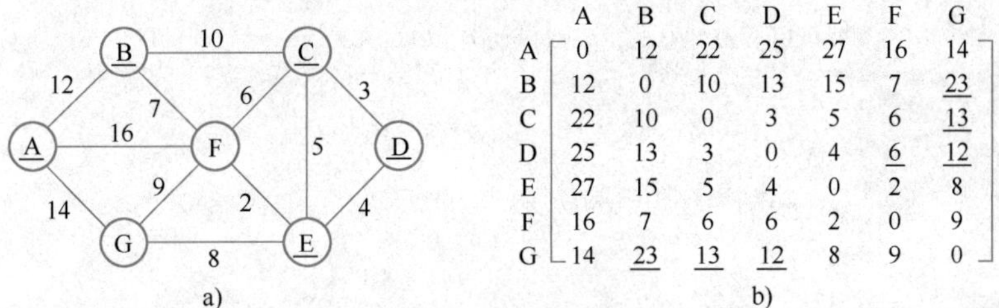

图 4-31　以顶点 E 为中介点更新 S 矩阵

a) G9　b) S 矩阵

第七步：以顶点 F 为中介点更新 S 矩阵，如图 4-32 所示。

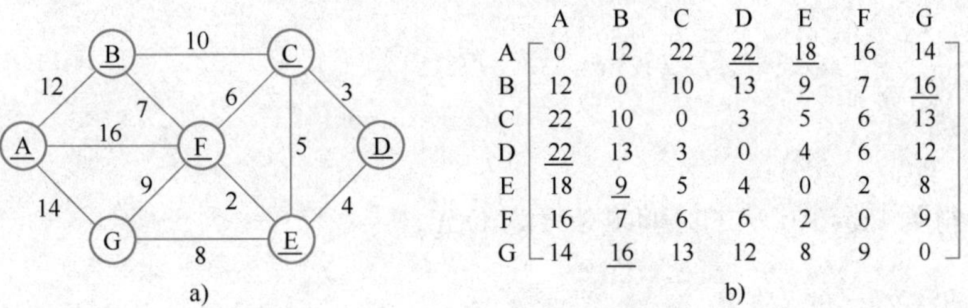

图 4-32　以顶点 F 为中介点更新 S 矩阵

a) G9　b) S 矩阵

第八步：以顶点 G 为中介点更新 S 矩阵，如图 4-33 所示。

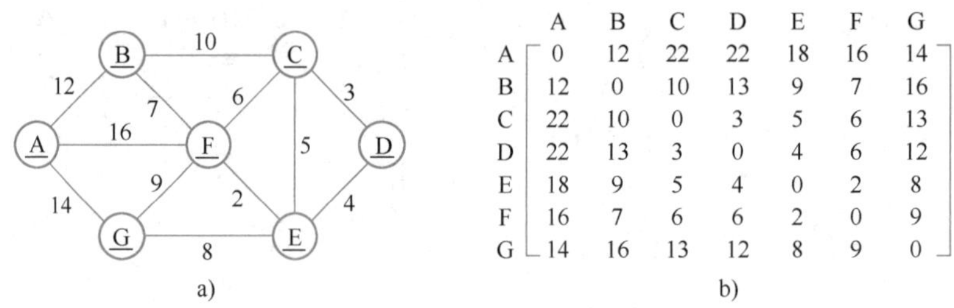

图 4-33　以 G 为中介点更新 S 矩阵

a) G9　b) S 矩阵

【算法 4-11】 求图上任意两点之间的最短路径（Floyd 算法）。

```
//常量 MaxVerNum 为最大的结点数目
public static void floyd(MGraph G, int path[][MaxVerNum], int dist[][MaxVerNum])
{ //path 存储路径。path[i][j]=k 表示，顶点 i 到顶点 j 的最短路径会经过顶点 k
  //dist 长度数组。dist[i][j]=sum 表示，顶点 i 到顶点 j 的最短路径的长度是 sum
    int i,j,k;
    int tmp;
    //初始化
    for(i = 0; i < G.vnum; i++)
    {  for(j = 0; j < G.vnum; j++)
      { dist[i][j] = G.edges[i][j];      //顶点 i 到顶点 j 的路径长度为 i 到 j 的权值
        path[i][j] = j;                  //顶点 i 到顶点 j 的最短路径是经过顶点 j
      }
    }
    //计算最短路径
    for(k = 0; k < G.vexnum; k++)
    {  for(i = 0; i < G.vexnum; i++)
       { for(j = 0; j < G.vexnum; j++)
          {//如果经过下标为 k 顶点路径比原两点间路径更短，则更新 dist[i][j]和 path[i][j]
             tmp = (dist[i][k]==INF||dist[k][j]==INF) ? INF : (dist[i][k] + dist[k][j]);
             if(dist[i][j] > tmp)
             { //“i 到 j 最短路径”对应的值设为更小的一个(即经过 k)
                dist[i][j] = tmp;
              //“i 到 j 最短路径”对应的路径，经过 k
                path[i][j] = path[i][k];
             }
          }
       }
    }
    //打印 floyd 最短路径的结果
    System.out.println("floyd: \n");
    for(i = 0; i < G->vnum; i++)
    {
       for(j = 0; j < G.vnum; j++)
          System.out.println ("%2d  ", dist[i][j]);
       System.out.println ("\n");
    }
}
```

容易分析得到 Floyd 算法的时间复杂度为 $O(n^3)$。

4.6　拓扑排序与关键路径

4.6.1　有向无环图的概念

一个无环的有向图称作有向无环图（Directed Acycline Graph，DAG）。DAG 是一类较有向树更一般的特殊有向图。图 4-34 给出了有向树、DAG 和有向图的例子。有向无环图是描述含有公共子式的表达式的有效工具。

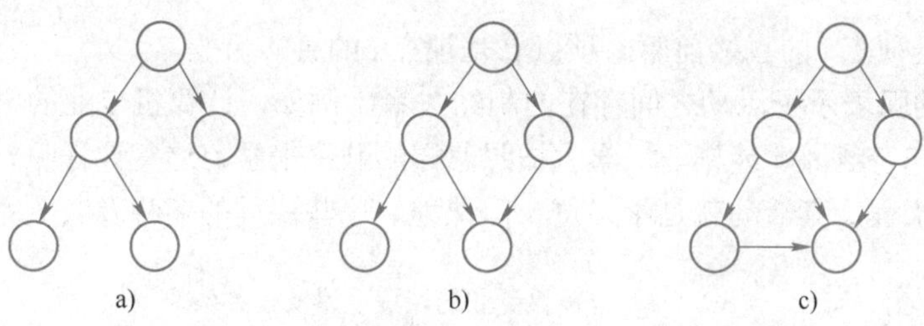

图 4-34　有向树、DAG 和有向图

例如，表达式((a+b)×(b×(c+d))+(c+d)×e)×((c+d)×e)可以用第 3 章讨论的二叉树来表示，如图 4-35 所示。仔细观察该表达式，可以发现有一些相同的子表达式，如(c+d)和(c+d)×e 等，在二叉树中，它们也重复出现。若利用有向无环图，则可实现对相同子式的共享，从而节省存储空间。图 4-36 所示为表示同一表达式的有向无环图。

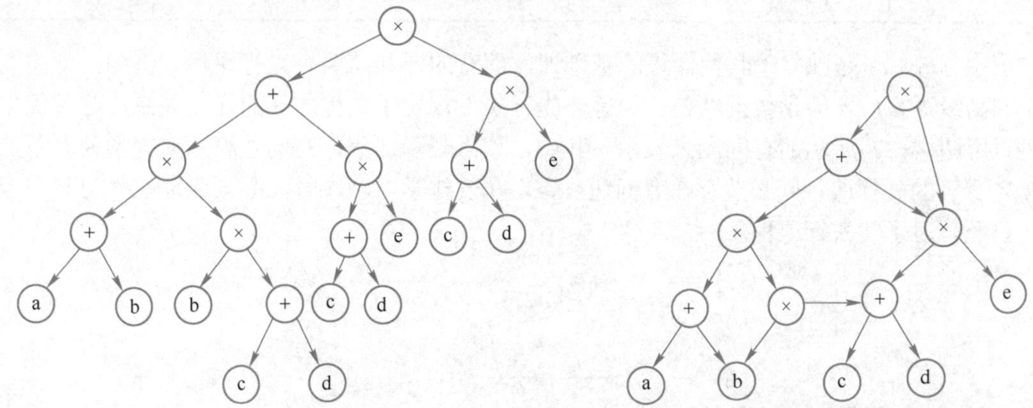

图 4-35　用二叉树描述表达式　　　　图 4-36　描述表达式的有向无环图

检查一个有向图是否存在环要比无向图复杂。对于无向图来说，若深度优先遍历过程中遇到回边（即指向已访问过的顶点的边），则必定存在环；而对于有向图来说，这条回边有可能是指向深度优先生成森林中另一棵生成树上顶点的弧。但是，如果从有向图上某个顶点 v 出发的遍历，在 DFS(v)结束之前出现一条从顶点 u 到顶点 v 的回边，由于 u 在生成树上是 v 的子孙，则有向图必定存在包含顶点 v 和 u 的环。

有向无环图是描述一项工程或系统的进行过程的有效工具。除最简单的情况之外，几乎所有的工程（Project）都可分为若干个称作活动（Activity）的子工程，而这些子工程之间，通常受一定条件的约束，如其中某些子工程的开始必须在另一些子工程完成之后。对整个工程和系统，人们关心的是两个方面的问题：一是工程能否顺利进行：二是估算整个工程完成所必需的最短时间。以下两小节将详细介绍这样两个问题是如何通过对有向图进行拓扑排序和关键路径操作来解决的。

授课视频

4-8　AOV 网与拓扑排序

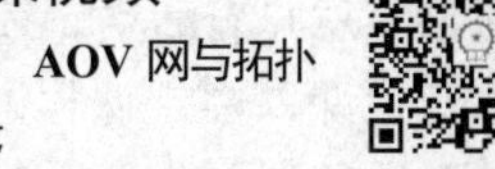

4.6.2　AOV 网与拓扑排序

1．AOV 网

所有的工程或者某种流程可以分为若干个小的工程或阶段，这些小的工程或阶段就称为活动。若以图中的顶点来表示活动，有向边表示活动之间的优先关系，则这样活动在顶点上的有向图称为 AOV 网（Activity on Vertex Network）。在 AOV 网中，若从顶点 i 到顶点 j 之间存在一条有向路径，称顶点 i 是顶点 j 的前驱，或者称顶点 j 是顶点 i 的后继。若<i,j>是图中的弧，则称顶点 i 是顶点 j 的直接前驱，顶点 j 是顶点 i 的直接后驱。

AOV 网中的弧表示了活动之间存在的制约关系。例如，计算机专业的学生必须完成一系列规定的基础课和专业课才能毕业。学生按照怎样的顺序来学习这些课程呢？这个问题可以被看成是一个大的工程，其活动就是学习每一门课程。这些课程的名称及其关系见表 4-1。

表 4-1 计算机专业的课程设置及其关系

课程代号	课程名	先行课程代号	课程代号	课程名	先行课程代号
c_1	程序设计导论	无	c_7	计算机原理	C_5
c_2	高等数学	无	c_8	算法分析	c_4
c_3	离散数学	c_1,c_2	c_9	高级语言	c_1
c_4	数据结构	c_3,c_9	c_{10}	编译系统	c_4,c_9
c_5	普通物理	c_2	c_{11}	操作系统	c_4,c_7
c_6	人工智能	c_4			

表中，c_1、c_2 是独立于其他课程的基础课，而有的课却需要有先行课程，例如，学完离散数学和高级语言后才能学数据结构，等等。先行条件规定了课程之间的优先关系，这种优先关系可以用图 4-37 所示的有向图来表示。其中，顶点表示课程，有向边表示前提条件。若课程 i 为课程 j 的先行课，则必然存在有向边<i,j>。在安排学习顺序时，必须保证在学习某门课之前，已经学习了其先行课程。

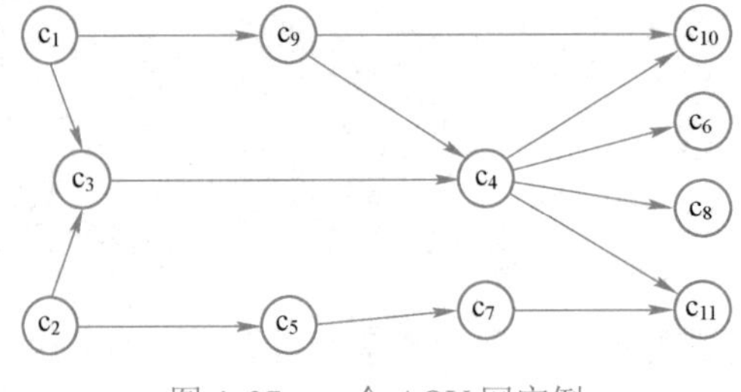

图 4-37 一个 AOV 网实例

类似的 AOV 网的例子还有很多，例如，计算机程序，任何一个可执行程序均可以划分为若干个程序段（或若干语句），由这些程序段组成的流程图也是一个 AOV 网。

2. 拓扑排序

离散数学中有偏序集合与全序集合两个概念。

若集合 A 中的二元关系 R 是自反的、非对称的和传递的，则 R 是 A 上的偏序关系。集合 A 与关系 R 一起称为一个偏序集合。

若 R 是集合 A 上的一个偏序关系，如果对每个 a、b∈A 必有 aRb 或 bRa ，则 R 是 A 上的全序关系。集合 A 与关系 R 一起称为一个全序集合。

偏序关系经常出现在日常生活中。例如，若把 A 看成一项大的工程必须完成的一批活动，则 aRb 意味着活动 a 必须在活动 b 之前完成；对于前面提到的计算机专业的学生必修的基础课与专业课，由于课程之间的先后依赖关系，某些课程必须在其他课程以前讲授，这里的 aRb 就意味着课程 a 必须在课程 b 之前学完。

AOV 网所代表的一项工程中活动的集合显然是一个偏序集合。为了保证该项工程得以顺利完成，必须保证 AOV 网中不出现回路；否则，意味着某项活动应以自身作为能否开展的先决条件，这是荒谬的。

测试 AOV 网是否具有回路（即是否是一个有向无环图）的方法，就是在 AOV 网的偏序

集合下构造一个线性序列，该线性序列具有以下性质。

1）在 AOV 网中，若顶点 i 优先于顶点 j，则在线性序列中顶点 i 仍然优先于顶点 j。

2）对于网中原来没有优先关系的一对顶点，如图 4-37 中的 c_1 与 c_2，在线性序列中也建立一个先后关系，或者顶点 i 优先于顶点 j，或者顶点 j 优先于 i。

满足这样性质的线性序列称为拓扑有序序列。构造拓扑序列的过程称为拓扑排序。也可以说，拓扑排序就是由某个集合上的一个偏序得到该集合上的一个全序的操作。

若某个 AOV 网中所有顶点都在它的拓扑序列中，则说明该 AOV 网不会存在回路，这时的拓扑序列集合是 AOV 网中所有活动的一个全序集合。以图 4-37 所示的 AOV 网为例，可以得到不止一个拓扑序列，$c_1, c_2, c_3, c_9, c_4, c_{10}, c_6, c_8, c_5, c_7, c_{11}$ 就是其中之一。显然，对于任何一项工程中各个活动的安排，必须按拓扑有序序列中的顺序进行才是可行的。

3．拓扑排序算法

对 AOV 网进行拓扑排序的方法和步骤如下。

1）从 AOV 网中选择一个没有前驱的顶点（该顶点的入度为 0），输出它到拓扑序列中。

2）从网中删去该顶点，并且删去从该顶点发出的全部有向边。

3）重复上述两步，直到剩余的网中不存在没有前驱的顶点为止。

这样操作的结果有两种：一种是网中全部顶点都被输出，这说明网中不存在有向回路；另一种就是网中顶点未被全部输出，剩余的顶点均存在前驱顶点，这说明网中存在有向回路。

图 4-38 给出了在一个 AOV 网上实施上述步骤的例子。

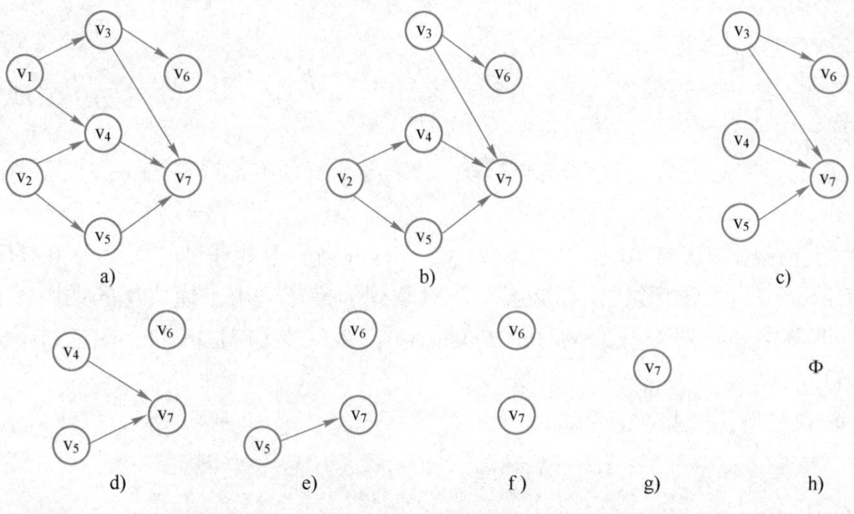

图 4-38　求一拓扑序列的过程

a) 初始 AOV 网　b) 输出 v_1 后　c) 输出 v_2 后　d) 输出 v_3 后　e) 输出 v_4 后　f) 输出 v_5 后　g) 输出 v_6 后　h) 输出 v_7 后

这样，得到一个拓扑序列：$v_1,v_2,v_3,v_4,v_5,v_6,v_7$。

设 AOV 网采用邻接表存储，并且为了方便操作，在邻接表的顶点结点中增加一个记录顶点入度的数据域。顶点结构如下所示。

indegree	vertex	firstedge

其中，vertex、firstedge 的含义如前所述；indegree 为记录顶点入度的数据域。边结点的结构同 4.2.2 小节所述。

顶点结点结构的描述改为：

```
class VertexNode
{ int  indegree;                    //存放顶点入度
  VertexType vertex;                //用于存放顶点信息
  EdgeNode firstedge;               //存放第一条边的位置
}
```

图4-38a所示的AOV网的邻接表如图4-39所示。

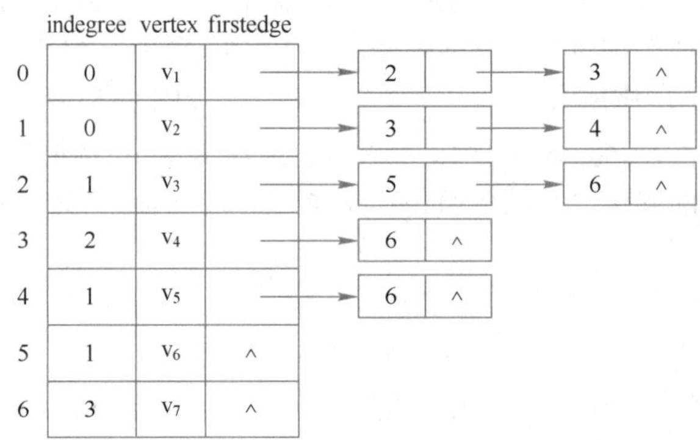

图4-39 图4-38a所示的AOV网的邻接表

为了方便找到入度为0的点，用一个队列将入度为0的点及时保存起来。当某一个顶点进入拓扑序列中，把它的所有邻接点的入度都减1，之后若为0 则将该点入队，等待进入拓扑序列中。

拓扑排序的算法步骤如下。

1）将没有前驱（入度为0）的顶点入队。

2）将队首元素出队，输出（进入到拓扑序列中），并把该顶点发出的所有有向边删去。

3）将新的入度为0的顶点再入队。

4）重复 2）和 3），直到队空，或者是已经输出全部顶点，或者剩下的顶点中没有入度为0的顶点为止。

下面是拓扑排序算法的实现，采用队列 Q 来存放当前未处理过的入度为 0 的顶点。在算法中，设 Queue 为队列的形式化存储类型，对队列的操作采用了模块化的调用。其中，队列初始化（申请队空间，置空队）为 Init_Queue(Q)；入队操作为 In_Queue(Q,x)；出队操作为 Out_Queue(Q,x)。

【算法4-12】 有向网的拓扑排序。

```
public static boolean Top_Sort (ALGraph G, int[ ] TSort)
{//图G用邻接表存储，顶点带入度域，求其拓扑序列；其拓扑序列存入TSort 向量
   EdgeNode p;
   Queue Q;                                //Q为一队列
   int m=0;                                //c为计数器，记录已输出的顶点数目
   Q=new Queue(Q);                         //初始化队列Q
   for(i=0;i<G.vexnum;i++)                 //依次将入度为0的顶点入队
      if(G.AdjList[i].indegree==0) Q.enqueue(i);
   while(!Q.isEmpty())
   {
      j=Q.dequeue();
      TSort[m ]=j;                         //点j进入拓扑序列中
      m++;
      p=G.AdjList[j].firstedge;            //p指向当前输出顶点的边表
      while(p!=null)                       //对当前输出顶点的各邻接点依次处理
      {
         k=p.adjvex;
         G.AdjList[k].indegree--;          //当前输出顶点邻接点的入度减1
```

```
                if(G.AdjList[k].indegree==0) //新的入度为 0 的顶点入队
                    Q.enqueue(k);
                p=p.next;                    //找到下一个邻接点
            }
        }
        if(m<G.vexnum)                       //图中有环路存在
        {
            System.out.println("网络有回路");
            return false;
        }
        else return true;
    }
```

对一个具有 n 个顶点 e 条边的网来说，整个算法的时间复杂度为 O(e+n)。

4.6.3 AOE 网与关键路径

授课视频

4-9　AOE 网与关键路径

1．AOE 网

若在带权的有向图中，以顶点表示事件，以有向边表示活动，边上的权值表示活动的开销（如该活动持续的时间），则此带权的有向图称为 AOE 网（Activity on Edge Network）。

如果用 AOE 网来表示一项工程，那么，仅仅考虑各个子工程之间的优先关系还不够，更多的是关心整个工程完成的最短时间是多少，哪些活动的延期将会影响整个工程的进度，而加速这些活动是否会提高整个工程的效率。因此，通常在 AOE 网中列出完成预定工程计划所需要进行的活动，每个活动计划完成的时间，要发生哪些事件以及这些事件与活动之间的关系，从而可以确定该项工程是否可行，估算工程完成的时间，以及确定哪些活动是影响工程进度的关键。

AOE 网具有以下两个性质。

1）只有在某顶点所代表的事件发生后，从该顶点出发的各有向边所代表的活动才能开始。

2）只有在进入一某顶点的各有向边所代表的活动都已经结束，该顶点所代表的事件才能发生。

图 4-40 给出了一个具有 15 个活动、11 个事件的假想工程的 AOE 网。$v_1,v_2,\cdots,v_{11}$ 分别表示事件；$<v_1,v_2>,<v_1,v_3>,\cdots,<v_{10},v_{11}>$分别用 $a_1,a_2,\cdots,a_{15}$ 表示，代表这些活动。其中，v_1 称为源点，是整个工程的开始点，其入度为 0；v_{11} 为终点也叫汇点，是整个工程的结束点，其出度为 0。

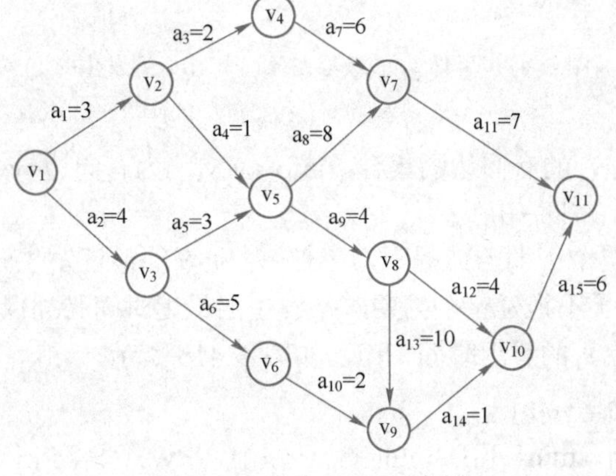

图 4-40　一个 AOE 网实例

对于 AOE 网，仍采用邻接表存储，顶点结点的结构与 AOV 网的相同。其中，邻接表中边结点的 info 域为该边的权值，即该有向边代表的活动所持续的时间。边结点重新定义如下。

```
class EdgeNode
{
    int adjvex;                      //用于存放邻接点的序号
    EdgeNode next;                   //指向下一个邻接点（或边）
    int info;                        //边的权值，表示持续时间，设为整型
}
```

2．关键路径

由于 AOE 网中的某些活动能够同时进行，故完成整个工程所必须花费的时间应该为源点到终点的最大路径长度（这里的路径长度是指该路径上的各个活动所需时间之和）。从源点到汇点具有最大路径长度的路径称为关键路径，关键路径长度就是整个工程所需的最短工期，关键路径上的活动称为关键活动。这就是说，要缩短整个工期，必须加快关键活动的进度。

利用 AOE 网进行工程管理时要需解决的主要问题如下。

1）计算完成整个工程的最短周期。

2）确定关键路径，以找出哪些活动是影响工程进度的关键。

3．关键路径的确定

为了在 AOE 网中找出关键路径，需要定义几个参量。

（1）事件的最早发生时间 ve[k]

ve[k]是指事件 k 发生的最早时间，它的值是从源点到顶点 k 的最长路径。这个时间决定了所有从顶点 k 发出的有向边所代表的活动能够开工的最早时间。根据 AOE 网的性质，只有进入 v_k 的所有活动 $<v_j,v_k>$ 都结束时，v_k 代表的事件才能发生；而活动 $<v_j,v_k>$ 的最早结束时间为 $ve[j]+info(<v_j,v_k>)$，如图 4-41a 所示，所以计算 v_k 发生的最早时间的方法如下。

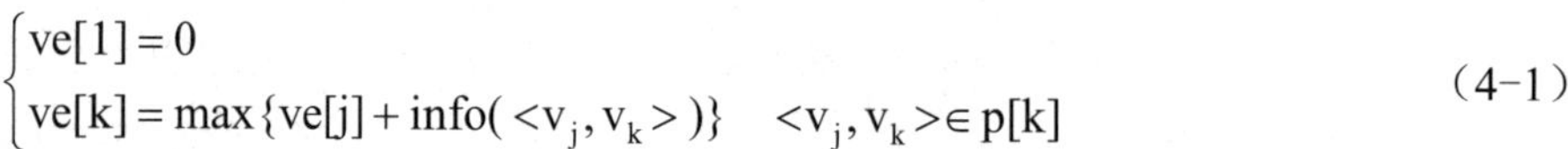

$$\begin{cases} ve[1]=0 \\ ve[k]=\max\{ve[j]+info(<v_j,v_k>)\} \quad <v_j,v_k>\in p[k] \end{cases} \tag{4-1}$$

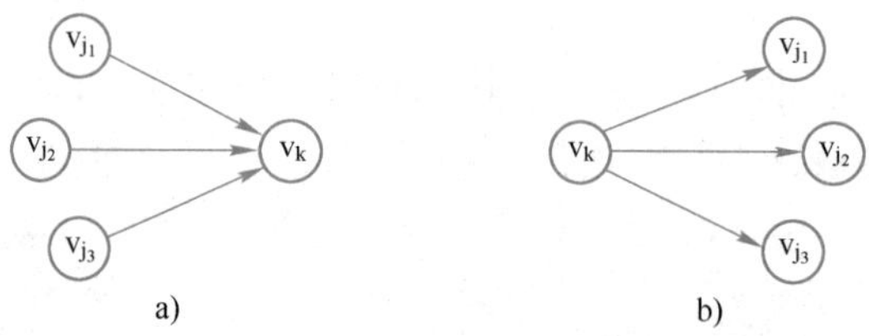

图 4-41 事件 v_k 的最早发生时间和最迟发生时间

a) 最早发生时间 b) 最迟发生时间

其中，p[k]表示所有到达 v_k 的有向边的集合；$info(<v_j,v_k>)$ 为有向边 $<v_j,v_k>$ 上的权值。

（2）事件的最迟发生时间 vl[k]

vl[k]是指在不推迟整个工期的前提下，事件 v_k 允许的最迟发生时间。设有向边 $<v_k,v_j>$ 代表从 v_k 出发的活动，为了不拖延整个工期，v_k 发生的最迟时间必须保证不推迟从事件 v_k 出发的所有活动 $<v_k,v_j>$ 的终点 v_j 的最迟时间 vl[j]，如图 4-41b 所示，vl[k]的计算方法如下。

$$\begin{cases} vl[n]=ve[n] \\ vl[k]=\min\{vl[j]-info(<v_k,v_j>)\} \quad <v_k,v_j>\in s[k] \end{cases} \tag{4-2}$$

其中，s[k]为所有从 v_k 发出的有向边的集合。

（3）活动 a_i 的最早开始时间 e[i]

若活动 a_i 是由弧 $<v_k,v_j>$ 表示，根据 AOE 网的性质，只有事件 v_k 发生了，活动 a_i 才能开始，如图 4-42 所示。也就是说，活动 a_i 的最早开始时间应等于事件 v_k 的最早发生时间。因此，有

$$e[i]=ve[k] \tag{4-3}$$

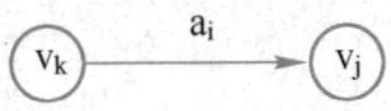

图 4-42　活动 a_i 的最早开始时间

（4）活动 a_i 的最晚开始时间 l[i]

活动 a_i 的最晚开始时间指在不推迟整个工程完成日期的前提下，必须开始的最晚时间。则 a_i 的最晚开始时间要保证事件 v_j 的最迟发生时间不拖后。因此，应该有

$$l[i]=vl[j]-info(<v_k,v_j>) \tag{4-4}$$

根据每个活动的最早开始时间 e[i]和最晚开始时间 l[i]就可判定该活动是否为关键活动，也就是那些 l[i]=e[i]的活动就是关键活动，而那些 l[i]>e[i]的活动则不是关键活动，l[i]−e[i]的值为活动的时间余量。关键活动确定之后，关键活动所在的路径就是关键路径。

下面以图 4-40 所示的 AOE 网为例，求出上述参量，来确定该网的关键活动和关键路径。

1）按照式（4-1）求事件的最早发生时间 ve[k]。

ve[1]=0

ve[2]=3

ve[3]=4

ve[4]=ve[2]+2=5

ve[5]=max{ve[2]+1,ve[3]+3}=7

ve[6]=ve[3]+5=9

ve[7]=max{ve[4]+6,ve[5]+8}=15

ve[8]=ve[5]+4=11

ve[9]=max{ve[8]+10,ve[6]+2}=21

ve[10]=max{ve[8]+4,ve[9]+1}=22

ve[11]=max{ve[7]+7,ve[10]+6}=28

2）按照式（4-2）求事件的最迟发生时间 vl[k]。

vl[11]=ve[11]=28

vl[10]=vl[11]−6=22

vl[9]=vl[10]−1=21

vl[8]=min{vl[10]−4, vl[9]−10}=11

vl[7]=vl[11]−7=21

vl[6]=vl[9]−2=19

vl[5]=min{vl[7]−8,vl[8]−4}=7

vl[4]=vl[7]−6=15

vl[3]=min{vl[5]−3, vl[6]−5}=4

vl[2]=min{vl[4]−2, vl[5]−1}=6

vl[1]=min{vl[2]−3, vl[3]−4}=0

3）按照式（4−3）和式（4−4）求活动 a_i 的最早开始时间 e[i]和最晚开始时间 l[i]。

活动 a_1　　e[1]=ve[1]=0　　l[1]=vl[2]−3=3
活动 a_2　　e[2]=ve[1]=0　　l[2]=vl[3]−4=0
活动 a_3　　e[3]=ve[2]=3　　l[3]=vl[4]−2=13
活动 a_4　　e[4]=ve[2]=3　　l[4]=vl[5]−1=6
活动 a_5　　e[5]=ve[3]=4　　l[5]=vl[5]−3=4
活动 a_6　　e[6]=ve[3]=4　　l[6]=vl[6]−5=14
活动 a_7　　e[7]=ve[4]=5　　l[7]=vl[7]−6=15
活动 a_8　　e[8]=ve[5]=7　　l[8]=vl[7]−8=13
活动 a_9　　e[9]=ve[5]=7　　l[9]=vl[8]−4=7
活动 a_{10}　　e[10]=ve[6]=9　　l[10]=vl[9]−2=19
活动 a_{11}　　e[11]=ve[7]=15　　l[11]=vl[11]−7=21
活动 a_{12}　　e[12]=ve[8]=11　　l[12]=vl[10]−4=18
活动 a_{13}　　e[13]=ve[8]=11　　l[13]=vl[9]−10=11
活动 a_{14}　　e[14]=ve[9]=21　　l[14]=vl[10]−1=21
活动 a_{15}　　e[15]=ve[10]=22　　l[15]=vl[11]−6=22

4）比较 e[i]和 l[i]的值可判断出 $a_2,a_5,a_9,a_{13},a_{14},a_{15}$ 是关键活动，关键路径如图 4−43 所示。

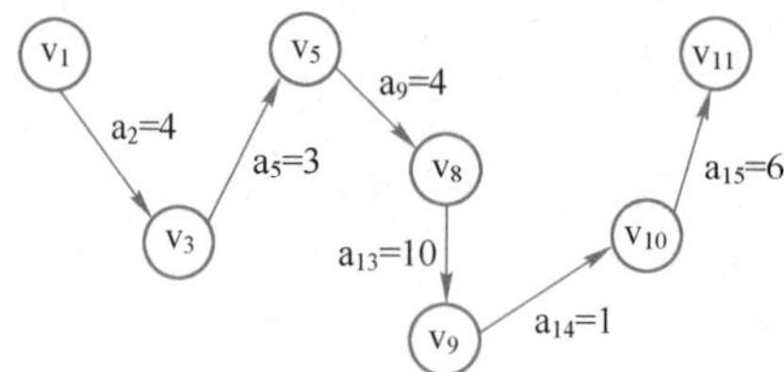

图 4−43　图 4−40 所示 AOE 网的关键路径

由上述方法得到求关键路径的算法步骤如下。

1）建立 AOE 网的存储结构。

2）从源点 v_1 出发，令 ve[0]=0，按拓扑序列中的顺序求其余各顶点的最早发生时间 ve[i]（1≤i≤N−1）。如果得到的拓扑序列中顶点个数小于网中顶点数 N，则说明网中存在环，不能求关键路径，算法终止；否则，执行步骤 3）。

3）从汇点 v_n 出发，令 vl[N−1]=ve[N−1]，按拓扑逆序列求其余各顶点的最迟发生时间 vl[i]（N−2≥i≥0）。

4）根据各顶点的 ve 和 vl 值，求每条弧 s 的最早开始时间 e[s]和最迟开始时间 1[s]。若某条弧满足条件 e[s]=l[s]，则其为关键活动。

由上面分析可见，第一件任务是求各个顶点的最早发生时间即 ve[0]～ve[N−1]。算法 4−13 是这一操作的实现。

其实，求各个顶点的最早发生时间的顺序就是按照求拓扑序列的过程进行的，只是在修改某顶点入度的同时，修改它的最早发生时间。在算法 4−12 中用队列保存了入度为 0 的点，也可以用栈来保存。在算法 4−13 中，入度为 0 的顶点用栈 S 保存，AOE 网的拓扑序列顶点用栈 T 保存，各个顶点的入度已保存在顶点结点的 indegree 域中。栈采用顺序栈类 SeqStack。

【算法 4-13】 求 AOE 网中各顶点事件的最早发生时间。

```
static int[] ve=new int[N]{0},vl=new int[N],e=new int[E],l=new int[E];
public static boolean VertexElyTime(ALGraph G,SeqStack T)
{     //AOE 网 G 采用邻接表存储结构，求各顶点事件的最早发生时间 ve(全局变量)
      //T 为拓扑序列顶点栈，S 为零入度顶点栈
      //若 G 无回路，则用栈 T 返回 G 的一个拓扑序列，且函数值为 1，否则为 0
      SeqStack S=new SeqStack(G.vexnum );    //初始化零入度顶点栈 S
      count=0;
      for(i=0; i<G.vexnum; i++)              //将初入度为 0 的顶点入栈
        if(G.AdjList[i].indegree==0)
        {
           S.data[S.top]=i;
           S.top++;

    while}(S.top!=-1)                        //当入度为 0 的顶点栈不空时
    {
        j=S.data[S.top];  S.top--;
        T.data[T.top]=j;  T.top++;           //进入拓扑序列
        count++;                             //计数进入拓扑序列的点
        for(p=G.AdjList[j].firstedge; p; p=p.next)
        {                                    //修改顶点 j 的邻接点的入度
           k=p.adjvex;                       //顶点 j 邻接到的顶点 k 的入度减 1
           G.AdjList[i].indegree--;
           if(G.AdjList[i].indegree == 0)    //顶点 k 的入度减 1 后若减为 0，则入栈
           {
              S.data[S.top]=k;
              S.top++;
           }
           if((ve[j]+(p.info))>ve[k])        //是否修改顶点 k 的最早发生时间
              ve[k] = ve[j]+(p.info);
        }
    }
    if(count<G.vexnum)  return false;        //该有向网有回路返回 0，否则返回 1
    else  return true;
 }
```

在求出各顶点的最早时间后，按照拓扑逆序求出各顶点的最迟发生时间，再求出各活动的最早和最迟开始时间，就可以求各关键活动了。

【算法 4-14】 求 AOE 网的关键活动。

```
public static int PivotalPath(ALGraph G)
{//G 为 AOE 网，用邻接表存储，求出 G 的各项关键活动
    char tag;
    SeqStack T=new SeqStack(G.vexnum );              //建立用于产生拓扑序列的栈 T 并初始化
    if(!VertexElyTime (ALGraph,G) ) return 0;        //该有向网有回路返回 0
    vl[0..G.vexnum-1]= ve[G.vexnum-1];               //初始化顶点事件的最迟发生时间
    while(T.top!=-1 )                                //按拓扑序列的逆序求各顶点的 vl 值
    {
        j= T.data[T.top];
        T.top--;
        for(p=AdjList[j].firstedge; p; p=p.next)
        {
           k=p.adjvex;
           if ((vl[k]- (p.info))<vl[j] )
           vl[j]= vl[k]-p.info;
        }
    }
    System.out.println ("顶点 1   顶点 2    权值   最早   最迟   是否关键活动" );
    for( j=0; j<G.vexnum; j++)          //求每个活动的最早和最迟开始时间，同时求出关键活动
        for(p=G.AdjList[j].firstedge; p; p=p.next)
        {
           k= p.adjvex;
           dut= p.info;
```

```
            e=ve[j]; l= vl[k]-dut;
            if(e==l) tag='*';
            else     tag='*';
            System.out.printf ("%d->%d:  %d  %d  %d  %c\n", j,k,dut,e,l,tag );
                //输出各个活动的最早和最迟开始时间，有“*”的为关键活动
        }
    return 1;         //求出关键活动后返回 1
}
```

4.7 本章小结

知识点	描述	学习要求
图的定义	由一个顶点集合 V 和一条边（或者弧）集合 E 组成，通常记为 G=(V,E)，其中 V 中有 n（n>0）个顶点，E 中有 e（e≥0）条边，且每一条边都依附于 V 中的两个顶点 v_i 和 v_j（i, j=1,2,⋯,n），该无向图的边用顶点偶对(v_i,v_j)表示，有向图的边用顶点序偶<v_i,v_j>表示	理解图的定义
无向完全图	无向图中任意两顶点都有一条直接边相连接；在含有 n 个顶点的无向完全图中，有 n(n−1)/2 条边	掌握无向完全图的概念
有向完全图	有向图中任意两顶点之间都有方向互为相反的两条弧相连接。在含有 n 个顶点的有向完全图中，有 n(n−1)条边	掌握有向完全图的概念
无向图的连通性	在无向图中，从一个顶点 v_i 到另一个顶点 v_j（i≠j）有路径，则顶点 v_i 和 v_j 是连通的；图中任意两顶点都是连通的，则称该图是连通图；无向图的极大连通子图（添上任意一点均为不连通的子图）称为连通分量	理解无向图连通性的概念
有向图的连通性	在有向图中，若图中任意一对顶点 v_i 和 v_j（i≠j）均有从一个顶点 v_i 到另一个顶点 v_j 的路径，也有从 v_j 到 v_i 的路径，则称该有向图是强连通图；有向图的极大强连通子图（添上任意一点均没有强连通性）称为强连通分量	理解有向图连通性的概念
图的邻接矩阵存储	邻接矩阵是表示顶点之间相邻关系的矩阵，可用于表示无向图、有向图和网图。 注意：图的邻接矩阵不仅仅存储顶点之间的关系，还要存储顶点信息、顶点个数、边的条数	掌握定义邻接矩阵存储图的方法
图的邻接表存储	邻接表表示法类似于树的孩子链表表示法。就是对于图 G 中的每个顶点 v_i，将所有邻接于 v_i 的顶点 v_j 连成一个单链表，这个单链表称为顶点 v_i 的邻接表。对于有向图，由 v_i 的出边邻接点构成的单链表称为邻接表，由 v_i 的入边邻接点构成的单链表称为逆邻接表 注意：图的邻接表存储结构需要存储顶点信息表和边表信息，在边表信息结点中，只存储相邻边在顶点数组中的下标信息	掌握定义邻接表存储图的方法，理解应用邻接表分别存储有向图和无向图的特点
图的深度优先遍历	图的深度优先遍历（简称 DFS）类似于树的先序遍历，是树的先序遍历的推广。假设初始状态是图中所有顶点未曾被访问，则深度优先搜索可从图中某个顶点 v 出发，访问此顶点，然后依次从 v 的未被访问的邻接点出发深度优先遍历图，直至图中所有和 v 有路径相通的顶点都被访问到；若此时图中尚有顶点未被访问，则另选图中一个未曾被访问的顶点作为起始点，重复上述过程，直至图中所有顶点都被访问到为止 注意：图的深度优先遍历类似于树的先序遍历，是树的先序遍历的推广。紧扣 DFS 定义，记住当前从哪个顶点进行的 DFS，结束后应该回到哪个顶点	掌握图的深度优先遍历方法
图的广度优先遍历	广度优先遍历（简称 BFS）类似于树的按层次遍历的过程。假设从图中某顶点 v 出发，在访问了 v 之后依次访问 v 的各个未曾访问过的邻接点，然后分别从这些邻接点出发依次访问它们的邻接点，并使“先被访问的顶点的邻接点”先于“后被访问的顶点的邻接点”被访问，直至图中所有已被访问的顶点的邻接点都被访问到。若此时图中尚有顶点未被访问，则另选图中一个未曾被访问的顶点作为起始点，重复上述过程，直至图中所有顶点都被访问到为止。广度优先遍历图的过程也可理解为以 v 为起始点，由近至远，依次访问和 v 有路径相通且路径长度为 1,2,⋯的顶点 注意：广度优先遍历类似于树的按层次遍历的过程。紧扣 BFS 定义，记住当前访问的哪个顶点，其未曾被访问的邻接点应该依次进队	掌握图的广度优先遍历方法
无向图连通性的判定	这是图的应用问题，即判定无向图是否连通或含有几个连通分量 注意：在无向图中，从一个顶点 v_i 到另一个顶点 v_j（i≠j）有路径，则顶点 v_i 和 v_j 是连通的。注意区分（v_i,v_j）边的概念与连通的定义。明确无向图的极大连通子图（连通分量），无向图的极小连通子图（生成树），区分极大、极小概念	掌握无向图连通性的判定方法
有向图连通性的判定	这是图的应用问题，即判定有向图的连通性或含有几个强连通分量	理解有向图连通性的判定方法
最小生成树概念	在连通网络的所有生成树中，各边权值总和最小的生成树。连通网络的最小生成树不一定是唯一的，但代价是唯一的	理解最小生成树的概念

（续）

知识点	描述	学习要求
构造最小生成树的 Prim 算法	算法思想：初始时，最小生成树集中仅含一个任选的结点；选取距离最小生成树集最近的点（即距生成树集最短边所关联的点）；将该点和其与生成树中的点所关联的边，添入最小生成树中；直至将所有顶点添入为止 注意：Prim 算法要求计算细心，不要漏掉最小权值边的顶点	掌握构造最小生成树的 Prim 方法
构造最小生成树的 Kruskal 算法	算法思想：在图中依次选取 n−1 条边，连接图的 n 个结点；每次选取不会产生回路的权值最小的边 注意：Kruskal 算法主要在于边的权值从小到大排序，且选择链接不同连通分量的当前最小权值的边	掌握构造最小生成树的 Kruskal 方法
最短路径问题	① 单源最短路径问题：已知有向带权图（简称有向网）G=(V,E)，希望找出从某个源点 s∈V 到 V 中其余各顶点的最短路径。而其他的最短路径问题均可用单源最短路径算法予以解决 ② 单目标最短路径问题：找出图中每一顶点 v 到某指定顶点 u 的最短路径。只需将图中每条边反向，可将这一问题变为单源最短路径问题，单目标 u 变为单源点 u ③ 单顶点对间最短路径问题：对于某对顶点 u 和 v，找出从 u 到 v 的一条最短路径。显然，若解决了以 u 为源点的单源最短路径问题，则上述问题也迎刃而解。而且从数量级来说，两问题的时间复杂度相同 ④ 每对顶点对间最短路径问题：对图中每对顶点 u 和 v，找出 u 和 v 的最短路径问题。这一问题可用每个顶点作为源点调用一次单源最短路径问题算法予以解决	理解最短路径问题的含义

求单源点最短路径的 Dijkstra 算法	设 S 为最短路径确定的顶点集，V−S 是最短路径尚未确定的顶点集。D[v]为 u 到 v 的最短路径长度
	① 初始时，将源点 u 放入 S 中
	② 初始 D[v]，v∈V−S，D[v]=w<u,v>
	③ 选取点 k 使 D[k]=min{D[v],v∈V−S }
	④ 将 k 添入 S
	⑤ 若 V−S 不空，重新计算 D[v]值，其中 v∈V−S
	if (D[v]>D[k]+w<k,v>){
	　　D[v]=D[k]+w<k,v>;
	　　修改源点到 v 的路径上的点为源点到 k 的路径加上点 v;
	}
	⑥ 若 V−S 为空，则结束，否则重复步骤③
	注意：Dijkstra 算法的关键在于理解“按最短路径长度递增的次序产生最短路径”，需细心计算、选择
		掌握单源点最短路径的 Dijkstra 方法
		拓展目标：通过了解 Dijkstra 的科学成就，认识到洞察力和对问题持续深入的思考对科学研究和发明的重要性

拓扑排序的概念	对一有向图，如果从 v_i 到 v_j 存在一条路径，且在由图中所有顶点构成的线性序列中，v_i 总在 v_j 之前，那么这样的线性序列就被称为拓扑序列。构造一个有向图的拓扑序列的过程称为拓扑排序	理解拓扑排序的概念
求拓扑排序的算法	算法思想： ① 扫描顶点表，将入度为 0 的顶点入栈 ② 当栈非空时，当前栈顶元素 v_j 出栈，并输出；检查 v_j 的出边表，将每条出边 $<v_j,v_k>$的终点 v_k 的入度减 1；若 v_k 的入度变为 0，则让 v_k 入栈 ③ 重复第②步，直到栈为空 ④ 检查输出顶点数，若小于 n，表示“图中有环，无拓扑序列”；否则，算法正常结束 说明：算法中用的是栈，也可改为队列，只是得到的是两种不同的拓扑输出序列 注意：拓扑排序算法思想简单，无论给定图还是图的存储结构，都能进行拓扑排序	掌握拓扑排序的方法
关键路径的概念	在带权图中，以顶点表示事件，以有向边表示活动，边上的权值表示活动的开销（如该活动持续的时间），则此带权的有向图称为 AOE 网。在 AOE 网中从源点到汇点的最大长度的路径称为关键路径，关键路径上的活动称为关键活动。关键路径问题就是要找出所给 AOE 网的关键路径和关键活动	理解关键路径的概念 拓展目标：使学习者认识到“矛盾论”在工程实践和生活中的运用
求关键路径的算法	算法步骤： ① 输入 e 条弧<j,k>，建立 AOE 网的存储结构 ② 从源点 v_1 出发，令 ve[0]=0，按拓扑有序求其余各顶点的最早发生时间 ve[i]（1≤i≤n−1）；如果得到的拓扑有序序列中顶点个数小于网中顶点数 n，则说明网中存在环，不能求关键路径，算法终止；否则，执行步骤③ ③ 从汇点 v_n 出发，令 vl[n−1]=ve[n−1]，按逆拓扑有序求其余各顶点的最迟发生时间 vl[i]（n−2≥i≥2） ④ 根据各顶点的 ve 和 vl 值，求每条弧 s 的最早开始时间 e[s]和最迟开始时间 1[s]；若某条弧满足条件 e[s]=l[s]，则其为关键活动 注意：求有向网图的关键路径，重点在于求每个顶点所代表的事件的最早发生时间和最晚发生事件。而且，按拓扑序列求顶点的最早发生时间，按逆拓扑序列求顶点的最迟发生时间	掌握求关键路径的方法

练习题

一、简答题

1．对于图 4-44 所示的有向图，试给出：

（1）每个顶点的入度和出度。

（2）邻接矩阵。

（3）邻接表。

（4）逆邻接表。

（5）强连通分量。

2．设无向图 G 如图 4-45 所示，试给出：

（1）该图的邻接矩阵。

（2）该图的邻接表。

（3）该图的多重邻接表。

（4）从 v_1 出发的深度优先遍历序列。

（5）从 v_1 出发的广度优先遍历序列。

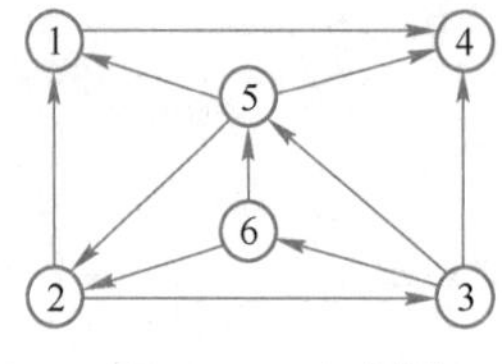

图 4-44　有向图

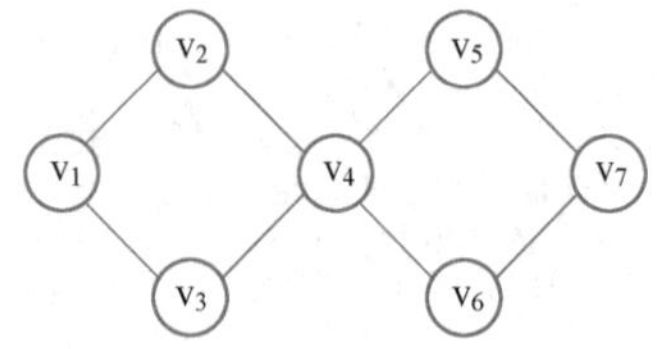

图 4-45　无向图 G

3．用邻接矩阵表示图时，矩阵元素个数与顶点个数是否相关？与边的条数是否有关？

4．设有向图 G 如图 4-46 所示，试画出图 G 的十字链表结构，并写出图的两个拓扑序列。

5．设有图 4-47 所示的 AOE 网：

（1）列出各事件的最早、最迟发生时间。

（2）列出各活动的最早、最迟发生时间。

（3）找出该 AOE 网中的关键路径，并回答完成该工程需要的最短时间。

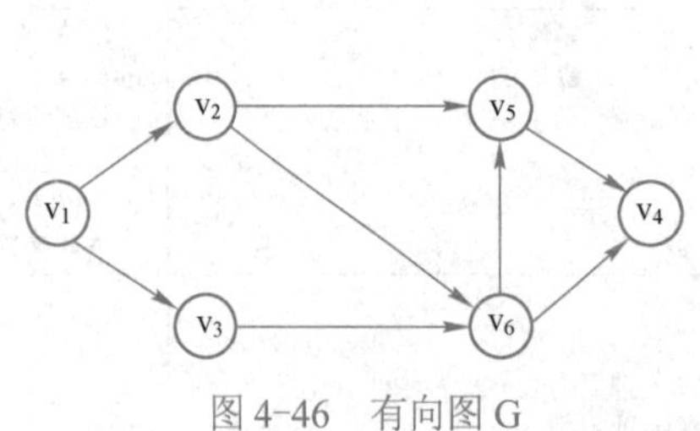

图 4-46　有向图 G

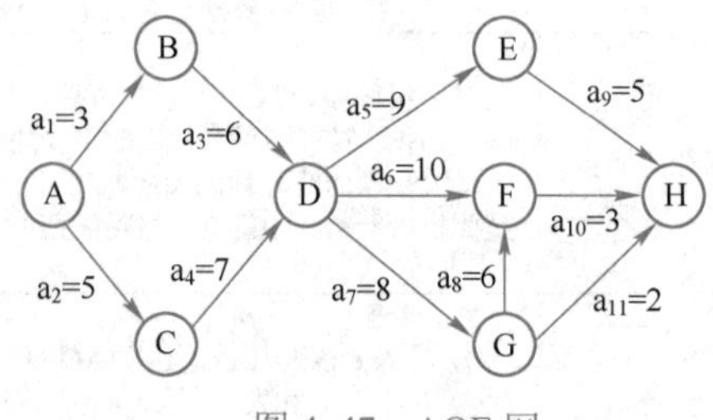

图 4-47　AOE 网

二、算法设计题

1．试以邻接矩阵为存储结构实现图的基本运算：InsertVex (G,v)、InsertArc (G,v,w)、DeleteVex (G,v)和 DeleteArc (G,v,w)。

2．试以邻接表为存储结构实现算法设计题 1 中所列图的基本运算。

3．试以十字链表为存储结构实现算法设计题 1 中所列图的基本运算。

4．试以邻接多重表为存储结构实现算法设计题 1 中所列图的基本运算。

5．对于含有 n 个顶点的有向图，编写算法由其邻接表构造相应的逆邻接表。

6．试写一算法，由图的邻接链表存储得到图的十字链表存储。

7．写一算法，根据依次输入的图的顶点数目、边的数目、各顶点的信息和各条边的信息建立无向图的邻接多重表。

8．试写一个算法，判别以邻接表方式存储的有向图中是否存在从顶点 v_i 到顶点 v_j 的路径（$i \neq j$）。假设分别基于下述策略：

（1）图的深度优先搜索。

（2）图的广度优先搜索。

9．试修改 Prim 算法，使之能在邻接表存储结构上实现求图的最小生成森林，并分析其时间复杂度（森林的存储结构为孩子兄弟链表）。

10．以邻接表作为存储结构实现求从源点到其余各顶点的最短路径的 Dijkstra 算法。

实验题

题目　校园导游程序

一、问题描述

当到一个陌生的地方去旅游的时候，人们常常需要一个导游为自己在游玩的过程中提供很多服务，例如，介绍参观景点的历史背景等相关信息，推荐到下一个景点的最佳路径，以及解答旅游经典的相关问询，等等。新生刚刚来到校园，对校园环境不熟悉，如果能够提供一个程序让新生或来访的客人可以通过与机器的“对话”来获得相关信息的话，将会节省大量的人力和时间，所提供的信息要尽可能的准确、详尽。本实验要求设计一个校园导游程序，为来访的客人提供各种信息查询服务。

二、基本要求

本次实验需要开发一个简单的校园导游程序，程序的主体功能如下。

（1）设计学校的校园平面图，所含景点不少于 10 个。以图中顶点表示校内各景点，存放景点名称、简介等信息；以边表示路径，存放路径长度等相关信息。

（2）显示校园平面图，方便用户直观地看到校园的全景图，并确定自己当前所在的位置。

（3）为用户提供对平面图中任意场所的相关信息的查询。

（4）为用户提供对平面图中任意场所的问路查询，即查询任意两个景点之间的一条最短的简单路径。

三、提示与分析

1．主要数据结构

由于各个场所通过校园中的道路相连，各个场所和连接它们的道路构成了整个校园的地理环境，所以应使用图这种数据结构对它们进行描述。以图中的顶点表示校园内各个场所，应包含场所名称、代号、简介等信息；以边表示连接各个场所的道路，应包含道路的代号、路径的长度等信息。一般情况下，校园的道路是双向通行的。因此，校园平面图可以看作一个无向网。

图的顶点和边均使用结构体类型，整个图的数据结构可以采用教材中介绍的各种表示方法，例如带权的邻接矩阵。

2．基本功能分析

（1）显示校园平面图：平面图中应醒目地标识出场所的准确名称以备用户查询。

（2）查询任意场所的相关信息：接收用户所输入的场所名称，并将场所的简介信息反馈给用户。

（3）求单源点到其他各点的最短路径：计算并记录从校园门口到各个场所的最短路径。

（4）任意场所的问路查询：接收用户所输入的场所名称，并在最短路径集合中找到相关项的信息反馈给用户。

四、测试数据

由读者根据实际情况指定。

五、选作内容

1．提供图中任意场所的问路查询，即求任意两点之间的最短路径。

2．提供校园图中多个场所的最佳访问路线查询，即求途经多个场所的最短路径。

3．校园导游图的场所和道路的修改与扩充功能。

4．实现校园导游图的图形界面。

第5章 查找技术

内容导读

查找是数据处理中经常出现的一种操作。本章从日常用到的查找操作出发，介绍了查找表的相关概念，以及查找效率的评价指标——平均查找长度。依据查找表中是否存在数据的插入、删除等动态操作，将查找表分为动态查找表和静态查找表。静态查找表部分将讨论无序表的顺序查找、有序表的折半查找和其他分割方法的查找及分块查找；动态查找表部分将介绍二叉排序树、平衡二叉树（AVL 树）、散列表。

【主要内容提示】

- 顺序查找
- 有序表的折半查找
- 二叉排序树、平衡二叉树
- 散列表、散列函数、开放定址法、拉链法处理冲突

【学习目标】

- 能够写出顺序查找的算法并计算查找成功和失败的平均查找长度
- 能够写出折半查找的算法并计算查找成功和失败的平均查找长度
- 准确描述二叉排序树的概念并能根据二叉排序树的特性进行辨识
- 能写出构建二叉排序树以及在二叉排序树上进行插入和删除的算法
- 准确描述平衡二叉树的概念以及创建平衡二叉树的过程
- 准确描述散列表的概念以及散列函数的构建方法
- 会用开放定址法和拉链法处理冲突构建散列表并计算查找成功和失败的平均查找长度

5.1 引言

在大量的信息中查找某个值时，需要用到查找技术。本节将介绍查找的相关概念及衡量查找效率的指标。

5.1.1 问题提出

平常工作中经常进行各种各样的查询。例如，在英汉字典中查找某个英文单词的中文解释；在新华字典中查找某个汉字的读音、含义；在对数表、平方根表中查找某个数的对数、平方根；邮递员送信件要按收件人的地址确定位置；等等。计算机及计算机网络的广泛应用使得信息查询的范围更广，同时也要求更快捷、方便、准确。要通过计算机查找特定的信息，就需要在计算机中存储包含该特定信息的表。例如，要从计算机中查找英文单词的中文解释，就需要存储类似英汉字典这样的信息表，以及对该表进行的查找操作。

查找，又称查询、检索，是在大量的数据中获取所需要的、满足特定条件的信息或数据。在本书中，查找是指在一组数据集合中找关键码值等于给定值的某个元素或记录。

需要讨论的问题是，面对数据查找这样的操作，如何存储数据和如何进行查找，各自的效率是

多少。查找是许多计算机软件中非常消耗时间的一部分，因而，一个查找方法的效率格外重要。

5.1.2 相关概念

1．查找表

查找表（Search Table）是一种以集合为逻辑结构、以查找为核心的数据结构。

由于集合中的数据元素之间是没有“关系”的，因此在查找表的实现时就不受“关系”的约束，而是根据实际应用对找的具体要求组织查找表，以实现高效率的查找。

对查找表常做的运算有：建立查找表、查找、读取表元，以及对表做修改操作（如插入、删除元素）。

若对查找表的查找过程不包括对表的修改操作，则此类查找称为静态查找（Static Search），若在查找的同时插入表中不存在的数据元素，或从查找表中删除已存在的指定元素，此类查找则称为动态查找（Dynamic Search）。简言之，静态查找仅对查找表进行查找操作，而不能改变查找表本身；动态查找除了对查找表进行查找操作外，还可以向表中插入数据元素或删除表中的数据元素。

2．关键码

关键码（Key）是数据元素（或记录）中某个数据项的值，用它可以标识一个数据元素（或记录）。能唯一确定一个数据元素（或记录）的关键码称为主关键码（Primary Key）；而不能唯一确定一个数据元素（或记录）的关键码，称为次关键码（Secondary Key）。

例如，在学生信息查找表中，“学号”可看成学生的主关键码，“姓名”则应视为次关键码。

3．查找

查找（Searching）是指在含有 n 个元素的查找表中，找出关键码等于给定值 kx 的数据元素（或记录）。

当要查找的关键码是主关键码时，查找结果是唯一的，一旦找到，称为查找成功，查找过程结束并给出找到的数据元素的信息，或指示该数据元素的位置。若是整个表检索完，还没有找到，称为查找失败，此时查找结果应给出一个信息。

当关键码是次关键码时，查找结果可能不唯一，要想查得表中所有的相关数据元素需要查遍整个表，或在可以肯定查找失败时，才能结束查找过程。

4．平均查找长度

由于查找运算的主要操作是关键字的比较，所以，通常把查找过程中对关键字的比较次数的平均值作为衡量一个查找算法效率优劣的标准，称之为平均查找长度（Average Search Length），通常用 ASL 表示。

ASL 是在查找过程中所进行的关键码比较次数的期望值。对一个含 n 个数据元素的查找表，查找成功时

$$\mathrm{ASL}=\sum_{i=1}^{n} p_i c_i \tag{5-1}$$

其中，n 是结点的个数，c_i 是查找第 i 个数据元素所需要的比较次数；p_i 是查找第 i 个结点的概率，且 $\sum_{i=1}^{n} p_i = 1$。在以后的章节中，若不特别声明，均认为对每个数据元素的查找概率是相等

的，即 $p_i = \frac{1}{n}$。

5．数据元素类型定义

本章所涉及的数据元素类型及关键码类型定义如下。

```
public class DataType<KeyType,InfoType>
{
    KeyType key;            //关键码字段
    InfoType info;          //信息字段
    …                       //其他信息
};
```

5.2　线性表查找

线性表查找属于静态查找，是将查找表视为一个线性表，将其顺序或链式存储，再进行查找，因此查找思想较为简单，效率不高。如果查找表中的数据元素有一定的规律（如按关键码有序），可以利用这些信息获得较好的查找效率。

5.2.1　顺序查找

授课视频

5-1　顺序查找

顺序查找又称线性查找，即依次对每一个记录进行查找，是最基本的查找方法之一。查找方法：从表的一端开始，向另一端逐个按给定的关键码 kx 与每个元素的关键码进行比较，若找到，查找成功，并给出数据元素在表中的位置；若整个表检索完之后，仍未找到与 kx 相同的关键码，则查找失败，给出失败信息。

顺序查找既适合顺序存储的查找表，又适合链式存储的查找表。

像顺序表一样，查找表中的数据元素依次顺序存储。顺序查找简单，很容易按算法 5-1 的方法实现。

【算法 5-1】　顺序查找。

```
public static boolean Seq_Search_1 (DataType[ ]  data, KeyType kx)
{   //查找表数据存放在 data[1] 至 data[data.length]中
    //在表 data 中查找关键码为 kx 的数据元素，若找到，返回该元素在数组中的下标，否则返回 0
    int i=1;
    while(i<= data.length && data[i].key!= kx )
    i++;                                          //从表头端向后查找
    if(i>n)    return  false;
    else  return  true;
}
```

在算法 5-1 中，每次循环条件要做两个比较和一个关系与运算，如果稍加修改，则会使比较次数减少一半，下面是改进后的算法，是从表尾端向表前端查找，注意 R[0]的使用。

【算法 5-2】　加监视哨后的顺序查找。

```
public static boolean Seq_Search_2(DataType [ ]  data, KeyType kx)
{   //查找表数据存放在 data[1] 至 data[data.length]中
    //在表 data 中查找关键码为 kx 的数据元素，若找到，返回该元素在数组中的下标，否则返回 0
    data[0].key=kx;
    i=n;
    while(data[i].key!= kx )
        i--;            //从表尾端向前查找
    return i;
}
```

本算法中，在进行查找之前，data[0]分量的关键码被赋值为 kx，这样在查找过程中就不必每一次都去检测整个表是否查找完毕。如果查找是成功的，那么 i 会停在找到的那个元素的位置，这时 $1 \leqslant i \leqslant n$；如果查找失败，查找也会停在 data[0]分量，即 i=0。因此，data[0]分量起到了监视哨的作用。这样一个小小的设计技巧，会大大提高查找效率。

性能分析：对于 n 个数据元素的查找表，若给定值 kx 与表中第 i 个元素关键码相等，即定位第 i 个记录时，需进行 n–i+1 次关键码比较，即 $c_i=n-i+1$。所以查找成功时，顺序查找的平均查找长度为

$$ASL = \sum_{i=1}^{n} p_i (n - i + 1) \tag{5-2}$$

设每个数据元素的查找概率相等，即 $p_i=1/n$，则等概率情况下有

$$ASL = \sum_{i=1}^{n} \frac{1}{n}(n - i + 1) = \frac{n+1}{2} \tag{5-3}$$

查找不成功时，查找表中每个关键码都要比较一次，直到监测哨单元，因此关键码的比较次数总是 n+1 次。

显然，算法的时间复杂度为 O(n)。

许多情况下，查找表中各数据元素的查找概率是不相等的。为了提高查找效率，查找表中的数据存放需依据“查找概率越高，使其比较次数越少，查找概率越低，比较次数就较多”的原则来存储数据元素。例如，对于顺序结构的查找表，可将查找概率高的元素尽量放在表尾；而对于链式结构的查找表，可将查找概率高的元素尽量放在表头。

顺序查找的优点是思路简单，且对表中数据元素的存储方式、是否按关键码有序均无要求；缺点是平均查找长度较大，效率低，因此当 n 很大时，不宜采用顺序查找。

5.2.2 顺序存储的有序表查找

有序表是指查找表中的元素是按关键码的大小有序存储的。在很多情况下，查找表中各元素关键字之间可能构成某种次序关系。如英汉字典中，字典序就是一种次序关系；学生信息表中学号也是一种次序关系。如果查找表采用顺序结构存储且按关键码有序，那么查找时可采用效率较高的算法实现。本小节的讨论中假设查找表是按关键码递增有序的。

1．折半查找

折半查找也称二分查找，它是一种效率较高的查找方法。

折半查找的思想：在有序表中，取中间元素作为比较对象，若给定值与中间元素的关键码相等，则查找成功；若给定值小于中间元素的关键码，则在中间元素的左半区继续查找；若给定值大于中间元素的关键码，则在中间元素的右半区继续查找。

不断重复上述查找过程，直到查找成功；或所查找的区域无相同数据元素，查找失败。

【例 5-1】 顺序存储的有序表关键码排列如下。

```
7, 14, 18, 21, 23, 29, 31, 35, 38, 42, 46, 49, 52
```

用折半查找法在表中查找关键码为 14 和 22 的数据元素。

1）设 low 和 high 指示查找区间的上、下限，查找关键码为 14 的过程如图 5-1 所示。

2）查找关键码为 22 的过程如图 5-2 所示。

初始状态

14<31，调整到左半区：high=mid−1

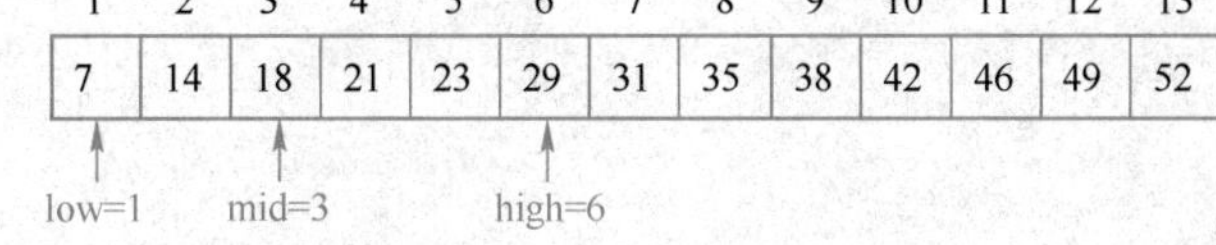

14<18，调整到左半区：high=mid−1

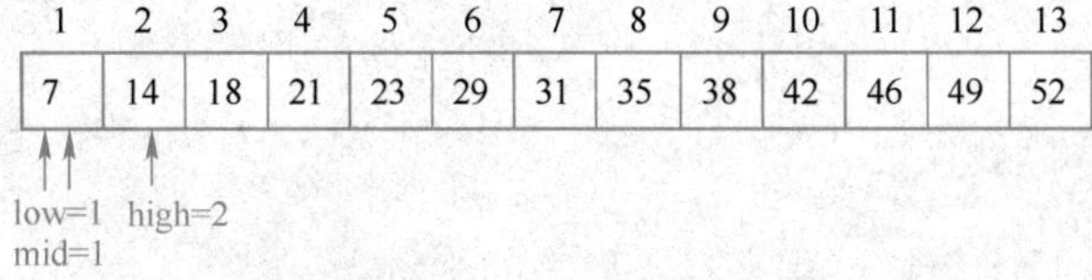

14>7，调整到右半区：low=mid+1

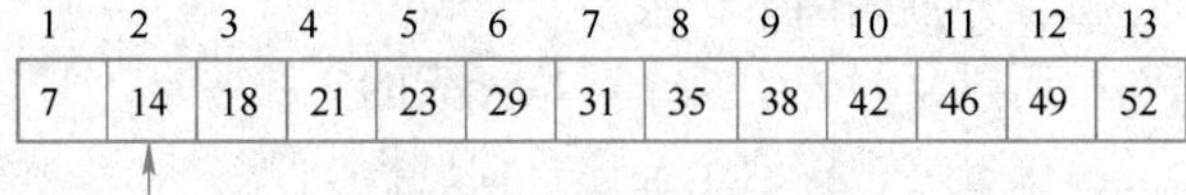

此时，14与mid所指元素的关键码相等，查找成功，返回其地址

图 5-1　查找关键码为 14 的过程

初始状态

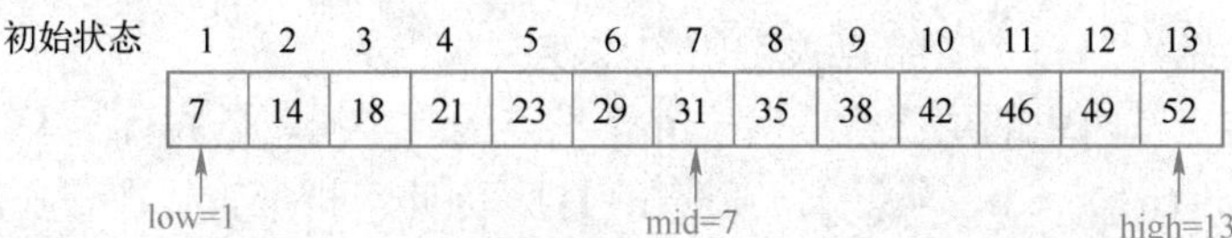

22<31，调整到左半区：high=mid−1

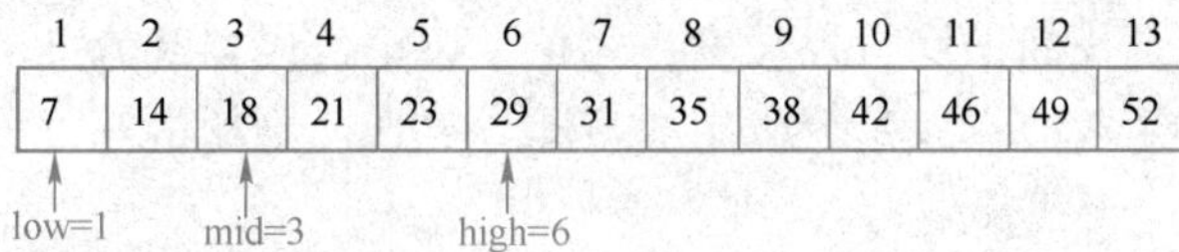

22>18，调整到右半区：low=mid+1

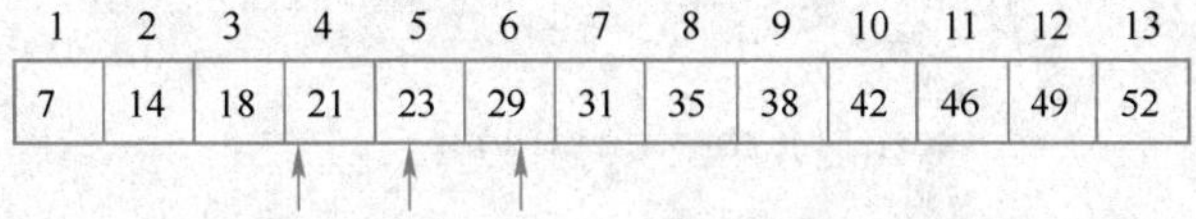

22<23，调整到左半区：high=mid−1

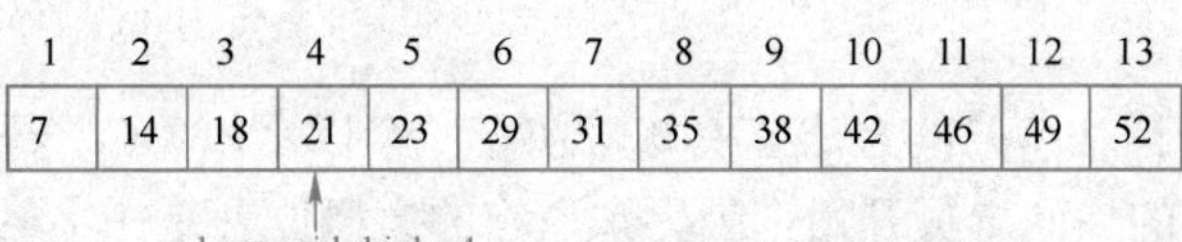

22>21，调整到右半区：low=mid+1

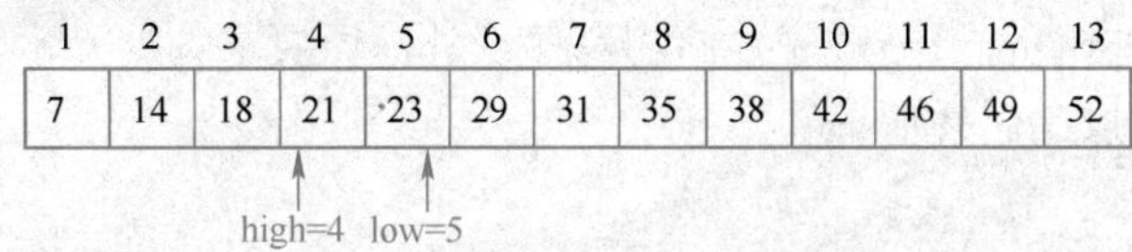

此时，low>high，即查找区间为空，说明查找失败，返回查找失败信息

图 5-2　查找关键码为 22 的过程

【算法 5-3】 有序表上的折半查找。

```
public static int Binary_Search(DataType [ ]  data, KeyType kx)
{    //查找表数据存放在数组 data 中
     //在有序顺序表中查找关键码为 kx 的数据元素，若找到，返回该元素在表中的位置，否则，返回 0
     int mid;
     low=1;
     high=data.length;                                      //设置初始区间
     while(low<=high)                                       //当查找区间非空
     {
        mid=(low+high)/2;                                   //取区间中点
        if(kx==data[mid].key) return mid;                   //查找成功，返回 mid
          elseif(kx<data[mid].key) high=mid-1;              //调整到左半区
             else low=mid+1;                                //调整到右半区
     }
     return  0;                                             //查找失败，返回 0
}
```

性能分析：从折半查找过程来看，以表的中点为比较对象，并以中点将表分割为两个子表，对定位到的子表继续这种操作。所以，对表中每个数据元素的查找过程，可用二叉树来描述，称这个描述查找过程的二叉树为判定树。例 5-1 中折半查找过程的判定树如图 5-3 所示。

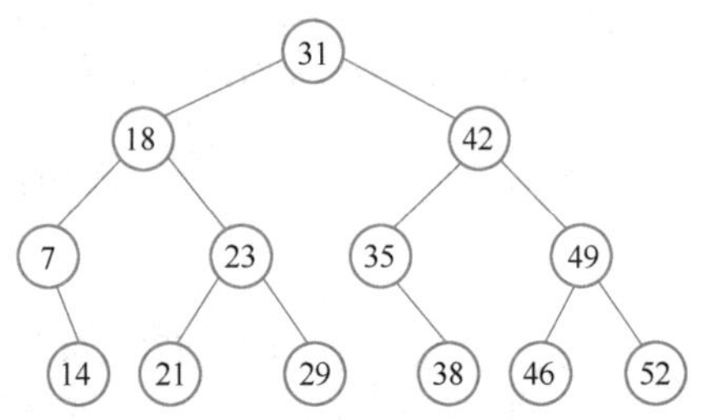

图 5-3　描述例 5-1 折半查找过程的判定树

可以看出，查找表中任一元素的过程，既是判定树中从根到该元素结点路径上各结点关键码的比较次数，也是该元素结点在树中的层次数。对于 n 个结点的判定树，若树高为 k，则有 $2^{k-1}-1<n\leqslant 2^k-1$，即 $k-1<\log_2(n+1)\leqslant k$，所以 $k=\lceil\log_2(n+1)\rceil$。因此，折半查找在查找成功时，所进行的关键码比较次数至多为$\lceil\log_2(n+1)\rceil$。

下面讨论折半查找的平均查找长度。为便于讨论，以树高为 k 的满二叉树（$n=2^k-1$）为例。假设表中每个元素的查找是等概率的，即 $p_i=1/n$，则树的第 i 层最多有 2^{i-1} 个结点。因此，折半查找的平均查找长度为

$$
\begin{aligned}
ASL &= \sum_{i=1}^{n} p_i c_i = [1\times 2^0+2\times 2^1+\cdots+k\times 2^{k-1}]/n \\
&= (n+1)(\log_2(n+1)-1)/n \\
&\approx \log_2(n+1)-1
\end{aligned}
\tag{5-4}
$$

所以，折半查找的时间复杂度为 $O(\log_2 n)$。

2．插值查找

类似于平常查英文字典的方法，例如，在查一个以字母“C”开头的英文单词时，决不会用二分查找从字典的中间一页开始，因为知道它的大概位置是在字典的较前面的部分，所以可以从前面的某处查起，这就是插值查找的基本思想。

插值查找除要求查找表是顺序存储的有序表外，还要求数据元素的关键字在查找表中均匀分布，这样就可以按比例插值。

插值查找通过公式

$$
mid = low + \frac{kx - data[low].key}{data[high].key - data[low].key}\times(high - low) \tag{5-5}
$$

求取中点。其中，low 和 high 分别为表的两个端点下标；kx 为给定值。

若 kx<data[mid].key，则 high=mid−1，继续左半区查找；

若 kx>data[mid].key，则 low=mid+1，继续右半区查找；

若 kx=data[mid].key，查找成功。

插值查找是平均性能最好的查找方法，但只适合于关键码均匀分布的表，其时间复杂度依然是 $O(\log_2 n)$。

3．斐波那契查找

二分查找每比较一次，把查找区间划分为两个相等的区间，再在其中一个区间继续查找。可否在比较一次后，划分为不相等的两个区间呢？斐波那契就是这样的一种划分方法。斐波那契查找通过斐波那契数列对有序表进行分割，查找区间的两个端点和中点都与斐波那契数有关。斐波那契数列的定义如下。

$$F(n)=\begin{cases}n & n=0或n=1\\F(n-1)+F(n-2) & n\geqslant 2\end{cases}\tag{5-6}$$

设 n 个数据元素的有序表，且 n 正好是某个斐波那契数−1，即 n=F(k)−1 时，可用此查找方法。

斐波那契查找分割的思想：对于表长为 F(i)−1 的有序表，以相对 low 偏移量 F(i−1)−1 取中点，即 mid=low+F(i−1)−1，对表进行分割，则左子表表长为 F(i−1)−1，右子表表长为 F(i)−1−[F(i−1)−1]−1=F(i−2)−1。可见，两个子表表长也都是某个斐波那契数−1，因而，可以对子表继续分割。

设查找区间为[low,high]，区间长度为 F[k]−1（若不是，可增设若干虚结点使得查找表的长度为 F(k)−1）。

当 n 很大时，每次分割出来的两个子表的长度之比约为 0.618，因此该查找方法又称为黄金分割法，其平均性能比折半查找法的好，但其时间复杂度仍为 $O(\log_2 n)$，但在最坏情况下比折半查找法的差。其优点是计算分割点时仅做加、减运算。

5.3　树结构查找

树结构查找是将查找表按照某种规律建构成树形结构。因为建构的树形结构是按某种规律建立的，所以查找过程也遵循这种规律，可以获得较高的查找效率。

授课视频

5−2　二叉排序树

5.3.1　二叉排序树

1．二叉排序树的定义

二叉排序树（Binary Sort Tree）或者是一棵空树，或者是具有下列性质的二叉树。

1）若左子树不空，则左子树上所有结点的值均小于根结点的值；若右子树不空，则右子树上所有结点的值均大于根结点的值。

2）左、右子树也分别是二叉排序树。

图 5−4 所示就是一棵二叉排序树。可以看出，对二叉排序树进

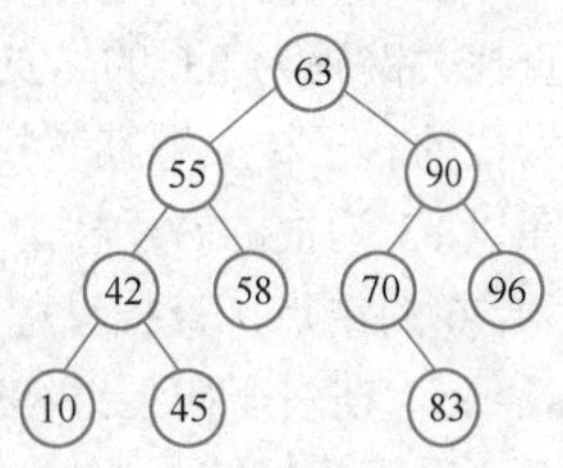

图 5−4　二叉排序树示例

行中序遍历，得到一个按关键码有序的序列。

下面以二叉链表作为二叉排序树的存储结构，二叉链表结点的类型定义如下。

```
public  class  BiTNode <DataType>
{  public DataType data;
   public BiTNode <DataType> lchild, rchild;
   public BiTNode ( DataType data, BiTNode <DataType> lchild,
                BiTNode <DataType> rchild )
   {   this.data=data;
       This. lchild=lchild;
       This.rchild=rchild;
   }
}
```

2．二叉排序树中的查找

若将查找表组织为一棵二叉排序树，则根据二叉排序树的特点，查找过程如下。

1）若查找树为空，查找失败。

2）若查找树非空，将给定关键码 kx 与查找树根结点的关键码进行比较：

① 若相等，查找成功，结束查找过程。

② 若给定关键码 kx 小于根结点关键码，查找将在左子树上继续进行，转①。

③ 若给定关键码 kx 大于根结点关键码，查找将在右子树上继续进行，转①。

二叉排序树上的查找算法如下。

【算法 5-4】 二叉排序树上的查找。

```
public  BST_Search1(BiTNode <DataType>  t,  KeyType kx)
{   //在二叉排序树 t 上查找关键码为 kx 的元素，若找到，返回所在结点的地址，否则返回空指针
    p=t;
    while(p)                                       //从根结点开始查找
    {
        if(kx==p.data.key) return(p);              //kx 等于当前结点 p 的关键码，查找成功
        if(kx<p.data.key) p=p.child;               //kx 小于 p 的关键码，转左子树继续查找
            else  p=p.rchild;                      //kx 大于 p 的关键码，转右子树继续查找
    }
return null;                                       //查找失败
}
```

二叉排序树的定义是递归的，在二叉树上的查找过程也可以用递归的算法实现。

【算法 5-5】 二叉排序树上的查找（递归）。

```
public  BiTNode  BST_Search2  (BiTNode <DataType>  t,  KeyType kx)
{   //在二叉排序树 t 上查找关键码为 kx 的元素，若找到，返回所在结点的地址，否则，返回空指针
    if(t==null || t.data.key==kx)
        return(t);                           //若树空，或者根结点的关键码等于 kx，返回 t
    else if(kx<t.data.key)
            BST_Search2(t,lchild, kx);       //kx 小于 p 的关键码，在左子树继续查找
    else  BST_Search2(t,rchild, kx);         //kx 大于 p 的关键码，在右子树继续查找
}
```

在二叉排序树上查找元素的过程是从根结点开始的。例如，在图 5-4 所示的二叉排序树中查找关键码为 83 的结点，首先以 kx=83 与根结点的关键码 63 比较，而 kx>63，所以在以 90 为根的右子树上继续查找；此时 kx<90，所以在以 70 为根的左子树上继续查找；kx>70，继续在以 83 为根的右子树上查找，这时 kx=83，查找成功，返回结点 83 的指针值。若查找关键码为 56 的结点，查找过程为 kx=56 与根结点的关键码 63 比较，kx<63，在左子树上继续查找；kx>55，在右子树上继续查找；kx<58，在左子树上继续查找，此时 58 的左子树为空，查找失败，返回空指针。

显然，在二叉排序树上进行查找时，若查找成功，是从根结点出发走一条从根到待查结点的路径；若查找失败，是从根结点出发走了一条从根到某个叶子结点或者度为 1 的结点的路径。因而，无论查找成功或失败，关键字的比较次数不超过树的高度。当查找成功时，找到一个元素所需要的比较次数与其所在结点的层次数有关。如在图 5-5a 所示的二叉排序树中查找关键码为 10 的结点，需要进行 4 次比较；查找关键码为 25 的结点，需要进行 2 次比较。

二叉排序树上的查找与折半查找类似，但是在长度为 n 的有序表上进行折半查找的判定树是唯一的，而含有 n 个结点的二叉排序树却不唯一。如图 5-5a、b、c 所示的三棵二叉排序树都是由关键码集合{8,10,12,16,25}构成，但其形态不同，在查找成功的情况下它们的平均查找长度也不同。对于图 5-5a，第 1、2、3、4 层分别有 1、2、1、1 个结点，而查找第 k 层上的结点恰好需要进行 k 次比较，因此等概率情况下，查找成功的平均查找长度为

$$ASL_{(a)}=\sum_{i=1}^{n}p_ic_i=\frac{1}{5}(1\times1+2\times2+3\times1+4\times1)=\frac{12}{5}=2.4$$

同样，图 5-5b、c 在查找成功时的平均查找长度为

$$ASL_{(b)}=\sum_{i=1}^{n}p_ic_i=\frac{1}{5}(1\times1+2\times2+3\times2)=\frac{11}{5}=2.2$$

$$ASL_{(c)}=\sum_{i=1}^{n}p_ic_i=\frac{1}{5}(1\times1+2\times1+3\times1+4\times1+5\times1)=\frac{15}{5}=3$$

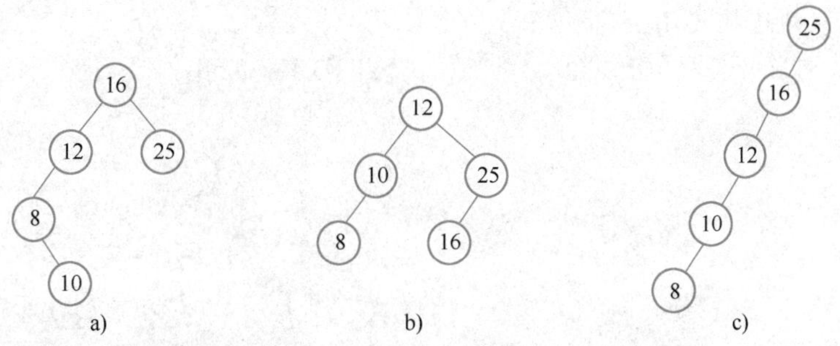

图 5-5　相同关键码构成的不同形态的二叉排序树

由此可见，二叉排序树的查找性能与树的形态有关。在最坏情况下，二叉排序树是一棵单支树，例如图 5-5c 所示，这时树的高度最大，平均查找长度与顺序查找相同，为(n+1)/2；在最好情况下，二叉排序树的形态比较匀称，与折半查找的判定树类似，其平均查找长度大约为 $O(\log_2 n)$。

3．向二叉排序树中插入一个结点

二叉排序树是一种动态的查找表，排序树的结构是在查找的过程中逐渐生成的，当遇到树中不存在的关键码时，生成新结点并将其插入树中。

先讨论向二叉排序树中插入一个结点的过程：设待插入结点的关键码为 kx，为将其插入，先要在二叉排序树中进行查找，若查找成功，按二叉排序树定义，待插入结点已存在，不用插入；查找不成功时，则插入该结点。因此，新插入结点一定是作为叶子结点添加上去的。

向二叉排序树中插入一个结点的算法如下。

【算法 5-6】 在二叉排序树中插入结点。

```
    Public BiTNode  BST_InsertNode ((BiTNode <DataType> t, KeyType kx)
```

```
{   //在二叉排序树上插入关键码为 kx 的结点
    BiTNode f, p, s;
    p=t;
    while(p)                                    //寻找插入位置
    {
        if(kx==p.data.key)
        {
            System.out.println("kx 已存在,不需插入");
            return(t);
        }
        else
        {
            f=p;                                //结点 f 指向结点 p 的双亲
            if(kx<p.data.key) p=p.lchild;
            else p=p.child;
        }
    }
s=new  BiTNode( );                              //申请并填装结点
s.data.key=kx;
s.lchild=null;
s.rchild=null;
if ( t==null) t=s;                              //向空树中插入时
else  if(kx<f.data.key)  f.lchild=s;            //插入结点 s 为结点 f 的右孩子
    else f.rchild=s;                            //插入结点 s 为结点 f 的左孩子
return(t);
}
```

在二叉树上插入一个结点的过程也可用递归算法实现，读者不难自行写出。

4．构造一棵二叉排序树

构造一棵二叉排序树是由空树开始逐个插入结点的过程。

【例5-2】 设关键码序列为 63,90,70,55,67,42,98,83,10,45,58，则构造一棵二叉排序树的过程如图5-6所示。

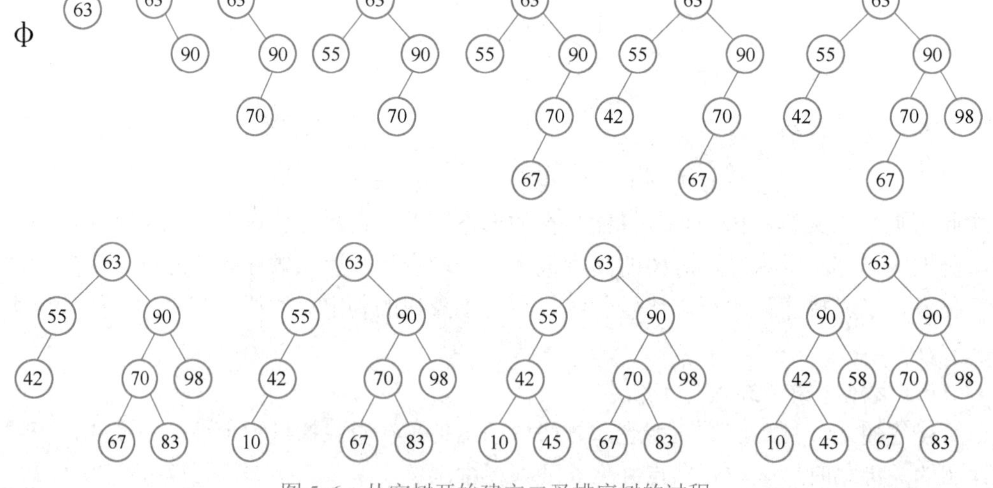

图5-6 从空树开始建立二叉排序树的过程

按照读入的关键码序列，构造一棵二叉排序树的算法如下。

【算法5-7】 构造一棵二叉排序树。

```
public BiTNode  Create ()                       //生成二叉排序树
{
    BiTNode t=null;
    KeyType kx;
    kx=new DataType (System.in)                 //输入结点的信息
```

```
        while(kx!=0)                              //假设读入 0 结束
        {
            t=BST_ InsertNode(t, kx);             //向二叉排序树 t 中插入关键码为 kx 的结点
            kx=new DataType (System.in)           //输入下一关键码
        }
        return(t);
    }
```

5. 在二叉排序树中删除一个结点

若想在二叉排序树中删除一个结点，首先进行查找，查找失败则无法删除；查找成功情况下，则需讨论如何删除该结点才能保持二叉排序树的特性。

设待删结点为 p（p 为指向待删结点的指针），其双亲结点为 f，分以下三种情况讨论。

1）若 p 结点为叶子结点，由于删去叶子结点后不影响整棵树的特性，所以只需将被删结点的双亲结点的相应位置改为空，如图 5-7 所示。

2）若 p 是单支结点，即 p 结点只有右子树 P_R 或只有左子树 P_L，此时，只需将 P_R 或 P_L 替换 p 的位置即可，如图 5-8 所示。

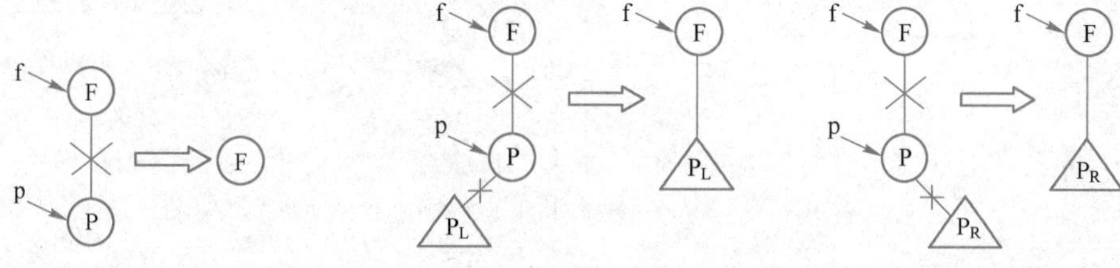

图 5-7　删除叶子结点　　图 5-8　删除单支结点

第 1）种情况可以统一到第 2）种情况处理，当 p 为叶子结点时，考虑 p.rchild==NULL，同样，可用 f.lchild=p.lchild（或者 f.rchild=p.lchild）来表示，即 p.lchild==NULL，相当于 f.lchild=NULL（或者 f.rchild=NULL）。

3）p 结点既有左子树 P_L 又有右子树 P_R，可按中序遍历保持有序进行调整。

由图 5-9 知，删除 p 结点前，中序遍历以 p 为根的子树序列如下。

① p 为 f 的左孩子时有

P_L 子树,p,p_r,S_R 子树,p_j,S_J 子树,…,p_2,S_2 子树,p_1,S_1 子树,f

② p 为 f 的右孩子时有

f,P_L 子树,p,p_r ,S_R 子树,p_j,S_J 子树,…,p_2,S_2 子树,p_1,S_1 子树

删除 p 结点后，有两种调整方法。

第 1 种方法：用 p 结点的右子树代替以 p 结点为根的子树，即以 p_l 结点为根的子树上升，再根据中序遍历序列，调整 p 结点的原左子树 P_L 作为以 p_l 结点为根的子树中序遍历时的第一个结点 p_r 的左子树，如图 5-9a 所示。

第 2 种方法：用 p 结点的直接后继 p_r（或直接前驱）替换 p 结点，这个结点只能是叶子或是单支结点，再按 1）或 2）的情况删去 p 结点。

图 5-9b 所示就是以 p 结点的直接后继 p_r 替换 p 结点。

用上述两种方法删除 p 之后的中序遍历序列如下。

③ p 为 f 的左孩子时有

P_L 子树,p_r,S_R 子树,p_j,S_J 子树,…,p_2,S_2 子树,p_1 ,S_1 子树,f

④ p 为 f 的右孩子时有

f,P_L 子树,p_r,S_R 子树,p_j,S_J 子树,…,p_2 ,S_2 子树,p_1,S_1 子树

从③、④序列和①、②序列的对比可以看出，序列中只是少了结点 p，其他未变，还是保持排序树的特点。

根据上述的调整方法可知，按第 1 种方法调整，不但不会降低，而且还有可能增加树的高度；按第 2 种方法调整，不但不会增加，而且还有可能降低树的高度。

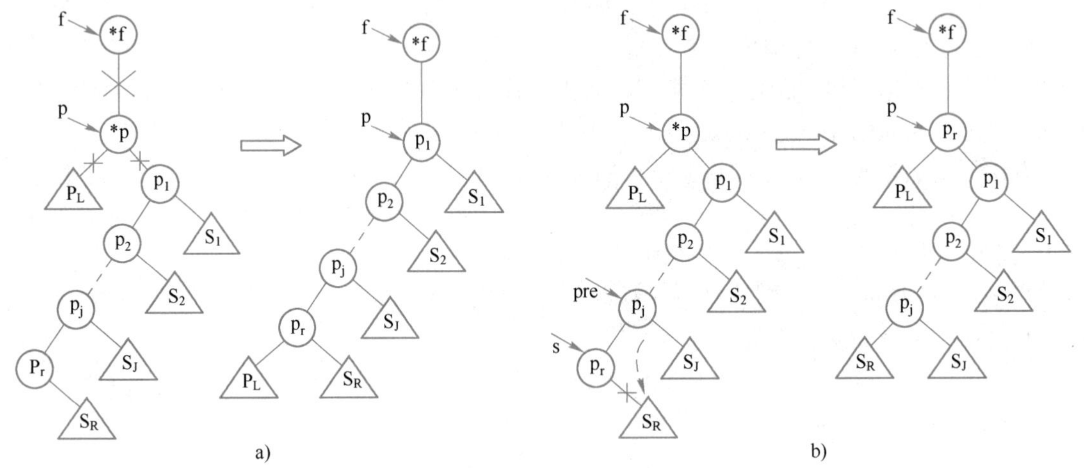

图 5-9　删除双支结点

a) 按第 1 种方法进行调整　b) 按第 2 种方法进行调整

算法 5-8 是按第 2 种方法实现一个结点的删除。

【算法 5-8】 在二叉排序树上删除一个结点。

```
public BiTNode  BST_ DeleteNode (BiTNode <DataType>  t, KeyType kx)
{   //在二叉排序树 t 中删除关键码为 kx 的元素，返回树根位置
    BiTNode <DataType>  f, p, r, s, pres;
    //p 指向待删结点，f 指向 p 的双亲，s 指向 p 的中序直接后继，pres 是 s 的双亲
    p=t;
    f= NULL;
    while(p&& p.data.key !=kx)          //查找该结点
    {
       f=p;                             //f 指向结点 p 的双亲
       if(kx<p.data.key) p=p.lchild;
       else p=p.rchild;
    }
    if(p!=NULL)
    {
       System.out.println ("kx 不存在，不能删除！");
       return t;
    }
    if(p.lchild&& p.rchild)
    {                                   //若待删结点既有左子树又有右子树
       pres=p; s=p.rchild;
       while(s.lchild! =NULL)           //在 p 的右子树上搜索最左下结点 s
       {
          pres=s;
          s=s.lchild;
       }
       //s 指向 p 右子树上第一个中序遍历的一个结点，即 s 是 p 的中序后继
       p.data=s.data;                   //用 s 结点替代 p 结点，待删除 s 结点
       r=s.rchild;                      //s 的右子树上升
       if(pres===p)  pres.rchild=r;
       else        pres.lchild=r;
       return t;
    }
    else {
```

```
        //第 1)、2) 种情况：待删除结点是叶子结点或单支结点
        if(p.rchild==NULL) r=p.lchild;
        else  r=p.rchild;
        if(f==NULL)
          {                                          //待删除结点是根结点
            return r;
          }
        else if(f.lchild==p)
               f.lchild=r
            else     f.rchild=r;
    return t
  }
```

5.3.2　平衡二叉树

1．平衡二叉树的定义

由上节可知，二叉排序树的查找效率取决于二叉排序树的形态，而二叉排序树的形态与生成树时结点的插入次序有关。结点的插入次序往往不能预先确定，这就需要在生成树时进行动态调整，以构造形态匀称的二叉树。本小节将要讨论的平衡二叉树就是这样一种匀称的二叉排序树。为此先定义一个平衡因子的概念。

结点的平衡因子是指该结点的左子树高度与右子树高度之差。

平衡二叉树（Balanced Binary Tree）又称 AVL 树。它或是一棵空树，或是具有下列性质的二叉排序树：根结点的平衡因子绝对值不超过 1；其左子树和右子树都是平衡二叉树。

图 5-10 给出了两棵二叉排序树，每个结点旁边所注数字是该结点的平衡因子。由平衡二叉树定义可知，所有结点的平衡因子只能取−1、0、1 三个值之一。若二叉排序树中存在这样的结点，其平衡因子的绝对值大于 1，这棵树就不是平衡二叉树。图 5-10a 所示的二叉排序树就不是平衡二叉树。而图 5-10b 所示的二叉排序树每个结点的平衡因子的取值都在−1、0、1 范围内，因此是一棵平衡二叉树。

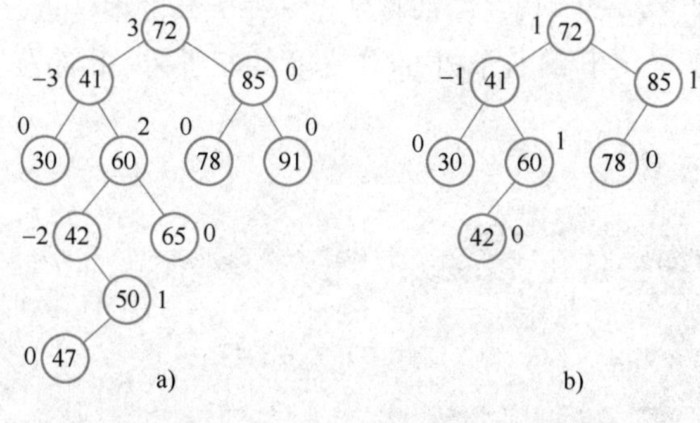

图 5-10　不平衡二叉树和平衡二叉树

a) 一棵不平衡的二叉树　b) 一棵平衡二叉树

对于平衡二叉树的定义如下。

```
    public  class  AVLNode <DataType>
    {
       public DataType data;
       int bf;    //平衡因子
       publi c BiTNode <DataType> lchild, rchild;
       public BiTNode (DataType data, BiTNode<DataType> lchild,
                  BiTNode<DataType> rchild)
       {
         this.data=data;
```

```
        This.lchild=lchild; This.rchild=rchild;
    }
}
```

2．平衡二叉树的插入及平衡调整

在平衡二叉树上插入或删除结点后，可能使二叉树失衡，因此，需要对失衡的树进行平衡化调整。调整后的二叉树除了各结点的平衡因子的绝对值不超过 1，还必须保持二叉排序树的特性。设 a 结点为结点插入后失衡的最小子树根结点，对该子树进行平衡化调整，归纳起来有以下四种情况。

（1）LL 型——右单旋调整

这种失衡是由在失衡结点的左孩子的左子树上插入结点造成的。图 5-11a 所示的树为插入前的二叉树，是一棵平衡的二叉树。其中，a_R 为结点 a 的右子树，b_L、b_R 分别为结点 b 的左、右子树，a_R、b_L、b_R 三棵子树的高均为 h。

在图 5-11a 所示的二叉排序树上插入结点 x，如图 5-11b 所示。结点 x 插入在结点 b 的左子树 b_L 上，导致结点 a 的平衡因子绝对值大于 1，以结点 a 为根的子树失去平衡。

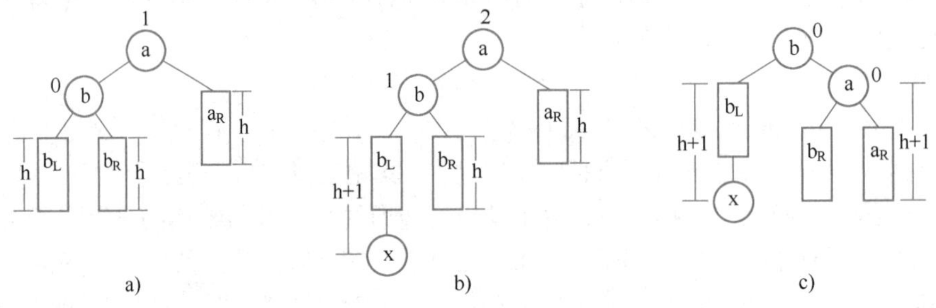

图 5-11　LL 型调整

a) 插入前　b) 插入后，调整前　c) 调整后

调整策略：对失衡的子树做右旋转，即将结点 b 作为新的根结点，结点 a 作为结点 b 的右孩子，a 的右子树 a_R 不变，将 b 的右子树 b_R 作为 a 的左子树，b 的左子树 b_L 不变。调整后的二叉树如图 5-11 c 所示。

【算法 5-9】 LL 型调整。

```
void LL rotate(AVLNode <DataType> p)
{    //对 p 为根的子树做 LL 处理，处理之后，p 指向结点为子树的新根
    AVLNode  lp;
    lp=p.lchild;            //lp 指向 p 左子树根结点
    p.lchild=lp.rchild;  //lp 的右子树挂接 p 的左子树
    lp.rchild=p;
    p=lp;                   //p 指向新的根结点
}
```

（2）RR 型——左单旋调整

这种失衡是由在失衡结点的右孩子的右子树上插入结点造成的。图 5-12a 所示的树为插入前的二叉树。其中，a_L 为结点 a 的左子树，b_L、b_R 分别为结点 b 的左、右子树，a_L、b_L、b_R 三棵子树的高均为 h。

在图 5-12a 所示的二叉排序树上插入结点 x，如图 5-12 b 所示。结点 x 插入在结点 b 的右子树 b_R 上，导致结点 a 的平衡因子的绝对值大于 1，以结点 a 为根的子树失去平衡。

调整策略：对失衡的子树做左旋转，即将结点 b 作为新的根结点，结点 a 作为结点 b 的左孩子，a 的左子树 a_L 不变，将 b 的左子树 b_L 作为 a 的右子树，b 的右子树 b_R 不变。调整后的

二叉树如图 5-12c 所示。

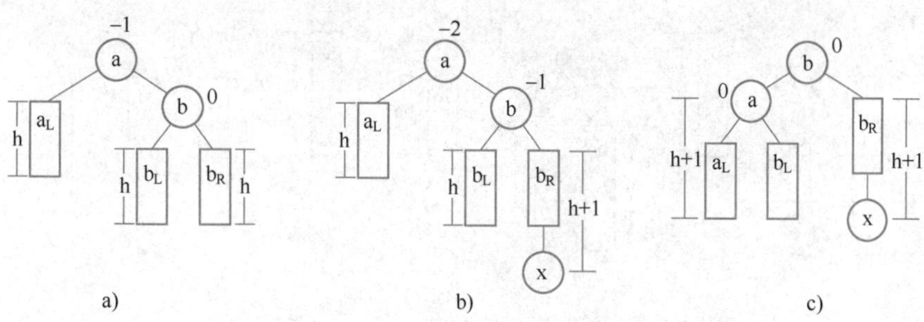

图 5-12　RR 型调整

a) 插入前　b) 插入后，调整前　c) 调整后

【算法 5-10】 RR 型调整。

```
void RR_rotate(AVLNode <DataType> p)
{    //对以 p 为根的子树做 RR 处理，处理之后， p 指向的结点为子树的新根
   AVLNode  rp;
   rp=p.rchild;                 //rp 指向 p 右子树根结点
   p.rchild=rp.lchild;          //rp 的左子树挂接 p 的右子树
   rp.lchild=p;
   p=rp;                        //p 指向新的根结点
   p.bf=0; p.lchid.bf=0;        //修改相关的平衡因子
}
```

（3）LR 型——先左后右双旋调整

这种失衡是由在失衡结点左孩子的右子树上插入结点造成的。图 5-13 所示为插入前的二叉树，根结点 a 的左子树比右子树高 1，待插入结点 x 将插入结点 b 的右子树上（无论插入 c 的左子树还是右子树），并使结点 b 的右子树高度增 1，从而使结点 a 的平衡因子的绝对值大于 1，导致以 a 为根的子树平衡被破坏，如图 5-14a 和图 5-15a 所示。

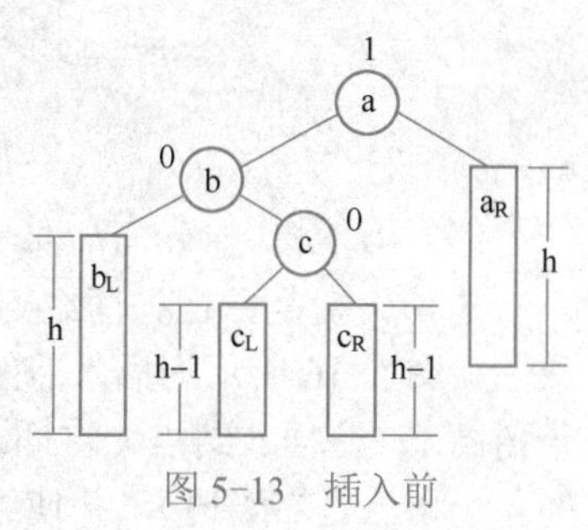

图 5-13　插入前

调整策略：无论将结点 x 插入 c 的左子树还是右子树，只要使 c 的高度增加，调整的方法都是一样的。先对以 b 为根的子树进行 RR 型调整，再对以 a 为根的树进行 LL 型调整。调整过程及调整后的二叉树如图 5-14b、c 和图 5-15b、c 所示。

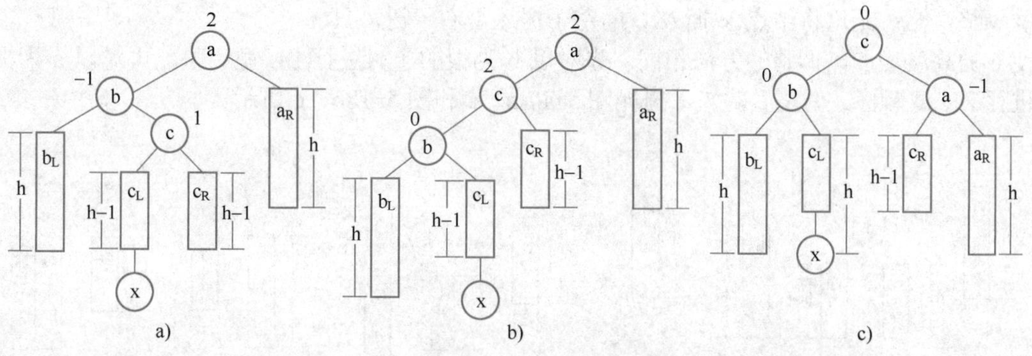

图 5-14　LR Ⅰ 型调整

a) 插入后，调整前　b) 先做 RR 调整　c) 再做 LL 调整

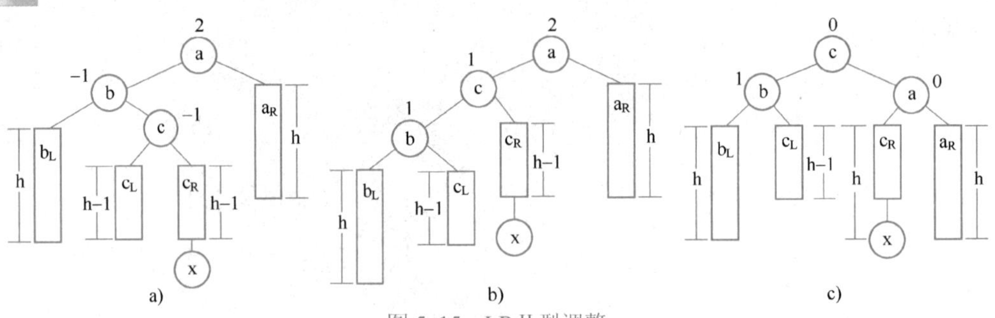

图 5-15 LR Ⅱ型调整

a) 插入后，调整前 b) 先做 RR 调整 c) 再做 LL 调整

【算法 5-11】 LR 型调整。

```
void LR_rotate (AVLNode <DataType> p)
{ //对以 p 指向的结点为根的子树做 LR 处理，处理之后， p 指向的结点为子树的新根
    AVLNode lp,rlp;
    int r;
    lp=p.lchild;                          //lp 指向失衡结点 a 的左孩子 b
    rlp=lp.rchild;                        //rlp 指向 lp 的右孩子 c
    if(rlp.bf==1)
        r=1;
    else  r=2;                            //是 LRⅠ还是 LRⅡ
    RR_rotate (p.lchild);                 //对 p 的左子树做 RR 处理
    LL_rotate (p);                        //对 p 做 LL 处理
    if(r==1)
        {
            p.lchild.bf=0;
            p.rchild.bf=-1;
        }                                 //改变相关结点的平衡因子
    else {
            p.lchild.bf=1;
            p.rchild.bf=0;
        }
    p.bf=0;
}
```

（4）RL 型——先右后左双旋调整

这种失衡是由在失衡结点的右孩子的左子树上插入结点造成的。图 5-16 所示为插入前的二叉树，根结点 a 的右子树比左子树高 1，待插入结点 x 将插入结点 b 的右子树上（无论插入 c 的左子树还是右子树），并使结点 b 的右子树高度增 1，从而使结点 a 的平衡因子的绝对值大于 1，导致以结点 a 为根的子树平衡被破坏，如图 5-17a 和图 5-18a 所示。

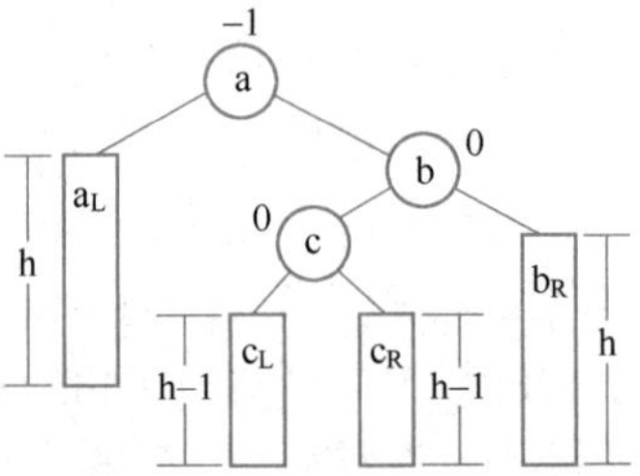

图 5-16 插入前

调整策略：无论将结点 x 插入 c 的左子树还是右子树，只要使 c 的高度增加，调整的方法相同。先对以 b 为根的子树进行 LL 型调整，再对以 a 为根的树进行 RR 型调整。调整后的二叉树如图 5-17 b、c 和图 5-18b、c 所示。

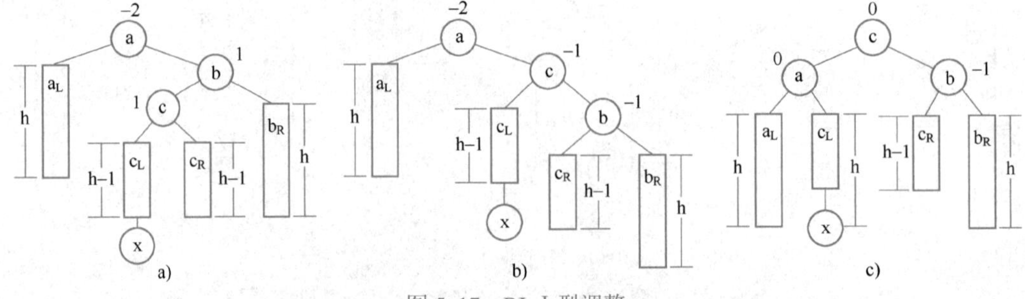

图 5-17 RL Ⅰ型调整

a) 插入后，调整前 b) 先做 LL 调整 c) 再做 RR 调整

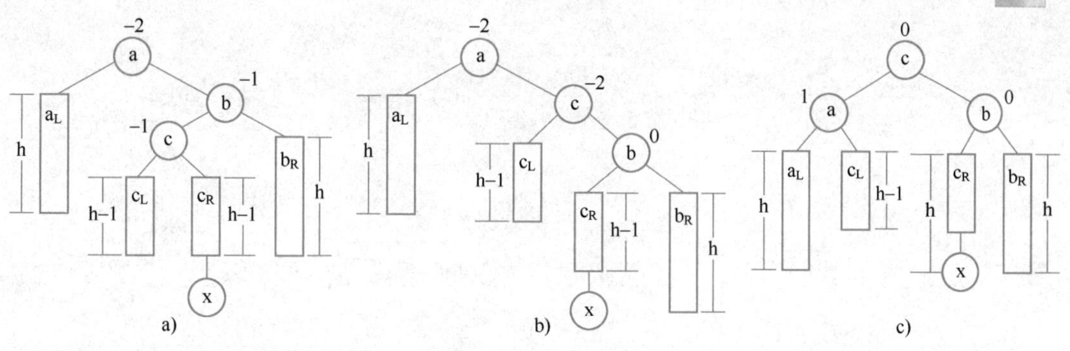

图 5-18　RLⅡ型调整

a) 插入后，调整前　b) 先做 LL 调整　c) 再做 RR 调整

【算法 5-12】 RL 型调整。

```
void LR_rotate (AVLNode <DataType> p)
{    //对以 p 指向的结点为根的子树做 RL 处理，处理之后，p 指向的结点为子树的新根
    AVLNode rp,lrp;
    int r;
    rp=prchild;                                  //rp 指向失衡结点 a 的右孩子 b
    lrp=rp.lchild;                               //lrp 指向 rp 的左孩子 c
    if(lrp.bf==1) r=1;
    else      r=2;                               //是 RLⅠ还是 RLⅡ
    LL_rotate (p.rchild);                        //对 p 的左子树做 LL 处理
    RR_rotate (p);                               //对 p 做 RR 处理
    if(r==1)
       {
           p.lchild.bf=0;
           rp. Rchild.bf=-1;
       }                                         //改变相关结点的平衡因子
    else  {
           p.lchild.bf=1;
           rp. rchild.bf=0;
           }
    p.bf=0;
}
```

3. 平衡二叉树的构造

平衡二叉树是平衡的二叉排序树，也是一种动态的查找表。树的结构不是一次生成的，而是在查找的过程中，当遇到树中不存在的关键码时，生成新结点再将其插入树中；同样，要删除结点时，也要先进行查找，找到结点后，将其从树中删除。

无论是在平衡二叉树中进行插入还是删除，都要求其仍能保持平衡二叉排序树的特性。

平衡二叉树的插入和向二叉排序树中插入一个结点的过程类似，先要在平衡二叉树中进行查找，查找失败时，将待插入结点作为叶子结点添加到树中，然后判断此时二叉树是否是平衡的，若平衡则插入结束，否则，根据具体情况进行平衡调整。

在平衡二叉树中删除结点，和删除二叉排序树一个结点一样，先要在平衡二叉树中进行查找，查找成功时，首先按照普通的二叉排序树的删除策略进行结点的删除，删除后判断二叉树是否平衡，若平衡则删除操作结束，否则，根据具体情况进行平衡调整。

【例 5-3】 已知长度为 11 的表{20,2,6,28,16,36,32,10,2,30,8}。要求按表中元素的顺序构造一棵平衡二叉排序树，并求其在等概率的情况下查找成功的平均查找长度。

平衡二叉排序树的构造过程如图 5-19 所示。

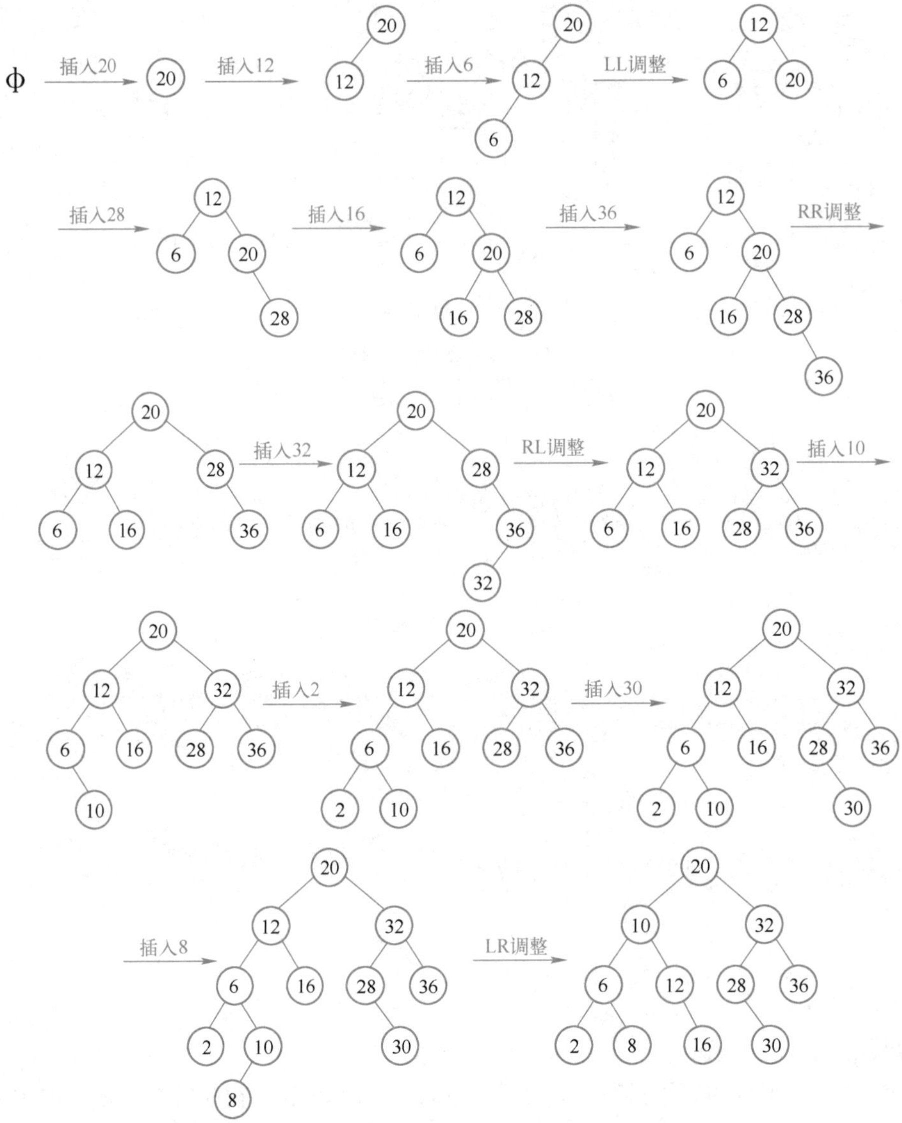

图 5-19 平衡二叉排序树的构造过程

等概率的情况下查找成功的平均查找长度为

$$(1\times1+2\times2+3\times4+4\times4)/11=3$$

4．平衡二叉树的查找分析

在平衡树上进行查找的过程和二叉排序树相同，因此，在查找过程中和给定值进行比较的关键码个数不超过树的深度。那么，含有 n 个关键码的平衡树的最大深度是多少呢？为解答这个问题，先来分析深度为 h 的平衡树所具有的最少结点数。

假设以 N_h 表示深度为 h 的平衡树中含有的最少结点数。显然，$N_0=0,N_1=1,N_2=2$，并且 $N_h=N_{h-1}+N_{h-2}+1$。这个关系和斐波那契序列极为相似。

利用归纳法可以证明：当 h≥0 时，$N_h=F_{h+2}-1$，而 F_k 约等于$\phi^h/\sqrt{5}$（其中$\phi=(1+\sqrt{5})/2$），则 N_h 约等于$\phi^{h+2}/\sqrt{5}-1$。

因此可得，含有 n 个结点的平衡树的最大深度为 $\log_\phi(\sqrt{5}(n+1))-2$。

故在平衡树上进行查找的时间复杂度为 $O(\log_2 n)$。

授课视频

5-3　散列表查找

5.4　散列表查找

散列是一种存储策略，散列表也叫哈希（Hash）表、杂凑表，是基于散列存储策略建立的查找表。其基本思想：确定一个函数，求得每个关键码相应的函数值并以此作为存储地址，直接将该数据元素存入相应的地址空间。因此，它的查找效率很高。

5.4.1　基本概念

前面讨论的查找方法，由于数据元素的存储位置与关键码之间不存在确定的关系，因此，查找时，需要进行一系列对关键码的查找比较，即“查找算法”是建立在比较的基础上的，查找效率由比较一次缩小的查找范围决定。理想的情况是依据关键码直接得到其对应的数据元素位置，即要求关键码与数据元素间存在一一对应关系，通过这个关系，能很快地由关键码得到对应的数据元素位置。

【例 5-4】 11 个元素的关键码分别为 18,27,1,20,22,6,10,13,41,15,25。选取关键码与元素位置间的函数为 f(key)=key%11，通过这个函数，求得每一个关键码的函数值作为其存储地址，对 11 个元素建立查找表，如图 5-20 所示。

当查找时，对给定值 kx 依然通过这个函数计算出地址，再将 kx 与该地址单元中元素的关键码比较，若相等，查找成功。

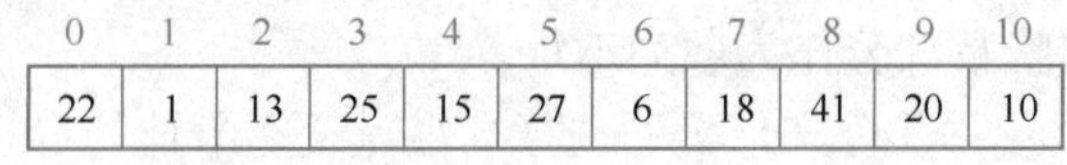

0	1	2	3	4	5	6	7	8	9	10
22	1	13	25	15	27	6	18	41	20	10

图 5-20　按散列技术建立的一个查找表

散列表：按照一定规则确定关键码的某个函数 f(key)，依该函数求得每个数据元素关键码的函数值，依此函数值作为该元素的存储位置存放在查找表中，按这个思想构造的查找表称为散列表（哈希表）。

散列方法：查找时，由同一个函数对给定值 kx 计算地址，将 kx 与计算出的地址单元中数据元素的关键码进行比较，确定查找是否成功，这就是散列方法（哈希法）。

散列方法中使用的转换函数称为散列函数（哈希函数）。

对于 n 个数据元素的集合，总能找到关键码与存放地址一一对应的函数。若最大关键码为 m，可以分配 m 个数据元素存放单元，选取函数 f(key)=key 即可，但这样会造成存储空间的浪费，甚至不可能分配得到这么大的存储空间。通常，关键码的范围比散列地址范围大得多，因而经过散列函数变换后，可能将不同的关键码映射到同一个散列地址上，这种现象称为冲突（Collision）。映射到同一散列地址上的关键码称为同义词。可以说，冲突不可避免，只能尽可能减少。所以，散列方法需要解决以下两个问题。

1）要构造好的散列函数 Hash(key)。一个好的散列函数应符合以下两个原则。

① 所选函数尽可能简单，以便提高转换速度。

② 所选函数对关键码计算出的地址，应在散列地址集中大致均匀分布，以减少空间的浪费。

2）制定解决冲突的方案。

5.4.2 散列函数的构造方法

1．直接定址法

$$\text{Hash(key)}=a\times\text{key}+b \qquad (a,b\text{ 为常数}) \tag{5-7}$$

也就是说，取关键码的某个线性函数值为散列地址，这类函数的关键码与其散列地址是一一对应的，不会产生冲突，但要求地址空间与关键码涉及的范围大小相同，因此，对于码值范围较大的关键码集合不适用。

【例 5-5】 关键码集合为{100,300,500,700,800,900}，散列函数为 Hash(key)=key/100，则可直接存放散列表如图 5-21 所示。

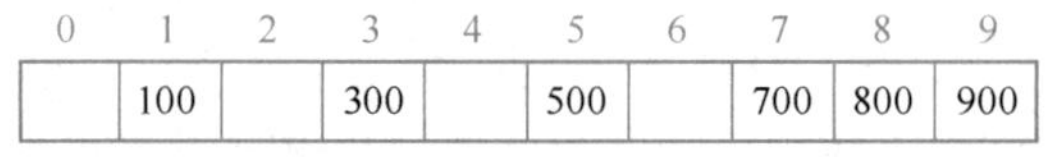

0	1	2	3	4	5	6	7	8	9
	100		300		500		700	800	900

图 5-21 直接定址建立的散列表

2．除留余数法

$$\text{Hash(key)}=\text{key}\%p \tag{5-8}$$

其中，p 是一个整数。该法取关键码除以 p 的余数作为散列地址。对于除留余数法，选取合适的 p 很重要，若散列表表长为 m，则要求 p≤m，且接近 m 或等于 m。p 一般选小于 m 的最大的质数，也可以是不包含小于 20 质因子的合数。

3．乘余取整法

$$\text{Hash(key)}=\lfloor B\times(A\times\text{key}\ \%\ 1)\rfloor \qquad (A\text{、}B\text{ 均为常数，且 }0<A<1, B\text{ 为整数}) \tag{5-9}$$

以关键码 key×A，取其小数部分（A×key % 1 就是取 A×key 的小数部分），之后再用整数 B 乘以这个值，取结果的整数部分作为散列地址。

该方法 B 取什么值并不关键，但 A 的选择却很重要，最佳的选择依赖于关键码集合的特征。有资料说明一般取 $A=\frac{1}{2}\left(\sqrt{5}-1\right)$ 较为理想。

4．数字分析法

设关键码集合中的每个关键码均由 m 位组成，每位上可能有 r 种不同的符号（基数）。若关键码是 4 位十进制数，则每位上可能有 10 个不同的数符 0～9，所以 r=10。若关键码是仅由英文字母组成的字符串，不考虑大小写，则每位上可能有 26 种不同的字母，所以 r=26。

数字分析法是根据关键码每一位的分布情况，选取某几位，组合成散列地址。所选的位应是 r 种符号在该位上出现的频率大致相同。

图 5-22 所示是一组关键码。可以看出，第①、②位均是 3 和 4，第③位也只有 7、8、9，因此这几位不能用，余下四位分布较均匀，可作为散列地址选用。若散列地址是两位，则可取这四位中的任意两位组合成散列地址，也可以取其中两位与其他两位叠加求和后，取低两位作为散列地址。

5．平方取中法

对关键码取平方后，按散列表大小，取中间的若干位作为散列地址。

6．折叠法

此方法将关键码自左到右分成位数相等的几部分，最后一部分位数可以短些，然后将这几部分叠加求和，并按散列表表长，取后几位作为散列地址。

有两种叠加方法。

1）移位法：将各部分的最后一位对齐相加。

2）间界叠加法：从一端向另一端沿各部分分界来回折叠后，最后一位对齐相加。

设关键码 key=25346358705，散列表长为三位数，则可对关键码每三位一部分来分割。关键码分割为如下四组：

253　463　587　05

用上述方法计算散列地址，如图 5-23 所示。

3	4	7	0	5	2	4
3	4	9	1	4	8	7
3	4	8	2	6	9	6
3	4	8	5	2	7	0
3	4	8	6	3	0	5
3	4	9	8	0	5	8
3	4	7	9	6	7	1
3	4	7	3	9	1	9
①	②	③	④	⑤	⑥	⑦

图 5-22　一组关键码 key

```
移位法              间界叠加法
  253                 253
  463                 364
  587                 587
+  05               +  50
 1308                1254
Hash(key)=308       Hash(key)=254
```

图 5-23　折叠法

对于位数很多的关键码，且每一位上符号分布较均匀时，可采用此方法求得散列地址。

5.4.3　处理冲突的方法

散列表的构建和解决冲突的策略是分不开的。通常有三种解决冲突的方法，分别是开放定址法、拉链法和公共溢出区的方法。

1．开放定址法

开放定址法解决冲突的思想：由关键码得到的散列地址一旦产生了冲突，也就是说该地址已经存放了数据元素，就按照一个探测序列去寻找下一个空的散列地址空间，只要散列表足够大，空的散列地址总能找到，并将数据元素存入。用开放定址法解决冲突建立的散列表叫作闭散列表。

形成探测序列的方法有很多种，下面介绍三种。

（1）线性探测法

发生冲突后，从该地址开始顺序向下一个地址探测，直到找到一个空的单元，即探测序列为

$$H_i=(\mathrm{Hash}(key)+d_i)\%\ m \qquad (1\leqslant i<m) \tag{5-10}$$

其中，Hash(key)为散列函数；m 为散列表的长度；d_i 为增量序列 1,2,…,m−1，且 d_i=i。

【例 5-6】 关键码集合为{47,7,29,11,16,92,22,8,3}，散列表表长为 11，选取散列函数 Hash(key)= key % 11，用线性探测法处理冲突，构造散列表，并求其查找长度。

由给定的散列函数得到对应的散列地址（若有冲突则为非最终的存放地址），如图 5-24 所示。

关键码	47	7	29	11	16	92	22	8	3
散列地址	3	7	7	0	5	4	0	8	3

图 5-24　散列函数与对应的散列地址

由以上求得的散列地址可知，关键码为 47 的第 1 个元素和关键码为 7 的第 2 个元素的散列地址没有冲突，直接存入对应的空间；第 3 个元素的关键码为 29，因为 Hash(29)=7，该地

址已被第 2 个元素占据，发生冲突，需寻找下一个空的散列地址，根据探测序列，由 H_1=(Hash(29)+1)%11=8，即从下一个存储空间（分量 8）探测，因为散列地址 8 为空，将 29 存入；接下来的第 4 个元素、第 5 个元素、第 6 个元素的散列地址没有冲突，直接存入对应的空间；第 7 个元素、第 8 个元素和第 9 个元素都有冲突，关键码为 22 的第 7 个元素应该在 0 单元，实际存入了 1 单元；关键码为 8 的第 8 个元素应该在 8 单元，实际存入了 9 单元；关键码为 3 的第 9 个元素应该在 3 单元，实际存入了 6 单元，它是经过 3 次探测存入的。

Hash(3)=3，散列地址冲突，下一个探测空间；

H_1=(Hash(3)+1) % 11=4，仍然冲突，下一个探测空间；

H_2=(Hash(3)+2) % 11=5，仍然冲突，下一个探测空间；

H_3=(Hash(3)+3) % 11=6，找到空的散列地址，存入。

构建的散列表如图 5-25 所示。

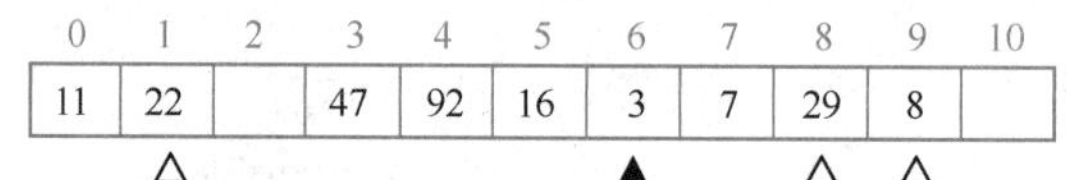

图 5-25 线性探测法解决冲突建立的散列表

下面求其平均查找长度。

对关键码 47、7、11、16、92 的查找只需 1 次比较，对关键码 29、8、22 的查找需 2 次比较，对关键码 3 的查找需 4 次比较，故平均查找长度为

$$ASL=(1\times5+2\times3+4\times1)/8=15/9$$

线性探测法可能使第 i 个散列地址的同义词存入第 i+1 个散列地址，这样本应存入第 i+1 个散列地址的元素变成了第 i+2 个散列地址的同义词……因此，可能出现很多元素在相邻的散列地址上“堆积”起来的问题，大大降低了查找效率。为此，可采用二次探测法，或双散列函数探测法，以改善“堆积”问题。

（2）二次探测法

$$H_i=(Hash(key)+d_i)\ \%\ m \tag{5-11}$$

其中，Hash(key)为散列函数；m 为散列表长度；d_i 为增量序列 $1^2,-1^2,2^2,-2^2,\cdots,q^2,-q^2$，且 $q\leqslant(m-1)$。

【例 5-7】 仍用例 5-6 的关键码集合，用二次探测法处理冲突，建立散列表。

对于关键码寻找空的散列地址，只有关键码 3 与例 5-5 不同。

Hash(3)=3，散列地址冲突，下一个探测空间；

H_1=(Hash(3)+1^2) % 11=4，仍然冲突；

H_2=(Hash(3)−1^2) % 11=2，找到空的散列地址，存入。

构建的散列表如图 5-26 所示。

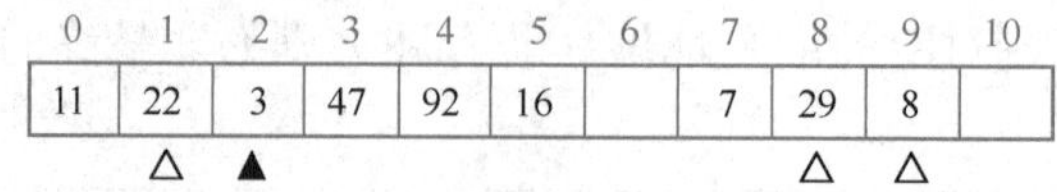

图 5-26 二次探测法解决冲突建立的散列表

下面求平均查找长度。

对关键码 47、7、11、16、92 的查找只需 1 次比较，对关键码 29、8、22 的查找需 2 次比较，对关键码 3 的查找需 3 次比较，故平均查找长度为

$$ASL=(1\times5+2\times3+3\times1)/9=14/9$$

（3）双散列函数探测法

$$H_i=(Hash(key)+i\times ReHash(key))\ \%\ m \qquad (i=1,2,\cdots,m-1) \qquad (5\text{-}12)$$

其中，Hash(key)、ReHash(key)是两个散列函数；m 为散列表长度。

双散列函数探测法，先用第一个函数 Hash(key)对关键码计算散列地址，一旦产生地址冲突，再用第二个函数 ReHash(key)确定移动的步长因子，最后，通过步长因子序列由探测函数寻找空的散列地址。

例如，Hash(key)=a 时产生地址冲突，就计算 ReHash(key)=b，则探测的地址序列为

$$H_1=(a+b)\ \%\ m,\ H_2=(a+2b)\ \%\ m,\cdots,\ H_{m-1}=(a+(m-1)b)\ \%\ m$$

2．拉链法

拉链法解决冲突的思想：将同义词结点拉成一个链表，将各链表的头指针按散列地址顺序存储在数组中。用拉链法解决冲突建立的散列表叫作开散列表。

【例 5-8】 设关键码序列为 47,7,29,11,16,92,22,8,3,50,37,89,95,21，散列函数 Hash(key)= key%11，请按拉链法构造散列表，并求其查找长度。

由散列函数得到各关键码的散列地址如图 5-27 所示。

关键码	47	7	29	11	16	92	22	8	3	50	37	89	95	21
散列地址	3	7	7	0	5	4	0	8	3	6	4	1	7	10

图 5-27　由散列函数得到各关键码的散列地址

将所有的同义词拉成一个单链表，再将单链表的头指针根据散列地址顺序组织起来。

用拉链法处理冲突构造的散列表如图 5-28 所示。

显然，对以上构造的散列表等概率情况下，查找成功的平均查找长度为

$$ASL=(1\times 9+2\times 4+3\times 1)/14=10/7$$

3．公共溢出区法

设散列函数产生的散列地址集为[0, m−1]，分配两个表：

1）基本表 DataType BaseTbl[m]，每个单元只能存放一个元素。

2）溢出表 DataType OverTbl[k]，只要关键码对应的散列地址在基本表上产生冲突，则所有这样的元素一律存入该表中。

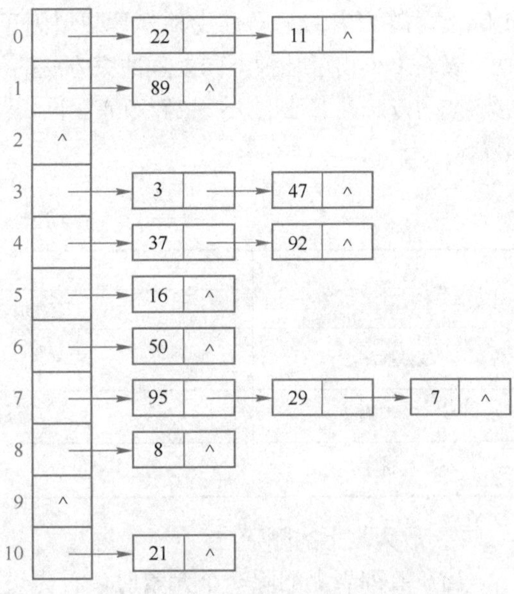

图 5-28　拉链法处理冲突构造的散列表

查找时，对给定关键码 kx 通过散列函数计算出散列地址 i，先与基本表的 BaseTbl[i]单元比较，若相等，查找成功；否则，再到溢出表中进行查找。

5.4.4　散列表的性能分析

1．散列表上的查找

散列表的查找过程基本上和造表过程相同。一些关键码可通过散列函数转换的地址直接找到，另一些关键码在散列函数得到的地址上产生了冲突，需要按处理冲突的方法进行查找。

在介绍的三种处理冲突的方法中，产生冲突后的查找仍然是给定值与关键码进行比较的过程。所以，对散列表查找效率的量度，依然用平均查找长度来衡量。

根据散列表的构造过程可知，查找效率取决于产生冲突的多少。产生的冲突少，查找效率就高；产生的冲突多，查找效率就低。因此，影响产生冲突多少的因素，也就是影响查找效率的因素。影响产生冲突多少有以下三个因素。

1）散列函数是否均匀。

2）处理冲突的方法。

3）散列表的装填因子。散列表的装填因子定义为

$$\alpha = \frac{\text{表中元素的个数}}{\text{哈希表的长度}} \tag{5-13}$$

分析这三个因素，尽管散列函数的“好坏”直接影响冲突产生的频率，但一般情况下，我们总认为所选的散列函数是“均匀的”，因此，可不考虑散列函数对平均查找长度的影响。

处理冲突的方法直接影响着平均查找长度，就线性探测法和二次探测法处理冲突的例子来看，如例 5-5 和例 5-6 有相同的关键码集合、同样的散列函数，但在数据元素查找等概率情况下，它们的平均查找长度却不同。

装填因子是散列表装满程度的标志因子，显然装填因子$\alpha \leqslant 1$，一般选择在 0.65～0.85。由于表长是定值，α与“填入表中的元素个数”成正比。所以，α越大，填入表中的元素较多，产生冲突的可能性就越大；α越小，填入表中的元素较少，产生冲突的可能性就越小。实际上，散列表的平均查找长度是装填因子α的函数，只是不同处理冲突的方法有不同的函数。表 5-1 列出了几种不同处理冲突方法的平均查找长度和α的关系，可供参考。

散列方法存取速度快，也较节省空间，静态查找、动态查找均适用，但要选取合适的散列函数。

表 5-1　平均查找长度与装填因子的关系

处理冲突的方法	平均查找长度	
	查找成功时	查找不成功时
线性探测法	$S_{nl} \approx \frac{1}{2}\left(1+\frac{1}{1-\alpha}\right)$	$U_{nl} \approx \frac{1}{2}\left(1+\frac{1}{(1-\alpha)^2}\right)$
二次探测法	$S_{nr} \approx -\frac{1}{\alpha}\ln(1-\alpha)$	$U_{nr} \approx \frac{1}{1-\alpha}$
拉链法	$S_{nc} \approx 1+\frac{\alpha}{2}$	$U_{nc} \approx \alpha + e^{-\alpha}$

2．散列表上的删除

当在散列表上删除一个元素时，首先进行查找，查找成功后才能进行删除。对于用拉链法解决冲突构造的散列表，其删除等价于单链表上的删除；对于用开放地址法解决冲突构造的散列表，不能简单地将删除元素所在单元置空，这样做会断掉原来的探测地址序列，查找后面的元素将受到影响，删除这个元素可以将这个单元置为有别于空单元表示的特殊值（如-1），在查找时当遇到这个特殊值，继续探测序列上的元素，而插入时遇到这个值则可以将其作为一个空单元将新元素插入；对于用公共溢出区法解决冲突构造的散列表，也可以采用上述方法处理。

5.5　查找方法的比较

查找是数据处理中经常用到的一种操作，查找表是一种以集合为逻辑结构、以查找为核心运算的数据结构。根据不同的应用，可以将查找表按顺序结构、链式结构、索引结构、散列结构进行存储。基于在查找表中的操作不同，查找表又分为静态查找和动态查找。关于静态查找，本章讨论了无序表的顺序查找、有序表的折半查找和其他分割方法的查找及分块查找；关于动态查找，本章讨论了将查找表组织为二叉排序树和 AVL 树下的查找，以及将查找表组织为散列表的形式进行的查找。

无序表的查找：只能是顺序查找，一旦查找成功就结束，而失败查找则需查遍全表。成功查找和失败查找的平均查找长度均为O(n)。

有序表的查找：有序表的查找方法有很多，主要有顺序查找、二分查找、斐波那契查找、插值查找等。有序表的顺序查找，其时间复杂度仍为O(n)，但比无序表的效率高，成功查找和失败查找都不一定要查遍全表；二分查找、斐波那契查找、插值查找，都是高效的查找方法，时间复杂度为$O(\log_2 n)$，其中二分查找应用最为普遍，插值查找要求查找码随地址分布均匀，在这种情况下，它的效率最高，而斐波那契查找算法的特点仅仅是算法中只包含加减运算，但这些查找方法都要求有序表必须是顺序存储的。分块查找要求关键码按块有序。

树表查找是将查找表组织成为特定形式的树形结构，并按其规律进行的查找，也可以理解为这是一种树形结构的应用。在二叉排序树的查找中，关键码比较的次数不会超过二叉树的深度，平均查找的时间复杂度为$O(\log_2 n)$。

散列表是根据选定的散列函数和解决冲突的方法，把结点按关键码转换为地址进行存储。对散列表的查找方法：首先按所选的散列函数对关键码进行转换，得到一个散列地址，然后按该地址进行查找，若不存在，再根据构建散列表时所用的处理冲突的方法进一步查找。如果是静态查找，则查找成功时，给出查到结点的所需信息，否则给出失败信息；若是动态查找，则根据查找结果再进行插入或删除。

5.6　本章小结

知识点	描述	学习要求
平均查找长度	通常把查找过程中对关键字的比较次数作为衡量一个查找算法效率优劣的标准，称为平均查找长度（ASL）。ASL 的定义：在查找成功时，ASL 是指为确定数据元素在表中的位置所进行的关键码比较次数的期望值	掌握平均查找长度的分析方法
顺序查找	查找的过程：从表的一端开始，向另一端逐个按给定值 kx 与关键码进行比较，若找到，查找成功，并给出数据元素在表中的位置；若整个表检索完之后，仍未找到与 kx 相同的关键码，则查找失败，给出失败信息 顺序查找对数据的存储方式无要求，既可以在顺序表上实现，又可以在链表上实现	掌握顺序查找的过程、算法描述，理解监视哨的作用，会分析查找性能
折半查找	折半查找（二分查找）要求查找表必须是采用顺序结构存储的，且表中元素按关键码有序 查找的过程：取查找表的中间元素作为比较对象，若给定值与中间元素的关键码相等，则查找成功；若给定值小于中间元素的关键码，则在中间元素的左半区继续查找；否则在中间元素的右半区继续查找。重复上述查找过程，直到查找成功，或所查找的区域无数据元素，查找失败	掌握折半查找的过程、算法描述，会画判定树，会分析平均查找长度 拓展目标：使学习者了解分治的思想并能运用它来解决生活中的困难

（续）

知识点	描述	学习要求
二叉排序树的查找	二叉排序树的查找过程：①若查找树为空，查找失败。②若查找树非空，将给定值 kx 与查找树根结点的关键码进行比较：若相等，查找成功，结束查找过程；若给定值 kx 小于根结点关键码，在左子树上继续查找；否则，在右子树上继续查找	掌握查找的过程、算法描述，会分析二叉排序树的平均查找长度
二叉排序树的插入和删除	向二叉排序树中插入关键码为 kx 的结点时，先要在二叉排序树中进行查找，若查找成功，按二叉排序树的定义，待插入结点已存在，不用插入；若查找失败，则将其作为叶子结点插入其中 在二叉排序树中删除一个结点时，也要先进行查找，若查找成功，才可按照一定的策略删除该结点 二叉排序树是动态的查找表，插入和删除结点必须保持二叉排序树的特性	掌握在二叉排序树中插入和删除结点的方法
平衡二叉树	平衡二叉树即平衡的二叉排序树，它的左子树和右子树高度之差的绝对值不超过 1。平衡二叉树的查找过程和二叉排序树相同。在平衡二叉树中进行插入和删除时，要进行平衡化调整，以保持平衡二叉排序树的特性 注意：在平衡二叉树的建立过程中，要时刻保持平衡二叉树的特性，并非在建立成为二叉排序树后，再调整其为平衡二叉树	理解平衡二叉树的特点，掌握平衡化调整的方法
散列表	散列是一种存储策略，是基于散列存储策略建立的查找表。其基本思想是确定一个散列函数，计算每个关键码相应的函数值并以此作为存储地址，直接将该数据元素存入相应的地址空间，因此散列表的查找效率很高	理解散列表的思想，了解常用的散列函数
冲突	经过散列函数变换后，可能将不同的关键码映射到同一个散列地址上，这种现象称为冲突。构造散列表时，冲突往往是不可避免的，只能尽量减少。处理冲突的方法有开放定址法、拉链法、公共溢出区法等	掌握三种处理冲突的方法，会按指定方法构造散列表

练习题

一、简答题

1．画出对长度为 18 的顺序存储的有序表进行折半查找时的判定树，并指出在等概率情况下查找成功的平均查找长度，以及查找失败时所需最多的关键字比较次数。

2．已知如下所示长度为 12 的关键字有序表

{Jan, Feb, Mar, Apr, May, June, July, Aug, Sep, Oct, Nov, Dec}

（1）试按表中元素的顺序依次插入到一棵初始为空的二叉排序树，画出插入完成后的二叉排序树，并求其在等概率的情况下查找成功的平均查找长度。

（2）若对表中元素先进行排序构成有序表，求在等概率的情况下查找成功的平均查找长度。

3．试推导含有 12 个结点的平衡二叉树的最大深度，并画出一棵这样的树。

4．在地址空间为 0～16 的散列区中，对以下关键码序列构造两个散列表。

{Jan, Feb, Mar, Apr, May, June, July, Aug, Sep, Oct, Nov, Dec}

（1）用线性探测开放地址法处理冲突。

（2）用链地址法处理冲突。并分别求这两个散列表在等概率情况下查找成功和不成功的平均查找长度。设散列函数 H(key)=i/2，其中 i 为关键码中第一个字母在字母表中的序号。

5．设散列函数 H(key)=(3×key)%11，用开放定址法处理冲突，探测序列为 d_i=i×((7×key)%10+1)，i=1,2,3,…。试在 0～10 的散列地址空间中对关键码序列{22,41,53,46,30,13,01,67}构造散列

表，并求等概率情况下查找成功时的平均查找长度。

二、算法设计题

1．将监视哨设在高下标端，改写书中给出的顺序查找算法，并分别求出等概率情况下查找成功和查找失败的平均查找长度。

2．编写一个算法，利用折半查找算法在一个有序表中插入一个元素 x，并保持表的有序性。

3．假设二叉排序树 t 的各个元素值均不相同，设计一个算法按递减次序打印各元素的值。

4．已知一棵二叉排序树上所有关键码中的最小值为-max、最大值为 max，又知-max<x<max。编写递归算法，求该二叉排序树上的小于 x 且最靠近 x 的值 a 和大于 x 且最靠近 x 的值 b。

5．在平衡二叉排序树的每个结点中增设一个 lsize 域，其值为它的左子树中的结点数加 1。试写时间复杂度为 $O(\log_2 n)$的算法，确定树中第 k 小的结点的位置。

6．假设一棵平衡二叉树的每个结点都标明了平衡因子 bf，设计算法求平衡二叉树的高度。

7．设计在有序顺序表上进行斐波那契查找的算法，并画出长度为 20 的有序表进行斐波那契查找的判定树，求出等概率下查找成功的平均查找长度。

8．试编写一个判定二叉树是否为二叉排序树的算法。设此二叉树以二叉链表作为存储结构，且树中结点的关键字均不同。

9．假设散列表表长为 m，散列函数为 H(key)，用链地址法处理冲突。试编写输入一组关键码并建立散列表的算法。

实验题

题目 1　职工信息检索系统

一、问题描述

若某单位有职工 n 名，试以职工的姓名为关键码，设计散列表，使得平均查找长度不超过 L。请完成相应的建表和查询功能。

二、基本要求

1．假设每名职工的姓名以汉语拼音形式表示。待填入散列表的人名共有 n 个，取平均查找长度的上限为 n=3。请构造合适的散列函数，选择恰当的处理冲突的方法来构造散列表。

2．输入职工的姓名，实现在散列表中检索职工的信息，显示检索的过程。

三、提示与分析

1．散列函数的构造。

散列函数的选取原则是形式简单且分布均匀。一般情况下，人的姓名包含 2～4 个汉字，因此拼音的长度不超过 24 个字符。一个字拼音一般由声母和韵母构成，汉语拼音中的声母和韵母是有限的，因此可以考虑对声母和韵母进行编号，那么一个姓名的编号就是一串数字，以此数字为关键码，根据职工人数 n 确定散列表的长度 m，采用除留余数法

H(key)=key % p　　　　　　　　　（p 选择不超过 m 的最大素数）

来计算散列地址（当姓名较长时，key 位数较多，可先做折叠处理，再计算散列地址）。

2．处理冲突的方法。

好的散列函数使得散列地址在散列表中分布较均匀，发生冲突的机会较小。但冲突是不可避免的，发生冲突时，采用开放定址法处理冲突，可采用二次探测法形成探测序列。

3．查找过程。

输入要查找的职工姓名，根据其姓名的编号 key 计算散列地址 H(key)，判断此地址单元存放的元素的关键码是否等于 key，若等于，查找成功；否则，根据探测序列，计算下一散列地址，判断此地址单元存放的元素的关键码是否等于 key，若等于查找成功，否则继续计算下一地址，直至查找成功或失败。

四、测试数据

请读者自行选取自己周围较熟悉的 60 个人的姓名进行测试。

五、选作内容

1．设计其他几个不同的散列函数，比较它们地址发生冲突的概率。

2．在确定散列函数的前提下，尝试其他不同处理冲突的方法。

3．研究若干个人名拼音的特点，寻找更好的散列函数，使不同的拼音名映射到不同的散列地址。

题目 2　个人图书管理系统

一、问题描述

人们在工作和生活中会拥有很多的书籍，对所购买的书籍进行分类和统计是一种良好的习惯，同时也便于对这些书籍进行整理和查询。书籍的各种信息，包括分类、作者、出版日期、价格、简介等，辅之以程序来对书籍的信息进行统计和查询的工作将使得书籍管理工作变得轻松而简单。为解决这个实际问题开发个人图书管理系统。

二、基本要求

这个图书管理系统要具备如下功能。

1．保存书籍各种相关信息，如出版日期、书号、书名、作者、图书类别编号、价格等。

2．查找功能：按照多种关键码查找需要的书籍，查找成功后可以修改记录的相关项。

3．排序功能：按照多种关键码对所有的书籍进行排序。例如按照购买日期进行排序、按图书类别排序等。

4．显示图书的信息。

5．其他辅助的维护工作。

三、提示与分析

1．主要数据结构。

由于书籍的册数较多，而且要在程序不再运行的时候仍然要保持里面的数据，所以采用文件的形式放到外存储器中。需要操作时，从文件中调入内存进行查找和排序的工作。为了接收文件中的内容，要有一个数据结构与之对应，可以采用结构体数组来接收数据。

2．基本功能分析。

（1）初始化：清空 books 数组；进入输入状态，接收键盘输入的全部数据，将其保存在 books 数组中，按某种顺序输入记录。

（2）插入：接收从键盘输入的一条新的记录，按某种顺序（如作者、出版日期等）插入 books 数组中。

（3）删除：接收从键盘输入的一本书的信息（如书名、书号、作者等），在 books 数组中查找，如找到则从 books 数组中删除该记录，否则显示“未找到”。

（4）更新：接收从键盘输入的一本书的信息，在 books 数组中查找，如找到则显示该记

录的原数据并提示键盘输入新数据用以替换原有数据，如未找到则显示“未找到”。

（5）统计：统计每类书籍的数量，显示统计结果。

（6）排序：对 books 数组中所有记录按“类别”排序，类别相同的按“书名”排序（字典序），显示排序结果。

四、测试数据

由读者根据实际情况自行指定。

五、选作内容

1．实现模糊查询。

2．能列出某作者的全部著作名。

3．实现图形化的操作界面。

第6章　排 序 技 术

内容导读

排序是数据处理中经常出现的操作。排序分为内排序和外排序。内排序是将待排序记录全部存在内存的排序。外排序是对存放在外存的大型数据文件的排序。外排序是基于对有序归并段的归并，而初始归并段的产生又是基于内排序。本章只针对内排序展开讨论。首先介绍排序相关的概念，然后依据排序基本思想的不同，分别介绍了插入排序、交换排序、选择排序、归并排序、基数排序等五类经典排序方法，介绍它们的基本思想、设计思路及实现过程，并分析其时间与空间的复杂度。在其中的插入排序、交换排序、选择排序三类排序方法中，首先介绍基本算法，然后讨论改进算法。

【主要内容提示】

- 直接插入排序、希尔排序
- 冒泡排序、快速排序
- 简单选择排序、堆排序
- 二路归并排序
- 基数排序

【学习目标】

- 能够描述插入排序的思想并写出直接插入排序和希尔排序的算法
- 能够描述交换排序的思想并写出冒泡排序、快速排序的算法
- 能够描述选择排序的思想并写出简单选择排序和堆排序的算法
- 能够描述归并排序的思想并写出二路归并算法
- 能够描述基数排序的思想并写出基数排序的算法
- 会分析各种排序算法的时空效率、稳定性和适用特点

6.1　引言

排序是计算机程序设计中一种常用的基础性操作，学习和掌握各种排序方法是很有必要的。本节将介绍排序问题及相关的概念。

6.1.1　问题提出

排序（Sorting）是指将一组数据元素按某个数据项值排列成一个有序序列的过程。

生活中，人们常常需要从大量信息中查找某条需要的信息，为了使查找更有效、更便捷，就需要按照某种特定次序对信息进行存储。例如，英文字典按字母顺序排列词条，图书馆的书籍及文献资料分门别类地存放在书架上等。排序已被广泛应用于数据处理、情报检索、商业、金融等许多领域。

排序是计算机程序设计中经常使用的一种重要操作，是组织数据和处理数据的最基本、最重要的运算之一。本章就几种典型的、常用的排序方法进行讨论，介绍它们的基本思想、实现过程及设计技巧，并分析其时间与空间的复杂度。

6.1.2 相关概念

1．记录、排序表和关键码

在本章的讨论中，称数据元素为记录，称待排序的所有记录为排序表或序列。将记录中作为排序依据的数据项称为排序码，也就是数据元素的关键码。排序码可以是主关键码，也可以是次关键码，还可以是多个关键码。

2．非递减序列、递减序列、非递增序列、递增序列

给定一个含有 n 个记录的序列

$$R=\{ R_1, R_2,\cdots, R_n \} \tag{6-1}$$

其排序码设为

$$K=\{ K_1, K_2,\cdots, K_n \}$$

排序就是要将 R 中记录重新排列，形成一个新的序列

$$R_p=\{ R_{p1}, R_{p2},\cdots, R_{pn} \} \tag{6-2}$$

其对应的排序码分别为

$$K_p=\{ K_{p1}, K_{p2},\cdots, K_{pn} \}$$

这里 p1, p2,⋯, pn 是 1, 2,⋯, n 的一种排列，且使得排序码满足

$$K_{p1}\leqslant K_{p2}\leqslant\cdots\leqslant K_{pn} \tag{6-3}$$

或者

$$K_{p1}\geqslant K_{p2}\geqslant\cdots\geqslant K_{pn} \tag{6-4}$$

排序码满足式（6-3）的新序列称为非递减序列，满足式（6-4）的称为非递增序列。若排序码没有重复，即排序码满足 $K_{p1}<K_{p2}<\cdots<K_{pn}$ 或者 $K_{p1}>K_{p2}>\cdots>K_{pn}$，此时前者称递增序列，后者称为递减序列。在本章中，如未特殊声明，有序通常指非递减有序或递增有序。

3．稳定排序和非稳定排序

若排序码是主关键码，则对于任意待排序序列，经排序后得到的结果是唯一的；若关键码不是主关键码，可能具有相同关键码的多个记录。在排序结果中，若它们之间的相对位置在排序前后不发生变化，这样的排序称为稳定的；若发生变化，这样的排序称为不稳定的。

也就是说，在按非主关键码的排序中，稳定排序方法使关键码相同的记录的相对位置在排序前后保持不变，而非稳定排序可能会使它们发生变化。一个排序方法是稳定的，那么它对任何序列都是稳定的，而不是针对某特定序列；反之，如果某排序方法对某序列不稳定，那么这个排序方法就是不稳定的。也就是说，判断一种排序方法是否稳定，只要举出一个不稳定的例子即可。

排序的方法有很多种，除了按照稳定性进行划分之外，根据排序策略的不同，还可以分为插入排序、交换排序、选择排序、归并排序、基数排序等。

4．内排序和外排序

根据排序过程所涉及的存储设备的不同，可分为内排序和外排序。内排序指待排表完全存放在内存中所进行的排序过程。若因排序表过大，不能同时进入内存，排序过程中还需多次访问外存储器调取数据，这样的排序过程称为外排序。

5．对排序方法的性能评价

排序的方法有很多，一般希望算法比较简单，占用辅助空间较小，运行时间尽量短，但很难提出一种各方面都是最好的方法，每一种方法都有其各自的优缺点，适合在某些特定环境（如序列的初始排列状态等）下使用。这就涉及如何评价一个排序方法的问题。

一个排序方法的优劣主要通过时间代价和空间代价来衡量，尤其是时间代价。排序过程中的主要基本操作是关键码的比较和记录的移动，因此，算法的时间代价一般通过关键码的比较次数和记录的移动次数来衡量。记录的大小与数量、排序表的大小、原始序列的排列状况等，都会影响排序算法

的相对运行时间。在本章介绍的各种典型排序算法中，将具体分析每一种算法的时间和空间复杂度。

6．排序表的表示

为了突出算法本身，降低数据表示的复杂度，在本章的讨论中采用数组存储排序表，并且假设数据元素只包含关键字，即用 K_i 来代表 R_i，假定关键字的类型是 int。

授课视频

6-1 插入排序

6.2 插入排序

插入排序的基本思想：每次将一个待排序的记录，按其关键字大小插入它前面已经排好序的子表的适当位置，直到全部记录插入完成，整个表有序为止。

6.2.1 直接插入排序

1. 直接插入排序算法

直接插入排序是一种简单的插入排序方法，其基本思想：在 R_1 至 R_{i-1} 长度为 i-1 的子表已经有序的情况下，将 R_i 插入，得到 R_1 至 R_i 长度为 i 的子表有序（i=2,⋯,n），这样通过 n-1 趟之后，R_1 至 R_n 有序。

例如，对于以下序列（为简便起见，每一个记录只列出其排序码，用排序码代表记录）：

[10 18 20 36 60] 25 30 <u>18</u> 12 56

其中，前 5 个记录组成的子序列是有序的，这时要将第 6 个记录插入前 5 个记录组成的有序子序列中去，得到一个含有 6 个记录的新有序序列。要完成这个插入，首先需要找到插入位置，即 20<25<36，因此 25 应插入记录 20 和记录 36 之间，从而得到以下新序列：

[10 18 20 25 36 60] 30 <u>18</u> 12 56

这就是一趟直接插入排序的过程。

可以看出，将 R_i 插入子序列 R_1 至 R_{i-1} 的过程，首先是进行顺序查找以便确定插入位置，然后移动数据，可以将两者同时进行，自 R_{i-1} 开始向前进行搜索，搜索过程中同时后移记录。

初始状态下，认为长度为 1 的子表是有序的，因此对有 n 个记录的表，可从第 2 个记录开始直到第 n 个记录，逐个向有序表中进行插入操作，从而得到 n 个记录按关键码有序。

【例 6-1】 有以下排序表：

36 20 18 10 60 25 30 <u>18</u> 12 56

按直接插入排序法进行排序的过程如图 6-1 所示。

	R[0]	R[1]	R[2]	R[3]	R[4]	R[5]	R[6]	R[7]	R[8]	R[9]	R[10]
初始序列：		[36]	20	18	10	60	25	30	<u>18</u>	12	56
i=2 ：	(20)	[20	36]	18	10	60	25	30	<u>18</u>	12	56
i=3 ：	(18)	[18	20	36]	10	60	25	30	<u>18</u>	12	56
i=4 ：	(10)	[10	18	20	36]	60	25	30	<u>18</u>	12	56
i=5 ：	(10)	[10	18	20	36	60]	25	30	<u>18</u>	12	56
i=6 ：	(25)	[10	18	20	25	36	60]	30	<u>18</u>	12	56
i=7 ：	(30)	[10	18	20	25	30	36	60]	<u>18</u>	12	56
i=8 ：	(<u>18</u>)	[10	18	<u>18</u>	20	25	30	36	60]	12	56
i=9 ：	(12)	[10	12	18	<u>18</u>	20	25	30	36	60]	56
i=10 ：	(56)	[10	12	18	<u>18</u>	20	25	30	36	56	60]

图 6-1 直接插入排序示例

综上，直接插入排序的算法如下。

【算法 6-1】 直接插入排序。

```
public static void InsertSort(int[ ]  R)     //对排序表 R 进行直接插入排序
{
   for(int i=2; i<=R.length; i++)
      if(R[i]<R[i-1])
      {
         R[0]=R[i];                          //将 R[i]插入 R[1],…,R[i-1]中，R[0]为监视哨
         for(j=i-1; R[0] <R[j]; j--)
            R[j+1]=R[j];                     //后移记录
         R[j+1]=R[0];                        //插入合适位置
      }
}
```

算法 6-1 中 R[0]的作用一方面作为插入记录 R_i 的缓存单元，更重要的作用是起到监视哨的作用。监视哨的作用在顺序查找中曾经介绍过，通过使用监视哨可以使比较次数约减少一半。

2. 直接插入排序算法的性能分析

从空间性能看，仅用了一个辅助单元 R[0]作为监视哨，空间复杂度为 O(1)。

从时间性能看，向有序表中逐个插入记录的操作进行了 n–1 趟，每趟操作分为比较关键码和移动记录，而比较的次数和移动记录的次数取决于初始序列的排列情况。可以分两种情况讨论。

1）最好情况下，即待排序列已按关键码有序，每趟操作只需 1 次比较、0 次移动，即

$$\text{总比较次数}=n-1\text{ 次}$$

$$\text{总移动次数}=0\text{ 次}$$

2）最坏情况下，即第 i 趟操作，插入记录要插入最前面的位置，需要同前面的 i 个记录（包括监视哨）进行 i 次关键码的比较，移动记录的次数为 i+1 次，即

$$\text{总比较次数}=\sum_{i=2}^{n} i=\frac{1}{2}(n+2)(n-1) \tag{6-5}$$

$$\text{总移动次数}=\sum_{i=2}^{n}(i+1)=\frac{1}{2}(n+4)(n-1) \tag{6-6}$$

显然，直接插入排序是一个稳定的排序，其时间复杂度为 $O(n^2)$。

6.2.2 折半插入排序

1. 折半插入排序算法

在直接插入排序中，插入位置的确定是通过对有序表中关键码的顺序比较得到的。既然是在有序表中确定插入位置，因此在寻找 R_i 的插入位置时，就可以采用折半查找的方法来确定。用折半查找方法查找 R_i 的插入位置，再将 R_i 插入进去，使得 R[1]到 R[i]有序，这种方法就是折半插入排序。

【算法 6-2】 折半插入排序算法。

```
public static  void BInsertSort(int[ ]  R)        //对排序表 R 进行折半插入排序
{
   for(int i=2; i<= R.length; i++)
   {
      R[0]=R[i];                                  //保存待插入元素
```

```
            int low=1;
            int high=i-1;                              //设置初始区间
            while(low<=high)                           //该循环语句完成确定插入位置
            {
               mid=(low+high)/2;
               if(R[0] >R[mid])
                  low=mid+1;                           //插入位置在高半区中
               else     high=mid-1;                    //插入位置在低半区中
            }
            for(int j=i-1;j>=high+1;j--)               //high+1 为插入位置
               R[j+1]=R[j];                            //后移元素，留出插入空位
            R[high+1]=R[0];                            //将元素插入
         }
      }
```

2. 折半插入排序算法的性能分析

折半插入排序需要的辅助存储空间与直接插入排序相同，空间复杂度为 O(1)。

在确定插入位置所进行的折半查找中，定位一个关键码的位置需要比较次数至多为 $\lceil \log_2(n+1) \rceil$次，所以比较次数的时间复杂度为 $O(n\log_2 n)$。相对直接插入排序，折半插入排序只能减少关键字间的比较次数，而移动记录的次数和直接插入排序相同，故时间复杂度仍为 $O(n^2)$。折半插入排序是一个稳定的排序方法。折半插入排序只适合于顺序存储的排序表。

6.2.3 希尔排序

1. 希尔排序算法

直接插入排序算法简单，但时间复杂度为 $O(n^2)$，对于此算法，显然当 n 较小时比 n 较大时效率要好，对于直接插入排序法，若排序表初始状态的关键码有序性较好，该算法的效率较高，其时间复杂度可提高到 O(n)。希尔排序（Shell’s Sort）是从这两点出发的，插入排序的改进方法。希尔排序又称缩小增量排序，是 1959 年由 D.L.Shell 提出来的。

希尔排序的思想：先选取一个小于 n 的整数 d_i（称之为步长），然后把排序表中的 n 个记录分为 d_i 个组，从第一个记录开始，间隔为 d_i 的记录为同一组，各组内进行直接插入排序，一趟之后，间隔 d_i 的记录有序。随着有序性的改善，减小步长 d_i，重复进行，直到 d_i=1，使得间隔为 1 的记录有序，也就使整体达到了有序。

步长为 1 时就是前面所讲的直接插入排序。

【例 6-2】 设排序表关键码序列为 39,80,76,41,13,29,50,78,30,11,100,7,41,86，步长因子依次取 5、3、1，其希尔排序过程如图 6-2 所示。

设有 t 个增量，且增量序列已存放在数组 d 的 d[0]到 d[t-1]中，希尔排序的算法如下。

【算法 6-3】 希尔排序的算法。

```
   public static void  ShellSort(int[] R, int[ ] d)
   { //按增量序列 d[0],d[1],…,对排序表 R 进行希尔排序
      int i, j, k, h;
      for(int k=0; k<t; k++)
      {
         h=d[k];                                 //本趟的增量
         for(int i=h+1; i<= R.length ; i++)
            if(R[i] <R[i-h])                     //小于时，需插入有序表
            {
               R[0]=R[i];                        //存放待插入的记录
               for(int j=i-h; j>0&&R[0] <R[j]; j=j-h)
                  R[j+h]=R[j];                   //记录后移
```

```
            R[j+h]=R[0];                    //插入正确位置
        }
    }
}
```

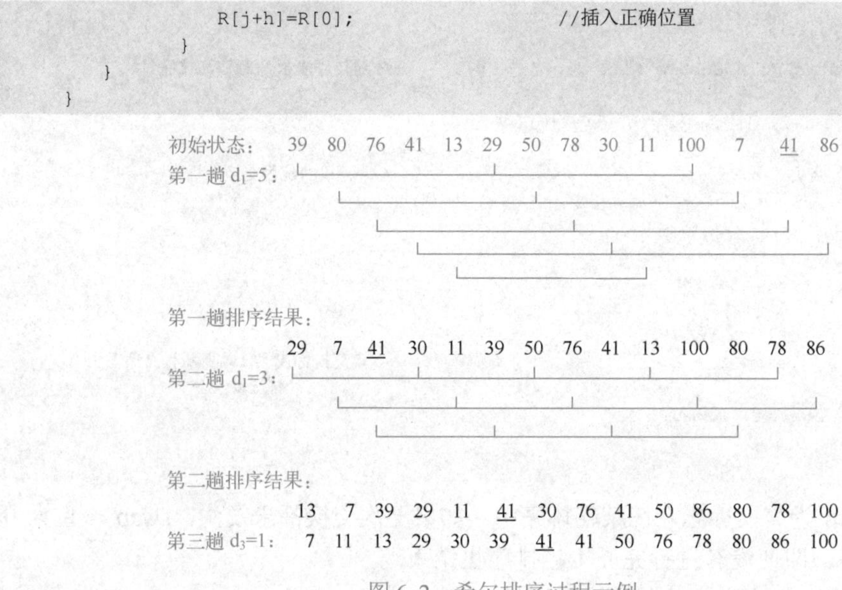

图 6-2　希尔排序过程示例

2. 希尔排序算法的性能分析

希尔排序的时效分析很难，有人在大量的实验基础上推导出，当 n 在某个特定范围内，希尔排序所需的比较次数和移动次数约为 $n^{1.3}$。

在希尔排序中关键码的比较次数与记录移动次数还依赖于步长因子序列的选取，特定情况下可以准确估算出关键码的比较次数和记录的移动次数。目前还没有人给出选取最好的步长因子序列的方法。步长因子序列可以有各种取法，有取奇数的，也有取质数的，但需要注意，步长因子中除 1 外应没有公因子，且最后一个步长因子必须为 1。

希尔排序方法是一种不稳定的排序方法。

授课视频

6-2　交换排序

6.3　交换排序

交换排序的基本思想：通过排序表中两个记录关键码的比较，若与排序要求相逆，则将两者进行交换，直至没有反序的记录为止。交换排序的特点：排序码值较小的记录向序列的一端移动，排序码值较大的记录向序列的另一端移动。

6.3.1　冒泡排序

1. 冒泡排序算法

设排序表为 R[1],…,R[n]，对 n 个记录的排序表进行冒泡排序（Bubble Sort）的过程：第 1 趟，从第 1 个记录开始到第 n 个记录，对 n–1 对相邻的两个记录的关键字进行比较，若与排序要求相逆，则将两者交换，这样，一趟之后，具有最大关键字的记录交换到了 R[n]；第 2 趟，从第 1 个记录开始到第 n–1 个记录继续进行第 2 趟冒泡，两趟之后，具有次最大关键字的记录交换到了 R[n–1]。如此重复 n–1 趟后，在 R[1],…,R[n]中，n 个记录按关键码有序。

冒泡排序最多进行 n–1 趟，在某趟的两两比较过程中，如果一次交换都未发生，表明已经有序，则排序提前结束。

【算法 6-4】 冒泡排序算法。

```
public static void Bubble_Sort (int[ ]  R)        //对排序表 R 进行冒泡排序
{
   for(int i=1; i< R.length -1; i++)
   {
      int swap=0;                                  //swap 为是否交换的标志
      for(int j=1; j<= R.length -i; j++)
         if(R[j] >R[j+1])
         {
            R[0]=R[j+1];
            R[j]=R[j+1];
            R[j+1]=R[0];
            swap=1;                                //置交换标志为 1，表示有交换发生
         }
      if(swap==0) break;
   }
}
```

算法中的 swap 为交换标志，在某趟排序中，如果一次交换都未发生，swap 一直为 0，这说明已经全部有序，即使没有进行完 n−1 趟排序也结束。

2. 冒泡排序算法的性能分析

从空间性能看，仅用了一个辅助单元 R[0]作为交换的中介。

从时间性能看，最好情况是排序表初始有序时，第一趟比较过程中，一次交换都未发生，所以一趟之后就结束，只需比较 n−1 次，不需移动记录；最坏情况为初始逆序状态，总共要进行 n−1 趟冒泡，每一趟对 i 个记录的表进行一趟冒泡需要 i–1 次关键码比较和 i–1 对数据交换，则

$$总比较次数=\sum_{i=n}^{2}(i-1)=\frac{1}{2}n(n-1) \qquad (6\text{-}7)$$

故冒泡排序的时间复杂度为 $O(n^2)$。

冒泡排序是一种稳定的排序方法。

6.3.2 快速排序

1. 快速排序算法

快速排序的核心操作是划分。以某个记录为标准（也称为支点），通过划分将待排序列分成两组，其中一组中的记录的关键码均大于或等于支点记录的关键码，另一组中的所有记录的关键码小于支点记录的关键码，则支点记录就放在两组之间，这也是该记录的最终位置。再对各部分继续划分，直到整个序列按关键码有序。

在第 2 章介绍过一种思路简单的划分算法，其时间复杂度是 $O(n^2)$。下面介绍的划分算法其时间性能可以达到 O(n)，它的划分思想如下。

设置两个搜索位置 low 和 high，分别用于指示待划分的区域的两个端点，从 high 位置开始向前搜索比支点小的记录，并将其交换到 low 位置处，low 向后移动一个位置，然后从 low 位置开始向后搜索比支点大（等于）的记录，并将其交换到 high 位置处，high 向前移动一个位置，如此继续，直到 low 和 high 相等，这表明 low 前面的都比支点小，high 后面的都比支点大，low 和 high 指的这个位置就是支点的最后位置。为了减少数据的移动，先把支点记录缓存起来，最后置入最终的位置。

【例 6-3】 对排序表 49,14,38,74,96,65, 8, <u>49</u>, 55, 27 进行划分。

排序表的一趟划分算法如下。

【算法 6-5】 划分算法。

```
public static int Partition(int[ ] R, int low, int high)
{ //对子区间 R[low],…,R[high]，以 R[low]为支点进行划分，算法返回支点记录最终的位置
    R[0]=R[low];                                //暂存支点记录
    while(low<high)                             //从表的两端交替地向中间扫描
    {
        while(low<high&&R[high]>=R[0])
            high--;
        if(low<high)
        {
            R[low]=R[high];
            low++;
        }                                       //将比支点记录小的交换到前面
        while(low<high&&R[low]<R[0])
            low++;
        if(low<high)
        {
            R[high]=R[low];
            high--;
        }                                       //将比支点记录大的交换到后面
     }
    R[low]=R[0];                                //支点记录到位
    return low;                                 //返回支点记录所在位置
}
```

一趟划分过程如图 6-3 所示。

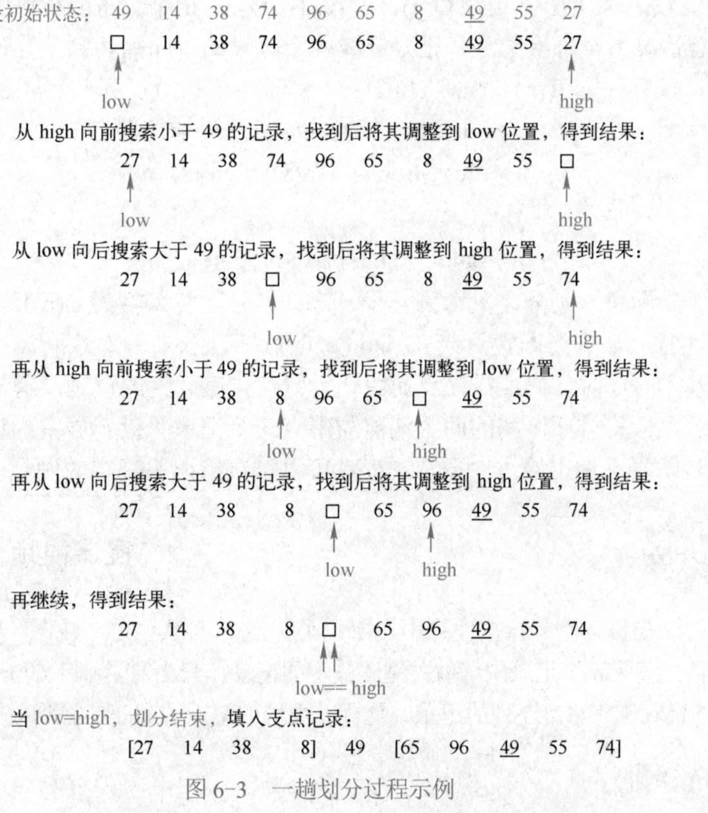

图 6-3　一趟划分过程示例

经过划分之后，支点到了最终排好序的位置上，再分别对支点前后的两组继续划分下去，

直到每一组只有一个记录为止，形成最后的有序序列，这就是快速排序。

快速排序过程就是反复划分的过程，算法如下。

【算法 6-6】 快速排序算法。

```
public static void  Quick_Sort(int[ ] R, int s,int t)
{    //对 R[s],…,R[t]进行快速排序
   if(s<t)
   {
      i=Partition(R,s,t)     //将表一分为二
      Quick_Sort(R,s,i-1);   //对支点前端子表递归排序
      Quick_Sort(R,i+1,t);   //对支点后端子表递归排序
   }
}
```

快速排序的递归过程可用一棵二叉树给出。

图 6-4 所示为例 6-3 排序表在进行快速排序时对应的二叉树。

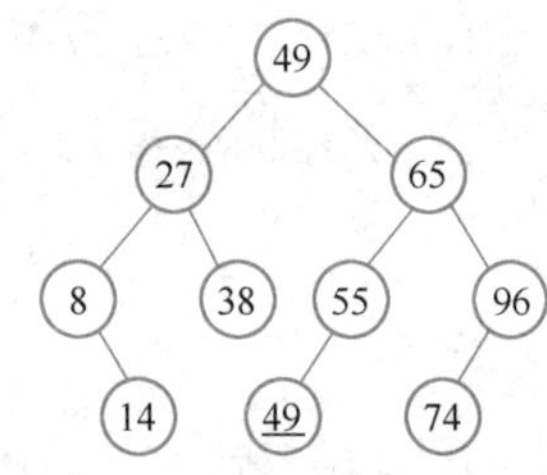

图 6-4　例 6-3 排序表快速排序对应的二叉树

2. 快速排序算法的性能分析

从空间性能看，快速排序是递归的，每层递归调用时的位置和参数均要用栈来存放，递归调用层次数与上述二叉树的深度一致。因而存储开销在理想情况下为 $O(\log_2 n)$，即树的高度；在最坏情况下，即二叉树是一个单链，为 O(n)。从时间性能看，在 n 个记录的待排序列中，一次划分约需 n 次关键码比较，时间复杂度为 O(n)，若设 T(n)为对 n 个记录的待排序列进行快速排序所需时间，则理想情况下，每次划分，正好分成两个等长的子序列，则

$$
\begin{aligned}
T(n) &\leqslant cn+2T(n/2) \qquad \text{（c 是一个常数）}\\
&\leqslant cn+2(cn/2+2T(n/4))=2cn+4T(n/4)\\
&\leqslant 2cn+4(cn/4+T(n/8))=3cn+8T(n/8)\\
&\cdots\\
&\leqslant cn\log_2 n+nT(1)=O(n\log_2 n)
\end{aligned} \tag{6-8}
$$

最坏情况下，即每次划分，只得到一个子序列，时间复杂度为 $O(n^2)$。

快速排序通常被认为在同数量级 $O(n\log_2 n)$的排序方法中平均性能最好。但若初始序列按关键码有序或基本有序时，快速排序反而蜕化为冒泡排序。为改进之，通常以“三者取中法”来选取支点记录，即将排序区间的两个端点与中点三个记录关键码居中的调整为支点记录。

快速排序是一种不稳定的排序方法，读者可以试试给出不稳定的例子。

6.4　选择排序

授课视频

6-3　选择排序

选择排序主要是每一趟从待排序列中选取一个关键码最小的记录，即第 1 趟从 n 个记录中选取关键码最小的记录，第 2 趟从剩下的 n−1 个记录中选取关键码最小的记录，直到选完整个序列的记录。这样，由选取记录的顺序，得到按关键码有序的序列。

6.4.1　简单选择排序

1. 简单选择排序算法

简单选择排序的过程：第 1 趟，从 n 个记录中找出关键码最小的记录与第 1 个记录交换；

第 2 趟，从第 2 个记录开始的 n−1 个记录中再选出关键码最小的记录与第 2 个记录交换；如此，第 i 趟，则从第 i 个记录开始的 n−i+1 个记录中选出关键码最小的记录与第 i 个记录交换；直到整个序列按关键码有序。

【例 6-4】 有排序表 25, 36, 30, <u>36</u> ,10, 56,12，简单选择排序过程如图 6-5 所示。

初始序列：	25	36	30	<u>36</u>	10	56	12
第 1 趟排序后：	[10]	36	30	<u>36</u>	25	56	12
第 2 趟排序后：	[10	12]	30	<u>36</u>	25	56	36
第 3 趟排序后：	[10	12	25]	<u>36</u>	30	56	36
第 4 趟排序后：	[10	12	25	30]	<u>36</u>	56	36
第 5 趟排序后：	[10	12	25	30	<u>36</u>]	56	36
第 6 趟排序后：	[10	12	25	30	<u>36</u>	36	56]

图 6-5　简单选择排序示例

【算法 6-7】 简单选择排序。

```
public static void  Select_Sort(int[ ] R,int n)
{     //对排序表 R 进行简单选择排序
   for(int i=1;i< R.length i++)          //做 n-1 趟选取
   {
      k=i;                               //在 i 开始的 n-i+1 个记录中选关键码最小的记录
      for(j=i+1; j<=n; j++)
         if(R[j]<R[k])
            k=j;                         //k 中存放关键码最小记录的下标
      if(i!=k)                           //关键码最小的记录与第 i 个记录交换
      {
         R[0]=R[k];
         R[k]=R[i];
         R[i]=R[0];
      }
   }
}
```

2. 简单选择排序算法的性能分析

简单选择排序是一种不稳定的排序方法，如例 6-4 中关键码同为 36 的两个记录，在排序前后的相对位置发生了变化。

从空间性能看，仅用了一个辅助单元 R[0]作为交换的中介。

从时间性能看，简单选择排序移动记录的次数较少，初始序列正序的情况下最好，移动记录 0 次，最坏情况下，每趟排序都需要交换，共需移动记录 3(n−1)次。但关键码的比较次数与初始序列情况无关，总是 n(n−1)/2。

所以算法的时间复杂度为 $O(n^2)$。

6.4.2　树结构选择排序

树结构选择排序是按照锦标赛的思想进行的，首先将 n 个参赛的选手通过 n/2 次两两比较，再从 n/2 个胜者中进行两两比较，如此重复，直到选择出胜者（如最大）。这个过程可用一个具有 n 个叶子结点的完全二叉树来表示，则该完全二叉树有 2n−2 或 2n−1 个结点。接下来，将第一名的结点看成成绩最差的（图 6-6 中置为了 0），并从该结点（叶子位置）开始，沿该结点到根路径上，依次进行各分枝结点子女间的比较，胜出的就是第二名（次最大）。因为和它比赛的均是刚刚输给第一名的选手。如此，继续进行下去，直到所有选手的名次排定。

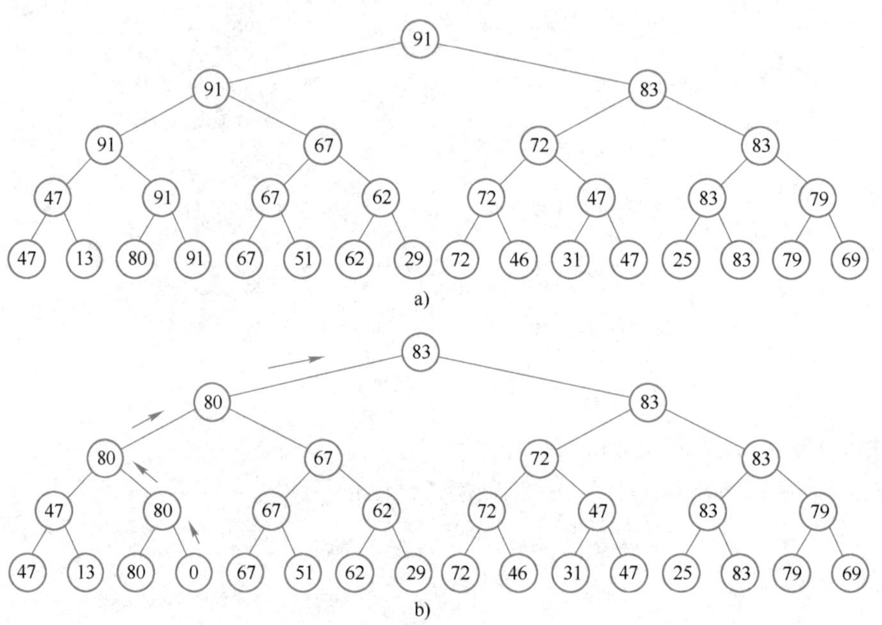

图 6-6 树结构选择排序过程

a) 产生第一名的过程 b) 产生第二名的过程

【例 6-5】 16 个选手的比赛。

如图 6-6a 所示，由于含有 n 个叶子结点的完全二叉树的深度是$\lfloor \log_2 n \rfloor+1$，则在树结构选择排序中，除了第一次选择第 1 名比较了 n−1 次，选择一个第 2 名、第 3 名……比较的次数都是$\lfloor \log_2 n \rfloor$次，故时间复杂度为 $O(n\log_2 n)$。

该方法占用辅助空间较多，除需输出排序结果的 n 个单元外，尚需 n−1 个辅助单元。

6.4.3 堆排序

简单选择排序的思想简单，易于实现，但其时间性能没有优势。这是因为在每趟的选择中，没有把前面选择过程中的一些有用信息继承下来，因此每趟选择都是顺序地一一进行。如果某一趟的选择能够把前面有用的一些信息继承下来，则定会减少本趟的比较次数，提高排序效率，堆排序就做到了这一点。

1. 堆的定义

设有 n 个元素的序列 $k_1, k_2, \cdots, k_n$，当且仅当满足下述关系之一时，称之为堆。

$$k_i \leqslant \begin{cases} k_{2i} \\ k_{2i+1} \end{cases} \text{或} k_i \geqslant \begin{cases} k_{2i} \\ k_{2i+1} \end{cases} \qquad (i=1,2,\cdots,n/2) \tag{6-9}$$

前者称为小顶堆，后者称为大顶堆。

例如，序列 12,36,24,85,47,30,53,91 是一个小顶堆；序列 91,47,85,24,36,53,30,16 是一个大顶堆。

一个有 n 个元素的序列是否是堆，可以和一棵完全二叉树对应起来，i 和 2i、2i+1 的关系就是双亲与其左、右孩子之间的位置关系（i=1,2,⋯,n/2），因此，通常用完全二叉树的形式来直观地描述一个堆。图 6-7 所示正是上述两个堆及其与之对应的完全二叉树。

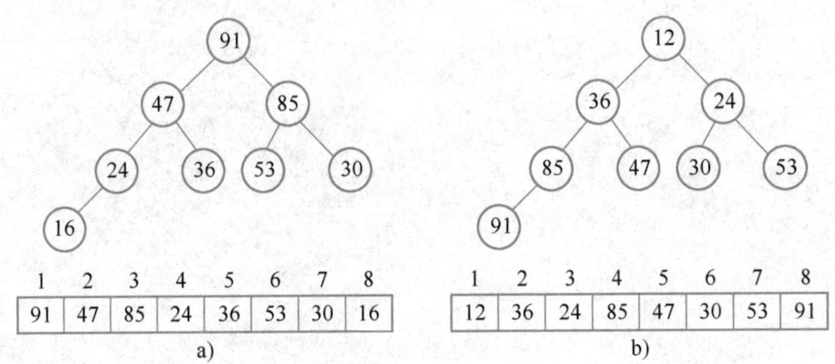

图 6-7　两个堆及其与之对应的完全二叉树

a) 一个大顶堆和对应的完全二叉树　b) 一个小顶堆和对应的完全二叉树

2. 堆排序算法

以大顶堆为例，由堆的特点可知，虽然序列中的记录无序，但在大顶堆中，堆顶记录的关键码是最大的，因此首先将这 n 个元素排序表按关键码建成堆（称为初始堆），将堆顶记录 R_1 输出，再将剩下的 n−1 个记录调整成堆。为了更多地继承原来堆的特性，不是对 $R_2,\cdots,R_n$ 调整，而是将原堆底元素 R_n 移入堆顶位置，对 $R_1,\cdots,R_{n-1}$ 调整。这样，调整背景是，只有 R_1 与其左右孩子之间可能不满足堆特性，而其他地方均满足堆特性。调整成堆之后，继续问题的重复。如此反复，便得到一个按关键码有序的序列。这个过程称为堆排序。

为了简便，输出堆顶元素和将堆底元素移至堆顶位置的操作，可以合并为将堆顶元素与堆底元素做交换。

因此，实现堆排序需解决两个问题。

1）如何将序列 $R_1,\cdots,R_n$ 按关键码建成堆（称为初始堆）。

2）若 $R_1,\cdots,R_i$ 已经是一个堆，将堆顶元素 R_1 与 R_i 交换后，如何将序列 $R_1,\cdots,R_{i-1}$ 按其关键码重新调整成一个新堆。这一过程称为筛选。

首先讨论问题 2)，即筛选。考虑筛选的背景，它是在只有 R_1 与其左、右孩子之间可能不满足堆特性，而其他地方均满足堆特性的前提下进行的。

筛选方法：将根结点 R_1 与左、右孩子中较大的进行交换。若与左孩子交换，则根的左子树堆可能被破坏，此时也是仅左子树的根结点与其左、右孩子之间不满足堆的性质；若与右孩子交换，则右子树堆可能被破坏，此时仅右子树的根结点与其左、右孩子之间不满足堆的性质。继续对不满足堆性质的子树进行上述交换操作，直到叶子结点或者堆被建成。筛选过程如图 6-8 所示。

排序表的各元素 $R_1,\cdots,R_n$ 依次存储在 R[1],⋯,R[n−1]。

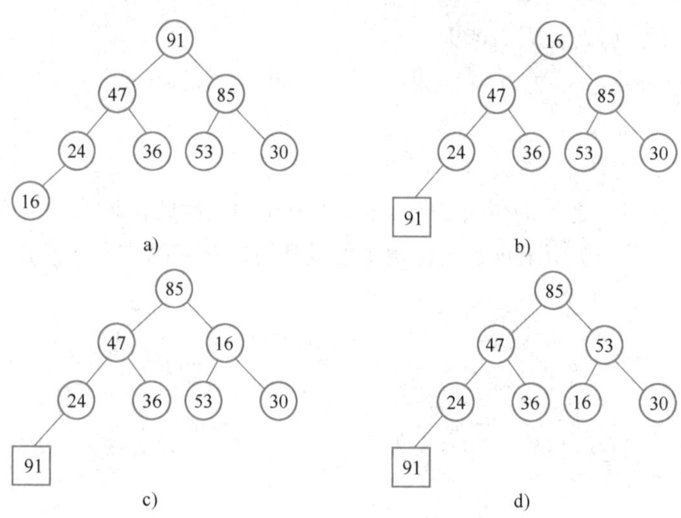

图 6-8 自堆顶到叶子的调整过程

a) 初始堆 b) 堆被破坏，但左、右子树仍满足堆的特性

c) 根和其右孩子交换，使得右子树的堆特性被破坏，继续调整 d) 调整成堆

【算法 6-8】 筛选算法。

```
public static void HeapAdjust(int[ ] R, int s, int t)
{   //在R[s],…,R[t]中，以R[s]为根的子树只有R[s]与其左、右孩子之间可能不满足堆特性
    //进行调整使以R[s]为根的子树成为大顶堆
    int rc;                                          //缓冲变量
    rc=R[s];
    i=s;
    for(j=2*i; j<=t; j=2*j)                          //沿关键码较大的孩子结点向下筛选
    {
        if(j<t && R[j]<R[j+1])
            j=j+1;                                   //j 指向 R[i]的关键码较大的孩子
        if(rc > R[j])  break;                        //不用调到叶子就到位了
        R[i]=R[j]; i=j;                              //准备继续向下调整
    }
    R[i]=rc;                                         //插入
}
```

再来讨论问题 1)，即对 n 个记录的序列初始建堆的过程。

建堆方法：对初始序列建堆的过程就是一个反复进行筛选的过程。将每个叶子为根的子树视为堆，然后对 R[n/2]为根的子树进行调整，对 R[n/2−1]为根的子树进行调整，直到对 R[1]为根的树进行调整，这就是最后的初始堆。

图 6-9 所示是序列 16,24,53,47,36,85,30,91 初始建堆的过程。

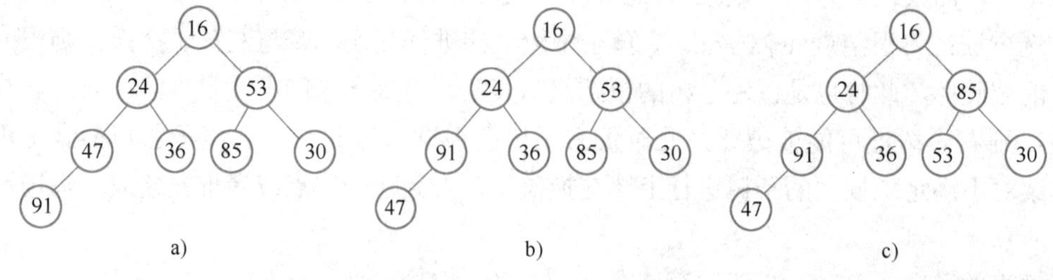

图 6-9 建堆

a) 8 个结点的序列视为一棵完全二叉树 b) 从最后一个双亲结点开始调整 c) 对第 3 个结点开始筛选

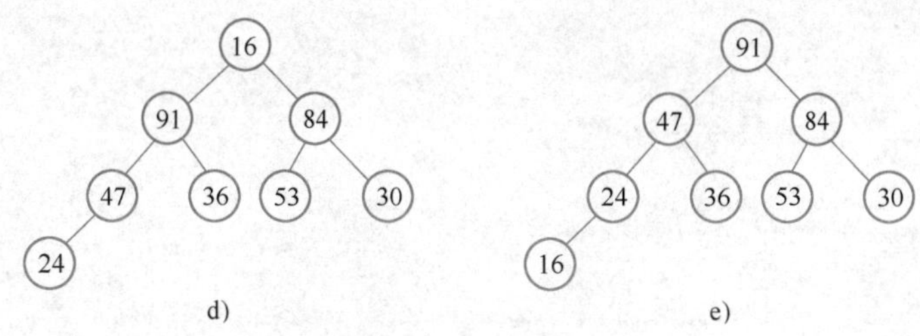

图 6-9　建堆（续）

d) 第 2 个结点为根的子树已是堆　e) 最后的筛选，使整个序列成为堆

堆排序过程：先将 n 个元素的序列建成堆，以根结点与第 n 个结点交换；调整前 n-1 个结点成为堆，再以根结点与第 n-1 个结点交换；重复上述操作，直到整个序列有序。

【算法 6-9】 堆排序算法。

```
public static void HeapSort(int[ ] R)
{ //将序列 R 按堆排序方法进行排序
    for(int i= R.length /2; i>0; i-- )
       HeapAdjust(R, i, R.length);        //将序列 R[1],…,R[n]建成初始堆
    for(i= R.length; i>1; i--)
    {                                     //堆顶 R[1]与堆底元素 R[i]交换
       R[0]=R[1]; R[1]=R[i]; R[i]=R[0];
       HeapAdjust(R,1, i-1);              //将 R[1],…,R[i-1]重新调整为堆
    }
}
```

3. 堆排序算法的性能分析

设树高为 k，由完全二叉树的性质知 $k=\lfloor \log_2 n \rfloor+1$，从根到叶子的筛选，关键码比较次数至多为 2(k–1)次，交换记录至多 k 次。所以，在建好堆后，排序过程中的筛选次数不超过

$$2(\lfloor \log_2(n-1) \rfloor + \lfloor \log_2(n-2) \rfloor + \cdots + \lfloor \log_2 2 \rfloor) < 2n\log_2 n \tag{6-10}$$

有资料表明，建堆时的比较次数不超过 4n 次，因此堆排序最坏情况下，时间复杂度也为 $O(n\log_2 n)$。

堆排序是一种不稳定的排序方法，读者可以试着举出相应的例子。

6.5　归并排序

授课视频

6-4　归并排序和基数排序

归并排序的思想是将几个相邻的有序表合并成一个总的有序表，这里主要介绍二路归并排序。

1. 两个有序表的合并

二路归并排序的基本操作是将两个相邻的有序表合并为一个有序表。下面是将两个顺序存储的有序表合并为一个有序表的算法。

设两个有序子表 R[s],…,R[m]和 R[m+1],…,R[t]，将两个有序子表合并为一个有序表 R1[s],…,R1[t]。合并算法如下。

【算法 6-10】 两个有序表的合并。

```
public static void  Merge(int [ ]R, int [ ]R1, int s, int m , int t)
{  //设两个有序子表 R[s],…,R[m]和 R[m+1],…,R[t]，将两个有序子表合并为一个有序表 R1[s],…,R1[t]
    i=s;
    j=m+1;
    k=s;
```

```
    while(i<=m&&j<=t)
        if(R[i]<R[j])
                R1[k++]=R[i++];
        else    R1[k++]=R[j++];
    while(i<=m)
        R1[k++]=R[i++];
    while(j<=t)
        R1[k++]=R[j++];
}
```

注意：该合并算法的要求是两个有序子表是相邻的，即 R[s],…,R[m]和 R[m+1],…,R[t]。

2. 二路归并排序的迭代算法

二路归并的基本思想：只有 1 个元素的表总是有序的，所以将排序表 R[1],…,R[n]，看作是 n 个长度为 len=1 的有序子表，对相邻的两个有序子表两两合并到 R1[1],…,R[n]，使之生成表长 len=2 的有序表；再进行两两合并到 R[1],…,R[n]中，直到最后生成表长 len=n 的有序表。这个过程需要「$\log_2 n$」趟。

在每趟的排序中，首先要解决分组的问题，设本趟排序中从 R[1]开始，长度为 len 的子表有序，因为表长 n 未必是 2 的整数幂，这样最后一组就不能保证恰好是表长为 len 的有序表，也不能保证每趟归并时都有偶数个有序子表，这些都要在一趟排序中考虑到。

【例 6-6】 有排序表 36,20,18,10,60,25,30,18,12,56，归并排序的过程如图 6-10 所示。

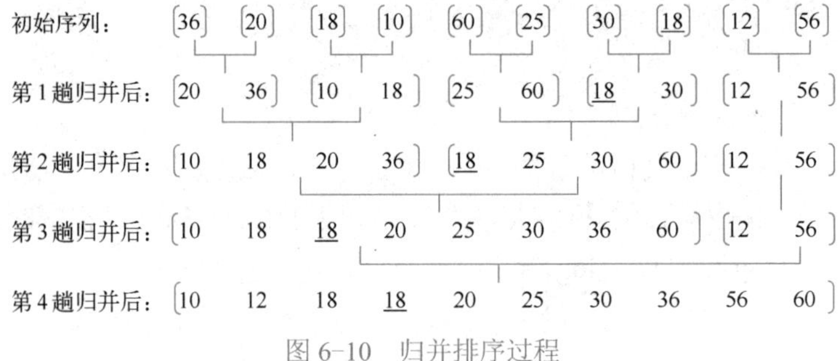

图 6-10 归并排序过程

综上所述，一趟归并算法及二路归并排序算法如下。

【算法 6-11】 一趟归并算法。

```
public static void MergePass(int [ ]R, int [ ]R1, int len)
{    //len 是本趟归并中有序表的长度，从 R 归并到 R1 中
   for(i=1; i+2*len-1<= R.length; i=i+2*len)
      Merge(R, R1, i, i+len-1, i+2*len-1);      //对两个长度为 len 的有序表合并
   if(i+len-1< R.length)
         Merge(R, R1, i, i+len-1, R.length);    //一组半的情况
   else  if(i<= R.length)
            while(i<= R.length)                 //最后一组没有合并者
               R1[i++]=R[i++];
}
```

【算法 6-12】 二路归并排序算法。

```
public static void MergeSort(int [ ] R, int [ ] R1)
{
    int len=1;
    while(len< R.length )
    {
        MergePass(R,R1,len, R.length);
        len=2*len;
        MergePass(R1,R ,len, R.length);
    }
}
```

3. 二路归并排序的递归算法

二路归并也可采用递归方法。

【算法 6-13】 二路归并排序的递归算法。

```
public static void MSort(int [ ] R, int [ ] R1,int s, int t)
{                                                //将 R[s],…,R[t]归并排序为 R1[s],…,R1[t]
    if(s==t)  R1[s]=R[s];
    else {
            m=(s+t)/2;                           //平分*p 表
            MSort(R, R1, s, m);                  //递归地将 R[s],…,R[m]归并为有序的 R1[s],…,R[m]
            MSort(R, R1, m+1, t);                //递归地将 R[m+1],…,R[t]归并为有序的 R1[m+1],…,R[t]
            Merge(R1, R, s, m, t);               //将 R1[s],…,R[m]和 R1[m+1],…,R[t]归并到 R[s],…,R[t]
        }
}
public static void MergeSort(int [ ] R, int [ ] R1)  //对排序表 R 做归并排序
{
    MSort(R, R1,1, R.length);
}
```

4. 归并排序的性能分析

归并排序需要一个与表等长的辅助元素数组空间，所以其空间复杂度为 O(n)。对 n 个元素的表，将这 n 个元素看作叶结点，若将两两归并生成的子表看作它们的父结点，则归并过程对应由叶向根生成一棵二叉树的过程。所以归并趟数约等于二叉树的高度，即 $O(\log_2 n)$，每趟归并需移动记录 n 次，故时间复杂度为 $O(n\log_2 n)$。

归并排序是一种稳定的排序方法。

6.6 基数排序

基数排序借助于多关键码排序的思想，是将单关键码按基数分成“多关键码”进行排序的方法。和前面的各种排序方法有所不同，它的排序思想不是通过关键码之间的比较，而是通过多次的“分配”和“收集”来完成的。

6.6.1 多关键码排序

先看一个例子。

扑克牌中的 52 张牌，可按花色和面值分成两个属性，设其大小关系如下。

花色：梅花 < 方块 < 红心 < 黑心。

面值：$2<3<4<5<6<7<8<9<10<J<Q<K<A$。

若对扑克牌按花色、面值进行升序排序，得到序列：

梅花 2,3,…, A,方块 2,3,…,A,红心 2,3,…,A,黑心 2,3,…,A

即两张牌，若花色不同，不论面值怎样，花色低的那张牌小于花色高的，只有在同花色情况下，大小关系才由面值的大小确定。这就是多关键码排序。

为得到排序结果，下面来讨论两种排序方法。

方法 1：先对花色排序，将其分为 4 个组，即梅花组、方块组、红心组、黑心组；再对每个组分别按面值进行排序；最后，将 4 个组连接起来即可。

方法 2：先按 13 个面值给出 13 个编号组（2 号,3 号,…,A 号），将牌按面值依次放入对应的编号组，分成 13 堆。再按花色给出 4 个编号组（梅花,方块,红心,黑心）。将 2 号组中牌取出分别放入对应花色组，再将 3 号组中牌取出分别放入对应花色组……这样，4 个花色组中均按

面值有序，然后，将 4 个花色组依次连接起来即可。

设排序表中有 n 个记录，每个元素的每个记录的关键码包含了 d 位$\{k^1,k^2,\cdots,k^d\}$，其中 k^1 称为最主位关键码，k^d 称为最次位关键码。

多关键码排序按照从最主位关键码到最次位关键码或从最次位关键码到最主位关键码的顺序逐次排序，分两种方法。

最主位优先（Most Significant Digit First）法，简称 MSD 法：先按 k^1 排序分组，同一组中记录，关键码 k^1 相等，再对各组按 k^2 排序分成子组，之后，对后面的关键码继续这样的排序分组，直到按最次位关键码 k^d 对各子表排序。再将各组连接起来，便得到一个有序序列。扑克牌按花色、面值排序中介绍的方法 1 即是 MSD 法。

最次位优先（Least Significant Digit First）法，简称 LSD 法：先从 k^d 开始排序，再对 k^{d-1} 进行排序，依次重复，直到对 k^1 排序后便得到一个有序序列。扑克牌按花色、面值排序中介绍的方法 2 即是 LSD 法。

6.6.2 链式基数排序

链式基数排序是用链表作为排序表的存储结构。

将关键码拆分为若干项，每项作为一个“关键码”，则对单关键码的排序可按多关键码排序方法进行。例如，关键码为 4 位的整数，可以每位对应一项，拆分成 4 项；关键码由 5 个字符组成的字符串，可以每个字符作为一个关键码。由于这样拆分后，每个关键码都在相同的范围内（对数字是 0～9，字符是'a'～'z'），称这样的关键码可能出现的符号个数为“基”，记作 RADIX。上述取数字为关键码的“基”为 10；取字符为关键码的“基”为 26。基于这一特性，用 LSD 法排序较为方便。

基数排序的思想：从最低位关键码起，按关键码的不同值将序列中的记录“分配”到 RADIX 个队列（组）中，再“收集”，称之为一趟排序，第一趟之后，排序表中的记录已按最低位关键码有序，然后对次最低位关键码进行一趟“分配”和“收集”，如此直到对最高位关键码进行一趟“分配”和“收集”，则排序表按关键字有序。

【例 6-7】 设排序表记录关键字为 278,109,063,930,589,184,505,269,008,083，以链式存储，其基数排序过程如图 6-11 所示。

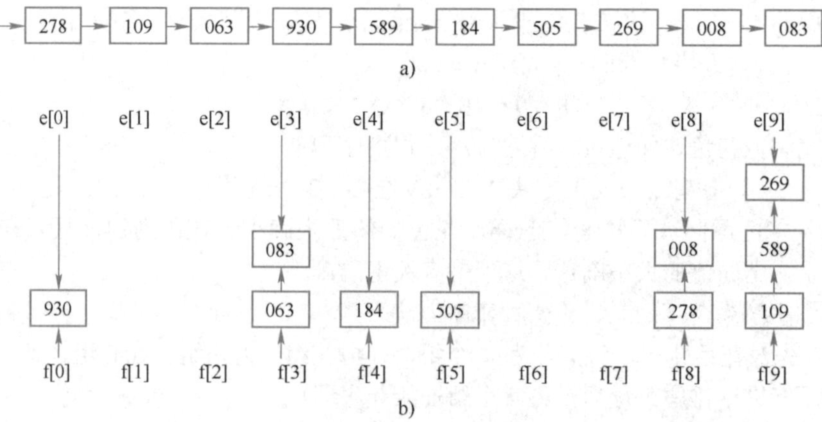

图 6-11 链式基数排序过程

a) 初始记录的静态链表 b) 第 1 趟按个位数分配

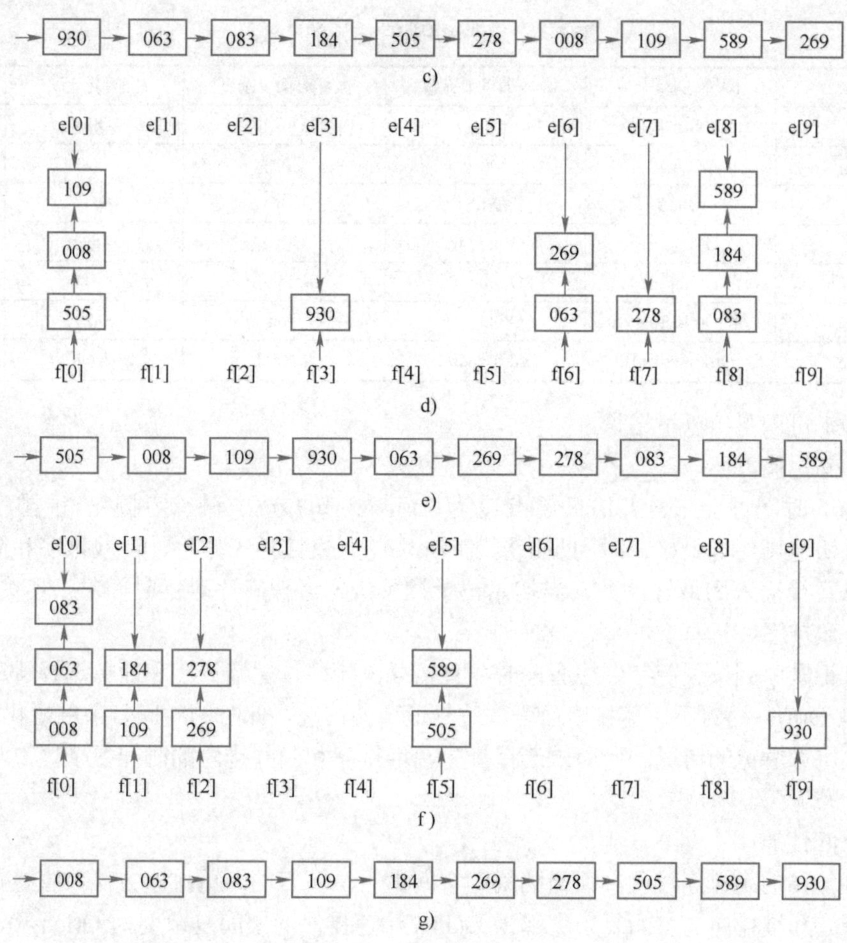

图 6-11　链式基数排序过程（续）

c) 第 1 趟收集　d) 第 2 趟按十位数分配　e) 第 2 趟收集　f) 第 3 趟按百位数分配　g) 第 3 趟收集

分配时，根据本趟关键码当前位的值分配到相应的组，在同一组内记录的顺序也是按分配顺序有序的，即后分配到同一组内的大于先分配到组内的。在这里用队列表示一个组，而组内记录的顺序则用每个记录的位置域连接起来，形成一个链队。共需要 RADIX 个队列。

基数排序是一种稳定的排序方法。

6.7　排序方法比较

6.7.1　性能比较

本章所介绍的各种内排序的方法，根据排序所依据的基本思想，把排序分为插入排序、交换排序、选择排序、归并排序、基数排序。其中，前三种又包括简单排序如直接插入排序、冒泡排序和直接选择排序和由它们改进的排序方法，如希尔排序、快排序、堆排序等。表 6-1 列出了这几种常用排序方法的时间复杂度、空间复杂度及稳定性。

表 6-1 几种常用排序方法的比较

排序方法	平均时间复杂度	最好时间复杂度	最坏时间复杂度	空间复杂度	稳定性
直接插入排序	$O(n^2)$	$O(n)$	$O(n^2)$	$O(1)$	稳定
冒泡排序	$O(n^2)$	$O(n)$	$O(n^2)$	$O(1)$	稳定
简单选择排序	$O(n^2)$	$O(n^2)$	$O(n^2)$	$O(1)$	不稳定
快速排序	$O(n\log_2 n)$	$O(n\log_2 n)$	$O(n^2)$	$O(\log_2 n)$	不稳定
堆排序	$O(n\log_2 n)$	$O(n\log_2 n)$	$O(n\log_2 n)$	$O(1)$	不稳定
归并排序	$O(n\log_2 n)$	$O(n\log_2 n)$	$O(n\log_2 n)$	$O(n)$	稳定
基数排序	O(d(n+radix))	O(d(n+radix))	O(d(n+radix))	O(n+radix)	稳定

由表 6-1 可以得出以下结论。

（1）时间性能

按平均的时间性能来分，时间复杂度为 $O(n\log_2 n)$的方法有快速排序、堆排序和归并排序，其中以快速排序为最好；时间复杂度为 $O(n^2)$的有直接插入排序、冒泡排序和简单选择排序，其中以直接插入为最好，尤其当初始记录按关键字近似有序时；时间复杂度为 $O(n)$的排序方法是基数排序。

当待排记录序列按关键字顺序有序时，直接插入排序、冒泡排序和简单选择排序的时间复杂度能达到 $O(n)$；而对于快速排序而言，这是最坏的情况，此时的时间复杂度蜕化为 $O(n^2)$，因此是应该尽量避免的情况。而简单选择排序、堆排序和归并排序的时间复杂度，与初始记录关键字的分布无关。

（2）空间性能

空间性能指的是排序过程中所需的辅助空间大小。所有的简单排序方法（直接插入、冒泡与简单选择）和堆排序的空间复杂度都为 $O(1)$；快速排序的空间复杂度为 $O(\log_2 n)$，即为实现递归过程，栈所需的辅助空间；归并排序需要和排序表本身相同大小的辅助空间，其空间复杂度为 $O(n)$；链式基数排序需附设队列首尾位置，其空间复杂度为 O(n+radix)。

（3）稳定性

稳定的排序方法是指，对于两个关键字相等的记录，它们在序列中的相对位置，在排序之前和经过排序之后，没有改变。对于不稳定的排序方法，总能举出不稳定的实例。简单选择排序、快速排序和堆排序是不稳定的排序方法；当对多关键字的记录序列进行 LSD 方法排序时，必须采用稳定的排序方法。

6.7.2 不同排序方法的适用情况

在不同条件下，可根据具体情况选择合适的排序方法。

1）若 n 较小（如 $n \leq 50$），可采用直接插入或直接选择排序。当记录规模较小时，直接插入排序较好；否则，因为直接选择移动的记录数少于直接插入，应选直接选择排序为宜。

2）若排序表的初始状态基本有序（指正序），则应选用直接插入、冒泡或随机的快速排序为宜。

3）若 n 较大，应采用时间复杂度为 $O(n\log_2 n)$的排序方法：快速排序、堆排序或归并排序。快速排序是目前基于比较的内部排序中被认为最好的方法，当待排序的关键字是随机分布时，快速排序的平均时间最短；堆排序所需的辅助空间少于快速排序，并且不会出现快速排序

可能出现的最坏情况。但这两种排序都是不稳定的。若要求排序稳定，则可选用归并排序，而归并排序需要的辅助空间比较大。

6.8　本章小结

知识点	描述	学习要求
排序	给定一个含有 n 个记录序列 $R=\{R_1,R_2,\cdots,R_n\}$，其排序码分别为 $K=\{K_1,K_2,\cdots,K_n\}$。排序就是要将 R 中的记录重新排列，形成一个新的序列 $R_p=\{R_{p1},R_{p2},\cdots,R_{pn}\}$，其对应的排序码分别为 $K_p=\{K_{p1},K_{p2},\cdots,K_{pn}\}$，这里 p1,p2,…,pn 是 1,2,…,n 的一种排列，且使得排序码满足 $K_{p1}\leqslant K_{p2}\leqslant\cdots\leqslant K_{pn}$ 或者 $K_{p1}\geqslant K_{p2}\geqslant\cdots\geqslant K_{pn}$	理解排序的目标
稳定性	若 R_i 和 R_j 是给定序列$\{R_1,R_2,\cdots,R_n\}$中的两个元素，i<j，称 R_i 是 R_j 的前驱。设有记录 R_a 和记录 R_b 的排序码相等，即 $K_a=K_b$，且排序前 R_a 是 R_b 的前驱。若使用某个排序方法进行排序后，R_a 仍然 R_b 的前驱，称这种排序方法是稳定的；反之，若排序后，R_b 是 R_a 的前驱，则称该排序方法是不稳定的	掌握分析一个排序算法是否稳定的方法
直接插入排序	直接插入排序的基本操作是将一个记录插入已排好序的子序列中，从而得到一个新的长度增 1 的有序表。直接插入排序认为仅有一个记录的表总是有序的，因此对 n 个记录的表，可从第二个记录开始直到第 n 个记录，逐个向有序表中进行插入操作，从而得到 n 个记录按关键码有序的表	掌握直接插入排序的过程，算法描述，性能分析。
希尔排序	希尔排序又称缩小增量排序，它的思想：选取一个小于 n 的整数 di（步长），然后把排序表中的 n 个记录分为 di 个组，各组内进行直接插入排序，然后减小步长 di，重复进行，直到 di=1，也就整体达到了有序	掌握希尔排序的过程
冒泡排序	冒泡排序的过程：从第 1 个记录开始到第 n 个记录，对相邻记录的关键字进行比较，若与排序要求相逆，则将它们交换，这样一趟之后，具有最大关键字的记录交换到最后；然后从第 1 个记录开始到第 n−1 个记录继续进行第二趟冒泡，使得具有次大关键字的记录交换到倒数第二个位置；进行 n−1 趟冒泡之后，达到 n 个记录按关键码有序	掌握冒泡排序的过程，算法描述，性能分析
快速排序	快速排序的核心操作是划分。以某个记录为支点，将待排序列划分成两组，其中一组所有记录的关键码均大于等于支点记录的关键码，另一组所有记录的关键码小于支点记录的关键码；对各部分继续划分，直到整个序列按关键码有序	掌握快速排序的过程，算法描述，性能分析
简单选择排序	简单选择排序的过程为：从 n 个记录中找出关键码最小的记录与第一个记录交换；然后从第二个记录开始的 n−1 个记录中再选出关键码最小的记录与第二个记录交换，以此类推，直到整个序列有序 注意：简单选择排序是时间复杂度为 $O(n^2)$的排序算法中不稳定的排序方法	掌握简单选择排序的过程，算法描述，性能分析
树结构选择排序	树结构选择排序按照锦标赛的思想进行：首先将 n 个参赛选手通过 n/2 次两两比较，再从 n/2 个胜者中进行两两比较，重复，直到选择出胜者；然后将第一名的结点看成成绩最差的，并从该结点开始，沿该结点到根路径上，依次进行各分枝结点子女间的比较，胜出的就是第二名，因为和它比赛的均是刚刚输给第一名的选手。以此类推，直至有序	了解树结构选择排序算法的思想
堆排序	将排序表看成是一棵完全二叉树以顺序存储结构存放，利用完全二叉树中双亲结点和孩子结点之间的内在关系，将其建成堆，从而在当前无序区中选择关键码最大的记录，然后将最大键值取出，用剩下的键值再建堆，便得到次大的键值。如此反复进行，直至排好序 注意：大顶堆、小顶堆的选择。非递减排序需要创建大顶堆，非递增排序需要创建小顶堆	掌握堆排序的过程 拓展目标：通过思考堆排序解决的问题，使学习者认识到科学研究的创新源于发现问题寻求突破
归并排序	将有序的子序列进行合并，从而得到有序的序列。合并算法思想：比较各子序列第一个记录的键值，最小的一个就是排序后序列的第一个记录的键值。取出这个记录，继续比较各子序列现在的第一记录的键值，便可找出排序后的第二个记录。如此继续下去，最终可得到排序结果 注意：①归并排序借助辅助空间进行，最终的有序序列要存回原序列空间；②归并排序是时间复杂度为 $O(n\log_2 n)$的排序方法中，稳定的排序方法	掌握归并排序的过程，描述，性能分析
基数排序	基数排序的思想：先将关键码拆分为若干项，每项作为一个“关键码”，则对单关键码的排序可按多关键码排序方法进行。然后从最低位关键码起，按关键码的不同值将序列中的记录“分配”到若干队列中，然后再“收集”，称之为一趟排序。第一趟之后，排序表中的记录以按最低位关键码有序，再对次最低位关键码进行一趟“分配”和“收集”，如此直到对最高位关键码进行一趟“分配”和“收集”，则排序表按关键字有序	理解多关键码排序的思想，掌握基数排序的过程

练习题

一、简答题

1．以关键码序列{tim, kay, eva, roy, dot, jon, kim, ann, tom, jim, guy, amy}为例，手工执行以下排序算法（按字典序比较关键字的大小），写出每一趟排序结束时的关键字状态。

（1）直接插入排序；（2）冒泡排序；（3）直接选择排序；

（4）快速排序；（5）归并排序；（6）基数排序。

2．已知序列{50,18,12,61,8,17,87,25}，请给出采用堆排序对该序列做升序排序时的每一趟结果。

3．有 n 个不同的英文单词，它们的长度相等，均为 m，若 n>>50,m<5，试问采用什么排序方法时间复杂度最小？为什么？

4．如果只想得到一个含有 n 个元素的序列中第 k（k<<n）小元素前的部分排序序列，最好采用什么排序方法？为什么？如有这样一个序列{57,11,25,36,18,80,22}，得到其第 3 个最小元素之前的部分序列{11,18,22}，使用所选择的算法实现时，要执行多少次比较？

5．请回答以下关于堆的问题。

（1）堆的存储结构是顺序的还是链式的?

（2）设有一个堆，且堆中任意结点的关键码均大于它的左孩子和右孩子的关键码。那么，最大值的元素可能在什么地方?

（3）对 n 个元素进行初始建堆的过程中，最多做多少次数据比较?

二、算法设计题

1．请以单链表为存储结构实现简单选择排序算法。

2．请以单链表为存储结构实现直接插入排序算法。

3．编写一个双向冒泡的算法，即相邻的两趟排序是向相反方向进行的。

4．已知记录序列 a[1],…,a[n]中的关键码各不相同，可按如下所述实现计数排序：另设数组 c[1],…,c[n]，对每个记录 a[i]，统计序列中关键码比它小的记录个数存于 c[i]，则 c[i]=0 的记录必为关键码最小的记录，然后依 c[i]值的大小对 a 中的记录进行重新排列。试编写实现上述排序的算法。

5．已知奇偶交换排序算法如下描述：第一趟对所有奇数的 i，将 a[i]和 a[i+1]进行比较，第二趟对所有偶数的 i，将 a[i]和 a[i+1]进行比较，每次比较时若 a[i]>a[i+1]，则将二者交换，以后重复上述两趟过程，直至整个数组有序。

（1）试问排序结束的条件是什么？

（2）编写一个实现上述排序过程的算法。

6．序列的“中值记录”指的是，如果将此序列排序后，它是第 n/2 个记录。试编写一个求中值记录的算法。

实验题

授课视频

6-5 各种内部排序的性能比较

题目 各种内部排序的性能比较

一、问题描述

通过排序过程中关键码比较次数和关键码移动次数，分析比较常用的排序算法的性能。

二、基本要求

1．对常用的内部排序算法进行比较：直接插入排序、冒泡排序、简单选择排序、快速排序、希尔排序、堆排序等。

2．排序表的表长不小于 200，其中的数据用伪随机数产生，至少要用 6 组不同的输入数据（包含正序、逆序和随机次序的情况）做比较；以关键码的比较次数和移动次数（关键码的交换计为 3 次移动）作为衡量的指标。

3．最后要对结果做出简单的分析。

三、提示与分析

1．主要工作是设法在已知算法中的适当位置插入对关键码的比较次数和移动次数的计数操作。

2．考虑输入数据的典型性，如正序、逆序和不同程度的乱序。

四、测试数据

1．由伪随机数产生器生成的初始排序表。

2．正序情况的初始排序表。

3．逆序情况的初始排序表。

五、选作内容

1．增加对折半插入排序、二路归并排序、基数排序等排序方法的分析。

2．对不同的输入表长做试验，观测两个指标相对于表长的变化关系。

3．验证排序方法的稳定性。

第 7 章　扩展应用举例

内容导读

在前面的章节中介绍了数据结构课程的主要内容，本章将给出 3 个扩展应用举例，引导读者体会算法的时空效率与算法设计所采用思路的关系，并对本书中介绍的数据结构与算法在解决实际问题中的应用进行了补充。

【主要内容提示】

- 求最大子段和
- 表达式树的构造
- 由等价关系求划分

【学习目标】

- 通过求最大子段和的举例，了解算法设计策略与算法复杂度的关系
- 通过表达式树的构造举例，了解表达式串转换为二叉树存储的步骤
- 通过由等价关系求划分的举例，学会利用树结构存储集合进行集合运算的方法

7.1　求最大子段和

7.1.1　问题描述

给定由 n 个整数（可能为负整数）组成的序列 $a_1,a_2,\cdots,a_n$，求该序列连续的子段和的最大值；如果这个最大值是负整数，则定义其最大子段和为 0。根据下面的公式进行求解。

$$\max\left\{0, \max_{1\leqslant i\leqslant j\leqslant n}\sum_{k=i}^{j} a_k\right\} \tag{7-1}$$

例如，

$$(a_1,a_2,a_3,a_4,a_5)=(-5,11,-4,13,-4-2)$$

最大子段和为 11+(−4)+13=20。

7.1.2　问题分析与解决

这个应用要处理的数据是线性结构，由于要对不确定长度的数据进行求和，因此采用顺序存储比较方便，这里用一维数组 List 存放数据，每个数据元素为整型。下面给出基于不同算法设计策略的解法及算法复杂度分析。

1. 简单穷举法

简单穷举法就是穷举所有子列和，从中找出最大值，如算法 7-1。

【算法 7-1】 简单穷举法求解最大子段和。

```
public static int MaxSubSeqSum1(int [] List, int n)
{  int ThisSum, MaxSum=0;
   int i, j, k, besti, bestj;
```

```
        for(i=0; i<n; i++) {              //i 为子列左端位置
          for(j=i; j<n; j++) {            //j 为子列右端位置
            ThisSum=0;                    //初始子列和为 0
            for(k=i; k<=j; k++)           //计算子列从 i 位置到 j 位置的和
              ThisSum+=List[k];
            if(ThisSum>MaxSum) {  //如果得到的子列和更大，则更新结果
              MaxSum=ThisSum;
              besti=i;
              bestj=j;
              }
          } //j 循环结束
        }//i 循环结束
        System.out.printf ("子列位置%d 到%d 和最大，和值为%d", besti, bestj, MaxSum);
        return MaxSum;
    }
```

从这个算法的三个嵌套的 for 循环可以看出，该算法的时间复杂度为 $O(n^3)$。

2．改进的穷举法

通过分析可以看到，从位置 i 到位置 j 的子列和等于从位置 i 到位置 j-1 的子列和加上 List[j]，即 $\sum_{k=i}^{j} a_k = a_j + \sum_{k=i}^{j-1} a_k$。因此，在算法设计中可利用已经计算过的结果，避免重复计算，节省了计算时间。故可将算法 7-1 中最内层循环去掉，改进为算法 7-2。

【算法 7-2】 改进的穷举法求解最大子段和。

```
    public static int MaxSubSeqSum2(int [ ] List, int n)
    {  int ThisSum, MaxSum=0;
       int i, j, besti, bestj;
       for(i=0; i<n; i++) {              //i 为子列左端位置
         ThisSum=0;                      //初始子列 List[i]到 List[j]的和为 0
         for(j=i; j<n; j++) {            //j 为子列右端位置
           ThisSum+=List[k];
           if(ThisSum>MaxSum)   {        //如果得到的子列和更大，则更新结果
             MaxSum=ThisSum;
             besti=i;
             bestj=j;
          }
         }//j 循环结束
       }//i 循环结束
       System.out.printf ("子列位置%d 到%d 和最大，和值为%d", besti, bestj, MaxSum);
       return MaxSum;
    }
```

改进后的算法只有嵌套的两层循环，时间复杂度为 $O(n^2)$。这种利用部分中间结果的设计和改进算法的思路，在前面章节中也有算法用到，如堆排序等。

3．分治法

分治法就是将一个难以解决的问题拆分成若干小问题或规模较小的相同问题，分别解决后原问题便得到解决，即所谓各个击破分而治之。这种方法可能带来两方面的益处：一是简化要解决的问题，被拆分的小问题往往没有原问题复杂，如果仍很复杂，可以进一步拆分；二是可能降低算法的执行效率。例如，在第 2.7.4 节中，对三元组表示的稀疏矩阵的转置算法的改进就是将对矩阵的转秩运算拆分为先求 num[]和 cpot[]，再进行转秩，将改进前算法的循环嵌套结构改为循环并列结构，算法的时间复杂度便由循环次数相乘的关系变为相加的关系，大大提高了算法的执行效率；再比如第 7.5 节中归并排序的递归算法，采用的拆分方法是将对 n 个数的排序拆分为分别对前 n/2 和后 n/2 进行排序，再将它们合并，直到拆分成 1 个数时停止拆分，这样便构成了递归的算法。

本问题采用的是类似归并排序的递归算法的拆分方法，简要描述如下。

1）将所给序列 List[0]～List[n−1]分为两段 List[0]～List[n/2−1]和 List[n/2]～List[n−1]。

2）分别递归求得两段的最大子列和 MaxLeftSum 和 MaxRightSum。

3）从中分点分别向左、右两边扫描，找出中间跨分界线的最大子列和 MaxMidSum。

4）MaxSum=max{MaxLeftSum,MaxMidSum,MaxRightSum}。

具体实现算法如算法 7-3 所示。

【算法 7-3】 分治法求解最大子段和。

```
public static int MaxSubSeqSum3(int [] List, int n)
{
  return MaxSubSum (List, 0, n-1 );
}
public static int MaxSubSum(int[ ] List, int left, int right)
{  //分治法求 List[left]到 List[right]的最大子列和
   int MaxLeftSum, MaxRightSum;              //存放左、右子问题的解
   int MaxLeftMidSum, MaxRightMidSum, MaxMidSum;
   int LeftMidSum, RightMidSum;
   int MaxSum, mid, i;
   if(left==right)
     if(List[left]>0) return List[left];
     else return 0;
   mid=(left+right)/2;
   MaxLeftSum=MaxSubSum(List, left, mid);
   MaxRightSum=MaxSubSum(List, mid+1; right);
   MaxLeftMidSum=0; LeftMidSum=0;
   for(i=mid;i>=left;i--) {                  //从中间向左边扫描
     LeftMidSum+=List[i];
     if(LeftMidSum>MaxLeftMidSum)
       MaxLeftMidSum= LeftMidSum;
   }
   MaxRightMidSum=0; RightMidSum=0;
   for(i=mid+1;i<=right;i++) {               //从中间向右边扫描
     RightMidSum+=List[i];
     if(RightMidSum>MaxRightMidSum)
       MaxRightMidSum= RightMidSum;
   }
   MaxMidSum=MaxLeftMidSum+MaxRightSum;  //比较左、中、右三个最大子列和
   if(MaxMidSum>MaxLeftSum) MaxSum=MaxMidSum;
   else MaxSum=MaxLeftSum;
   if(MaxSum<MaxRightSum) MaxSum=MaxRightSum;
   return MaxSum;                             //返回最大的子列和
}
```

这个算法是递归的，因此其时间复杂度 T(n)也可以表示成如下的递归式。

$$T(n)=\begin{cases}O(1) & n\leqslant c\\ 2T(n/2)+O(n) & n>c\end{cases} \tag{7-2}$$

这是因为，当 n 较小时，算法的时间复杂度相当于常数，记为 O(1)；当 n 较大时，算法先递归调用 2 个长度减半的子问题，时间复杂度可记为 2T(n/2)，然后计算中间跨分界线的最大子列和，这部分有两个简单的 for 循环，所用步骤一共不超过 n，所以可记为 O(n)。求解式（7-2）的递归方程，可得 $T(n)=O(n\log_2 n)$。显然这个算法比前面两个算法的时间性能都好。

4．动态规划法

动态规划法是一种自底向上的求解方法，即根据得到的递归式，按照递归返回的顺序计算所要求的值。

从上述基于分治思想的求解分析中可看出，若记 $b[j]=\max\left\{\sum\limits_{\substack{k=i\\1\leqslant i\leqslant j}}^{j}a[k]\right\}(1\leqslant j\leqslant n)$，则所求

的最大子段和为

$$\max_{1\leqslant i\leqslant j\leqslant n}\sum_{k=i}^{j}a[k]=\max_{1\leqslant j\leqslant n}\max_{1\leqslant i\leqslant j}\sum_{k=i}^{j}a[k]=\max_{1\leqslant j\leqslant n}b[j]$$

由 b[j]的定义可知，当 b[j-1]>0 时，b[j]=b[j-1]+a[j]，否则 b[j]=a[j]。由此可得，计算 b[j]的动态规划递归式

$$b[j]=\max\{b[j-1]+a[j],a[j]\}\quad(1\leqslant j\leqslant n)$$

根据上述分析，得到基于动态规划思想的求最大子段和问题的算法如算法 7-4 所示。其中，表示 a 向量的数据存于一维数组 List 中；变量 ThisSum 记录当前 b 向量的值；变量 MaxSum 存放最终的结果。

【算法 7-4】 动态规划法求解最大子段和。

```
public static int MaxSubSeqSum4(int [ ] List, int n)
{  int ThisSum=0, MaxSum=0;
   int i;
   for(i=0; i<n; i++) {                  //i 为子列左端位置
     if(ThisSum>0)
       ThisSum+=List[i];                 //向右累加
     else ThisSum= List[i];
   if(ThisSum>MaxSum)                    //如果得到的子列和更大，则更新结果
     MaxSum=ThisSum;
   }
   return MaxSum;
}
```

该算法的时间复杂度为 O(n)，空间复杂度也为 O(n)。

在这个应用问题的解决中用的数据结构很简单——顺序存储的线性结构。然而，由于基本解决思路的差别，算法的效率相差很大。给我们的启示是：算法的效率除了依赖于采用的数据结构，还与采用的设计算法的策略有关，如穷举法、分治法、贪心法、动态规划法、搜索法、剪枝法和概率的方法等。在前面章节的算法举例中也用到了其中一些方法，只是没有说明，感兴趣的读者可进一步阅读算法设计与分析方面的参考资料，并请思考前面的哪些算法用到了上面提到的设计算法的策略。

7.2　表达式树的构造

7.2.1　问题描述

由第 3.4.4 小节看到，可以用二叉树的形式表示表达式，这样就可以通过对二叉树的遍历完成表达式的计算。那么，如何将一串字符构成的算术表达式转换为二叉树形式的存储就是首先要解决的问题。假设一串字符构成的算术表达式是仅含有二目运算的前缀、中缀和后缀表达式，考虑如何将它们转换成二叉树的表示形式。

7.2.2　问题分析与解决

本问题的输入数据是一串字符，在转换过程中，该串字符不需要改变，只需要顺次读取，因此可采用一维字符数组存储。本问题的输出是棵二叉树，二叉树中每个结点的数据域为一个运算对象或运算符。

将顺序存储的前缀表达式转换为表达式的二叉树存储时，需要借助一个栈来帮助实现，用

于暂存构造二叉树存储过程中形成的子树的根结点。

将顺序存储的中缀表达式转换为表达式的二叉树存储时，根据第 2.5.3 小节介绍的中缀表达式求值的算法过程，需要借助两个栈来帮助实现：一个用于暂存读取的运算符生成的二叉树中的结点，称为运算符栈；另一个用于暂存构造二叉树存储过程中形成的子树的根结点，称为子树栈。

将顺序存储的后缀表达式转换为表达式的二叉树存储时，根据第 2.5.3 小节介绍的中缀表达式求值的算法过程，需要借助一个栈来帮助实现，用于暂存构造二叉树存储过程中形成的子树的根结点。

下面分别给出将前缀、中缀和后缀表达式转换为二叉树存储的算法步骤。

1．顺序存储的前缀表达式转换为二叉树存储

依次读入表达式串中的字符，进行如下步骤的处理。

步骤 1：读取表达式串的第一个字符。

步骤 2：如果当前读入的字符是运算符，则将其作为单个结点构造一棵二叉树，并将这棵二叉树的结点压入堆栈。

步骤 3：如果当前读入的字符是运算对象，则将其作为单个结点构造一棵二叉树，然后读取栈顶元素，根据如下判断进行处理。

- 如果当前栈顶元素为运算符结点，则将构造的运算对象结点二叉树入栈。
- 如果当前栈顶元素为运算对象结点，则弹出栈顶的前两个元素，第二个弹出的结点必为运算符结点，将弹出的第一个结点和构造的结点分别作为运算符结点的左子树和右子树，此时形成了一棵以运算符结点为根的二叉树，再准备将该二叉树的根结点作为运算对象入栈，回到步骤 3 开始处继续。

步骤 4：若表达式串未读完，读取表达式串的下一个字符，回到步骤 2 继续处理；若表达式串已读完，则当前栈顶元素的值为二叉树存储表达式的根结点，弹出并返回即可。

在上述处理中，由于在使用堆栈时，需要区分二叉树结点的数据域存储的是运算符字符还是运算对象字符，因此栈的结点结构需要再添加一个标记分量，标记分量为 0 表示是运算符，标记分量为 1 表示是运算对象或作为运算对象对待。

例如，将前缀表达式串-*3^2-+4*22*135 构造成表达式的二叉树存储过程如图 7-1 所示。图中在堆栈中画出的标记“1”的子树，是指当前得到的子树，它还没有入栈，需要根据情况执行入栈或从栈中弹出元素，构成新的子树。

图 7-1a 表示的是依次读入前缀表达式串入栈的情况，直到当前构造的二叉树是运算对象，栈顶元素也是运算对象。

图 7-1b 表示弹出栈顶的前两个元素，以第二个弹出的运算符结点为根，将第一个弹出的运算对象结点作为根的左子树，将当前的运算对象作为根的右子树，构造出新的子树。

图 7-1c 表示按照步骤 3 两次循环处理结束后，回到步骤 2，继续读入了一个运算符和两个运算对象。

图 7-1d～g 分别表示在步骤 3 上四次循环中栈的中间结果。

图 7-1h 表示的是当表达式串输入结束后，栈中存储的数据，即为所求的结果。

可以看出，对这棵二叉树进行中序遍历和后序遍历可分别得到中缀表达式和后缀表达式。

2．顺序存储的中缀表达式转换为二叉树存储

依次读入表达式串中的字符，进行如下步骤的处理。

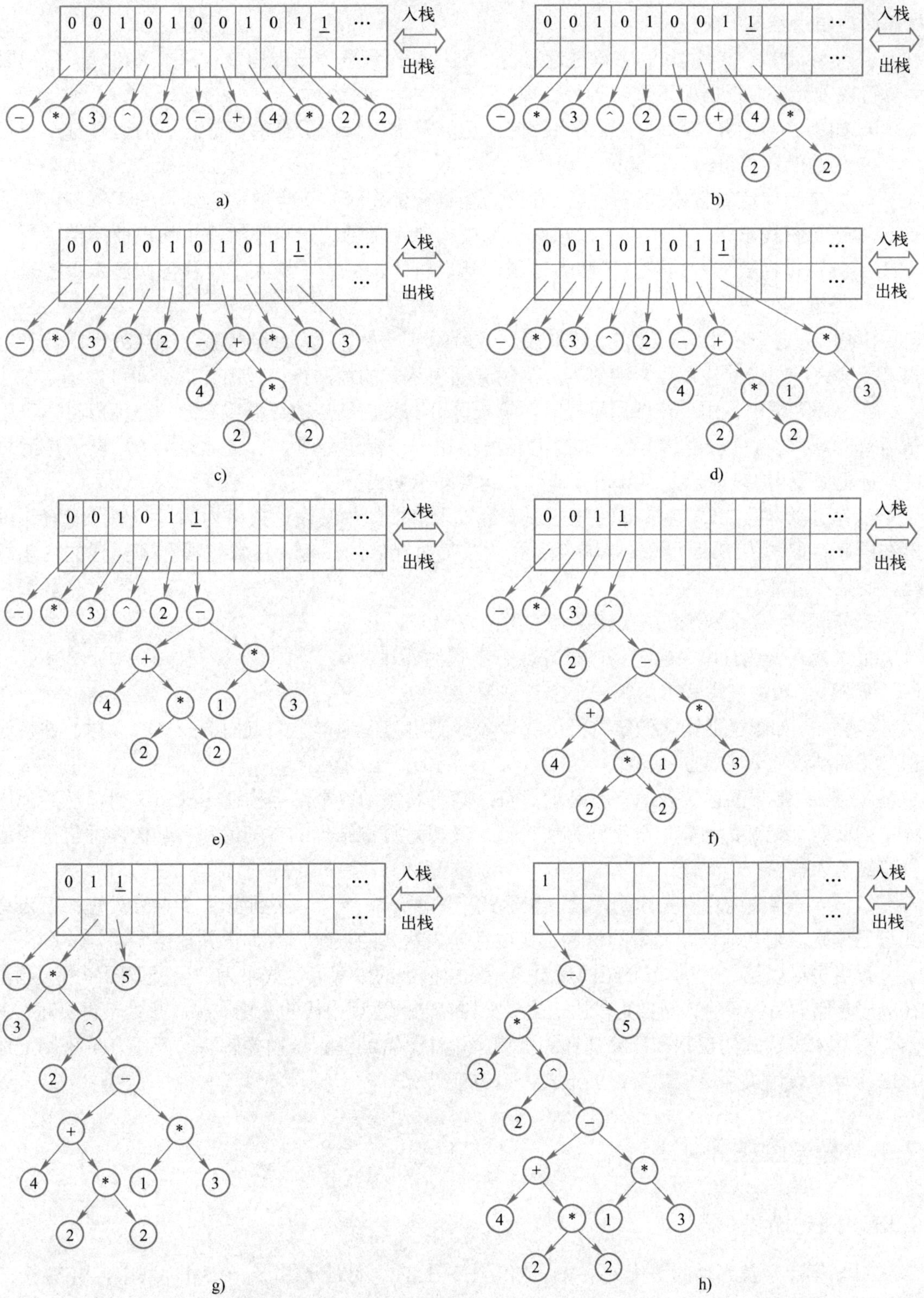

a)

b)

c)

d)

e)

f)

g)

h)

图 7-1　前缀表达式构造二叉树的过程

步骤 1：读取表达式串的第一个字符。

步骤 2：如果当前读入的字符是运算对象，则将其作为单个结点构造一棵二叉树，并将这棵二叉树结点压入子树栈。

步骤 3：如果当前读入的字符是运算符，则将其作为单个结点构造一棵二叉树，然后读取运算符栈顶元素，根据如下判断进行处理。

- 如果当前运算符栈的栈顶结点存储的运算符优先级低于当前构造结点的运算符，则将构造的运算符结点二叉树入运算符栈；
- 如果当前运算符栈的栈顶结点存储的运算符优先级高于当前构造结点的运算符，则从运算符栈出栈一个结点，以该结点为根构造二叉子树，从子树栈中弹出前两棵子树，分别作为根结点的左孩子和右孩子，然后将新构成的子树入子树栈，回到步骤 3 开始处继续处理。

步骤 4：若表达式串未读完，读取表达式串的下一个字符，回到步骤 2 继续处理；若表达式串已读完，则当前栈顶元素的值为二叉树存储表达式的根结点，弹出并返回即可。

在上述处理中，由于在使用堆栈时，需要区分二叉树结点的数据域存储的是运算符字符还是运算对象字符，因此栈的结点结构需要再添加一个标记分量，标记分量为 0，表示是运算符，标记分量为 1，表示是运算对象或作为运算对象对待。

读者可以以第 2.5.3 小节介绍的中缀表达式求值中的中缀表达式串为例，类似图 7-1，画出在顺序存储的中缀表达式转换为表达式的二叉树存储的过程中运算符栈和子树栈的变化情况，此处不再赘述。

3. 顺序存储的后缀表达式转换为二叉树存储

依次读入表达式串中的字符，进行如下步骤的处理。

步骤 1：读取表达式串的第一个字符。

步骤 2：如果当前读入的字符是运算对象，则将其作为单个结点构造一棵二叉树，并将这棵二叉树结点压入堆栈。

步骤 3：如果当前读入的字符是运算符，则将其作为单个结点构造一棵二叉树，然后弹出栈中的前两个元素，将它们分别作为所构造二叉树运算符结点的左子树和右子树，并将这个运算符结点入栈。

步骤 4：若表达式串未读完，读取表达式串的下一个字符，回到步骤 2 继续处理；若表达式串已读完，则当前栈顶元素的值为二叉树存储表达式的根结点，弹出并返回即可。

读者可以以第 2.5.3 小节介绍的后缀表达式求值中的中缀表达式串为例，类似图 7-1，画出在顺序存储的后缀表达式转换为表达式的二叉树存储的过程中栈的变化情况，此处不再赘述。

对算术表达式的识别和计算是计算机程序设计语言编译系统需要解决的问题，可采用上述算法将算术表达式存储成二叉树的形式，以方便计算。

7.3 由等价关系求划分

7.3.1 问题描述

已知集合 S 及其上的等价关系 R，求 R 在 S 上的一个划分$\{S_1,S_2,\cdots,S_n\}$，其中，$S_1,S_2,\cdots,S_n$分别为 R 的等价类，它们满足

$$\bigcup_{i=1}^{n} S_i = S, \text{且} S_i \cap S_j = \varnothing \quad (i \neq j)$$

设集合 S 中有 n 个元素，关系 R 中有 m 个序偶对。

7.3.2　问题分析与解决

集合 S 上的等价关系 R 是指由集合 S 中的元素构成的序偶的集合，且该序偶的集合在 S 上满足自反的、对称的和可传递的。

该问题的输入是 m 个序偶，输出是若干个子集，处理思路如下。

1）令 S 中每个元素各自形成一个单元素的子集，记作 $S_1,S_2,\cdots,S_n$。

2）重复读入 m 个序偶对，对每个读入的序偶对<x,y>，判定 x 和 y 所属子集。不失一般性，假设 $x\in S_i,y\in S_j$，若 $S_i\neq S_j$，则将 S_i 并入 S_j，并置 S_i 为空（或将 S_j 并入 S_i，并置 S_j 为空）；若 $S_i=S_j$，则不做什么操作，接着读入下一对序偶。直到 m 个序偶对都被处理过后，$S_1,S_2,\cdots,S_n$ 中所有非空子集即为 S 的 R 等价类，这些等价类的集合即为集合 S 的一个划分。

本问题涉及的数据的存储结构主要是对所得划分的各个子集的存储，由于随着序偶的输入，需要先判断构成序偶的两个元素是否已在同一个子集内了，如果没有在同一个子集内，则需要合并子集。为方便上述操作，选择采用第 3.7.5 小节中介绍的用树结构来表示集合，具体可采用双亲表示法来存储划分中的各个子集。

通过前面的分析可知，本算法在实现过程中所用到的基本运算有以下两个。

1）Find(S,x)查找函数。确定集合 S 中的单元素 x 所属子集 S_i，函数的返回值为该子集树根结点在双亲表示法数组中的序号。

2）Union(S,i,j)集合合并函数。将集合 S 的两个互不相交的子集合并，i 和 j 分别为两个子集用树表示的根结点在双亲表示法数组中的序号。合并时，将一个子集的根结点的双亲域的值由没有双亲改为指向另一个子集的根结点。

这两个操作在第 3.7.6 小节中已经介绍过，下面就本问题的解决算法步骤给出描述。

步骤 1：k=1。

步骤 2：若 k>m，则转步骤 7；否则，转步骤 3。

步骤 3：读入一序偶对<x,y>。

步骤 4：i= Find(S, x)，j= Find(S,y)。

步骤 5：若 i≠j，则 Union(S, i, j)。

步骤 6：++k，转步骤 2。

步骤 7：输出结果，结束。

下面来分析算法的时间复杂性。

集合元素的查找算法和不相交集合的合并算法的时间复杂度分别为 O(d)和 O(1)，其中 d 是树的深度。这种表示集合的树的深度和树的形成过程有关。在极端的情况下，每读入一个序偶对，就需要合并一次，即最多进行 m 次合并，若假设每次合并都是将含成员多的根结点指向含成员少的根结点，则最后得到的集合树的深度为 n，而树的深度与查找有关。这样，全部操作的时间复杂度可估计为 O(m×n)。由此产生了一个问题，就是采用什么策略进行集合的合并能够获得更好的查找效率？一般有下述四种策略，如图 7-2 所示。

1）按照输入序偶对的顺序顺次合并。将序偶对的第一个元素所在的树作为序偶第二个元素所在树的根结点的一棵子树，或将序偶对的第二个元素所在的树作为序偶对第一个元素所在树的根结点的一棵子树，如图 7-2a 所示。

2）按照规模合并。根据树中元素的个数确定合并的方式，如果序偶对的第一个元素所在

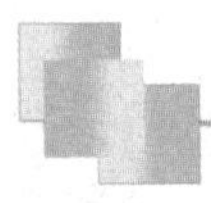

的树的元素个数不小于序偶对第二个元素所在树的元素个数，则将序偶对的第二个元素所在的树作为序偶对第一个元素所在树的根结点的一棵子树；否则，将序偶对的第一个元素所在的树作为序偶对第二个元素所在树的根结点的一棵子树。具体如图 7-2b 所示。

3）按照树高合并。根据树的高度确定合并的方式，如果序偶对的第一个元素所在的树的高度不小于序偶第二个元素所在树的高度，则将序偶对的第二个元素所在的树作为序偶对第一个元素所在树的根结点的一棵子树；否则，将序偶对的第一个元素所在的树作为序偶对第二个元素所在树的根结点的一棵子树。具体如图 7-2c 所示。

4）路径压缩方法。在查找序偶对中的两个元素所在的树时，如果两元素或他们的双亲不是树根，则先将他们的双亲改为树根，再进行树的合并。具体如图 7-2d 所示。

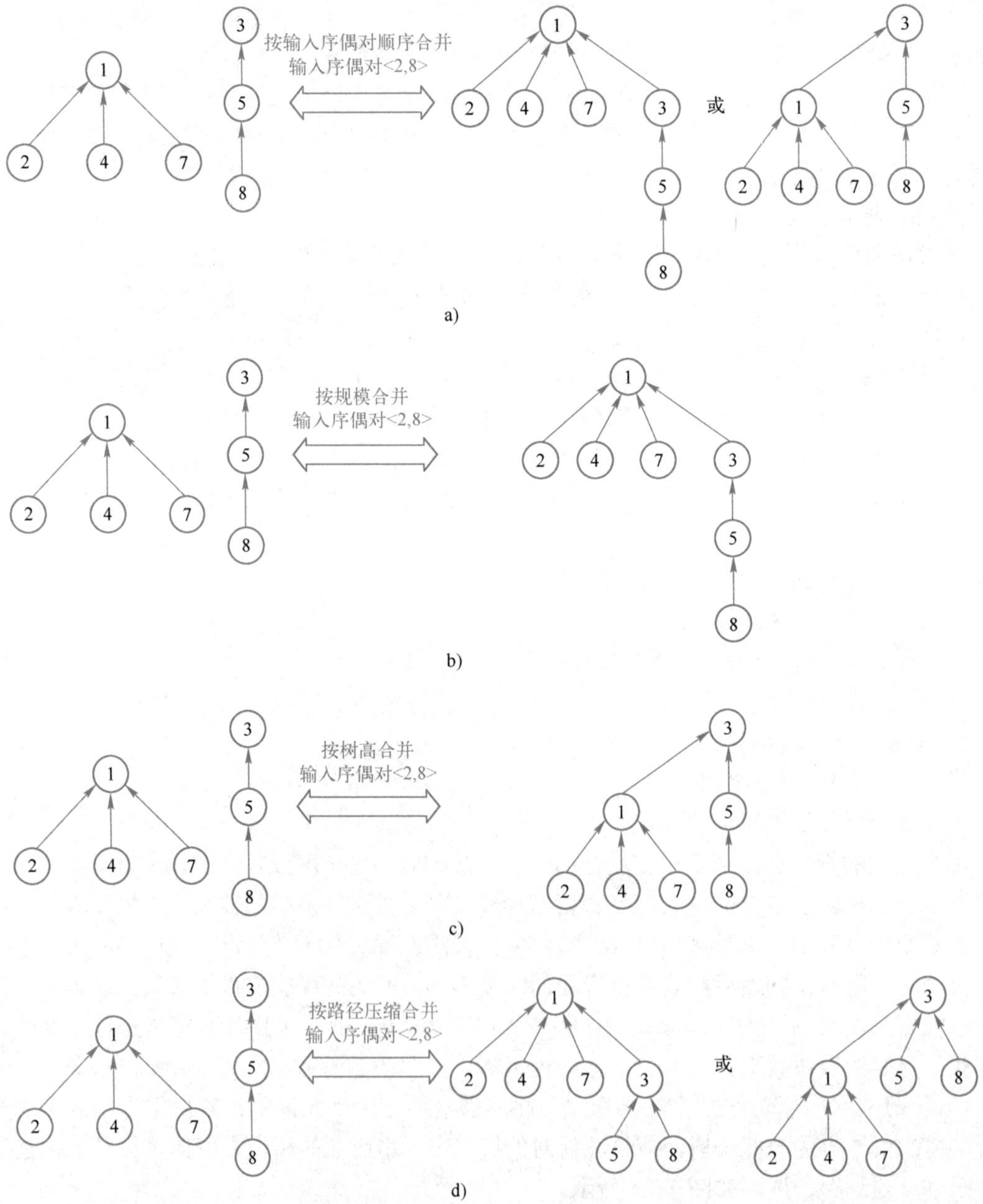

按输入序偶对顺序合并
输入序偶对<2,8>
或

a)

按规模合并
输入序偶对<2,8>

b)

按树高合并
输入序偶对<2,8>

c)

按路径压缩合并
输入序偶对<2,8>
或

d)

图 7-2　树结构表示集合合并的四种策略

在 3.7.6 节中给出的合并算法属于第一种策略，读者可考虑另外三种策略实现的算法。

此外，对集合的存储也可以视其为线性结构，采用顺序存储或链式存储，但就本应用而言，采用树结构存储，能够更方便、高效地实现集合的合并，以及对元素所属集合的查找。读者可考虑如果按照线性结构存储集合，本应用问题解决的算法，并与本算法在时、空性能方面进行对比。

7.4 本章小结

知识点	描述	学习要求
基于穷举策略的算法设计	穷举法是应用计算机解决问题常用的方法，思想极为朴素，即对所有可能的解进行处理，得出判断	理解穷举的思想，能够应用穷举思想设计算法并进行算法分析
基于分治策略的算法设计	分治法是简化问题、解决复杂问题的一种方法，常对应递归的算法设计，也是寻求高效率算法的思考途径之一	理解分治策略的思想，以及分治与递归的关系，并能举出在数据结构课程中应用分治策略的算法
基于动态规划的算法设计	动态规划方法是一种自底向上的求解方法，与递归求解的顺序正好相反，算法效率一般较高，但不易理解	理解动态规划策略的思想，以及其求解过程与分治策略的不同之处
表达式二叉树的构造	对表达式二叉树的先序、中序和后序遍历，可分别得到前缀、中缀和后缀表达式，因此若将表达式存储成二叉树形式，能够方便表达式的计算	理解表达式与二叉树的对应关系；巩固对字符串、栈和二叉树存储和遍历知识的掌握
应用树表示集合的应用	用树结构表示集合，能够方便、高效地实现集合的并，以及对元素所属集合的查找，由等价关系求划分就是这方面较典型的应用	掌握用树表示集合的方法，理解其中的便利和存在的问题与解决思路
基于搜索策略的算法设计	基于搜索的策略往往在穷举法中用于在所有可能的解中搜索，搜索的方法一般有两种：深度优先和广度优先。例如走迷宫问题的求解	掌握基于搜索策略的算法设计

练习题

一、简答题

1．请举出在数据结构课程中讲过的算法里用到穷举思想的算法。

2．请举出在数据结构课程中讲过的算法里用到分治思想的算法。

3．请举出在数据结构课程中讲过的算法里用到贪心思想的算法。

4．请举出在数据结构课程中讲过的算法里用到搜索思想的算法。

5．采用树结构表示集合，在对集合合并时，按规模合并和按高度合并是否都能产生平衡的树结构？

6．依次输入序偶对<0,1>, <2,3>, <2,4>, <2,5>, <6,7>, <8,9>, <6,8>, <0,6>, <0,2>，分别给出四种合并策略下的结果。

二、算法设计题

1．采用设计解决矩阵连乘问题的算法，所谓矩阵连乘问题是指求解给定 n 个矩阵$\{A_1, A_2,\cdots,A_n\}$连乘的计算顺序的最佳方案，即时间性能最好的方案。

2．用 Java 语言分别描述将前缀、中缀和后缀表达式串转换为表达式树的构造算法。

3．等价关系与划分存在着一一对应的关系，设计算法实现将输入的划分生成对应的等价关系输出。

4．给定两个序列 X 和 Y，当另一个序列 Z 既是 X 的子序列又是 Y 的子序列，则称 Z 是 X 和 Y 的公共子序列。设计算法求出 X 和 Y 的最长公共子序列。

5．采用树结构表示集合，分别设计算法，实现按规模合并、按高度合并和路径压缩策略实现集合合并的算法。

实验题

题目 1 模拟银行排队办理业务

一、问题描述

到银行办理业务往往需要排队。以前银行采用的是多队列多窗口式服务，后来大多数银行安装了电子叫号系统，将服务顺序改为单队列多窗口式服务。现如今一些银行还增设了 VIP 顾客，服务顺序设为双队列多窗口式服务。请根据下面的要求，利用学过的数据结构与算法设计的知识，编写程序模拟这三种不同的银行服务模式，从而比较并分析不同方法产生的效果。

二、基本要求

1．当输入数据：银行的窗口数（包括普通顾客业务办理窗口数和 VIP 顾客业务办理窗口数）、顾客总数、每位顾客的类型，以及其到达的时间和处理事务的时间。采用先来先服务的排队策略，分别计算在问题描述中提到的三种银行服务模式下，每位顾客的等待时间及所有顾客的平均等待时间。

2．采用短时间服务业务优先的排队策略，分别计算在问题描述中提到的三种银行服务模式下，每位顾客的等待时间及所有顾客的平均等待时间。

3．采用长时间服务业务优先的排队策略，分别计算在问题描述中提到的三种银行服务模式下，每位顾客的等待时间及所有顾客的平均等待时间。

4．通过分析上述排队策略的优劣，提出一种与以上不同的排队策略，分析其特点并分别计算在问题描述中提到的三种银行服务模式下，每位顾客的等待时间及所有顾客的平均等待时间。

题目 2 0–1 背包问题

一、问题描述

给定 n 种物品和一背包。物品 i 的重量是 w_i，其价值为 v_i，背包的容量为 C。问应如何选择装入背包的物品，使得装入背包中物品的总价值最大？该问题可抽象成如下的数学表达，在满足式（7–3）的条件下，求式（7–4）的 x 序列的取值。

$$\begin{cases} \sum_{i=1}^{n} w_i x_i \leqslant C \\ x_i \in \{0,1\} \quad 1 \leqslant i \leqslant n \end{cases} \tag{7–3}$$

$$\max \sum_{i=1}^{n} v_i x_i \tag{7–4}$$

二、基本要求

1．采用三种不同的算法设计策略，设计并实现解决 0–1 背包问题的算法。

2．对所设计的算法的时空性能进行分析与比较。

参 考 文 献

[1] 萨尼. 数据结构、算法与应用：C++语言表述：第 2 版[M]. 王立柱，刘志红，译. 北京：机械工业出版社，2015.

[2] 维斯. 数据结构与算法分析：Java 语言描述：第 3 版[M]. 冯舜玺，陈越，译. 北京：机械工业出版社，2016.

[3] 陈越，何钦铭，徐镜春，等. 数据结构学习与实验指导[M]. 北京：高等教育出版社，2013.

[4] 陈越，何钦铭，徐镜春，等. 数据结构[M]. 2 版. 北京：高等教育出版社，2016.

[5] 邹恒明. 数据结构：炫动的 0、1 之弦[M]. 北京：高等教育出版社，2012.

[6] 王晓东. 计算机算法设计与分析[M]. 4 版. 北京：电子工业出版社，2011.

[7] 梁作娟. 数据结构习题解答与考试指导[M]. 北京：清华大学出版社，2004.

[8] 许卓群. 数据结构与算法[M]. 北京：高等教育出版社，2004.

[9] 胡圣荣，周霭如，罗穗萍. 数据结构教程与题解：用 C/C++描述[M]. 北京：北京大学出版社，2003.

[10] 阿苏外耶. 算法设计技巧与分析[M]. 吴伟昶，方世昌，等译. 北京：电子工业出版社，2003.

[11] 科尔曼，雷瑟尔森，李维斯特，等. 算法导论：第 3 版[M]. 殷建平，徐云，王刚，等译. 北京：机械工业出版社，2012.

[12] 严蔚敏，吴伟民. 数据结构：C 语言版[M]. 北京：清华大学出版社，2011.